RFタグの開発技術 II
Development Technology of RFTags II

監修：寺浦信之

シーエムシー出版

刊行にあたって

昨年，本書の姉妹書である『RFタグの開発と応用』を出版したところ，幸い好評を持って迎えられました。これは，昨今のRFタグを用いた流通システムの改革についての期待を反映したものと捉えています。上記姉妹書は，主にRFタグに関連する機器（RFタグ，リーダライタ）の技術的内容について，それらの機器のサプライヤーの立場から，それぞれの分野で第一線で活躍する方々に記述していただいたものです。

それに対して，本書はRFタグをどのように捉え，長所，活用方法を見出し，それぞれの固有の課題を解決しようとしているのかを，ユーザーの立場から記述したものです。従来，RFタグは製造，流通，販売などそれぞれの業態の中で用いられてきており，その業態を越えて用いられることはありませんでした。しかし，昨今の想定されている使用方法は，RFタグを貼付する対象のライフサイクル管理など製造，流通，販売そしてリサイクルまで業態を超えて用いられるものです。このような用い方がされると，各社が固有の使用法をしていては，その効率的な運用はできないため，業界として標準が必要となり，業界としての統一的な活動である必要があります。従って，各業界団体の活動が非常に重要な意味を持ってきます。特に実証試験は，その具体的な活動の第一歩であり重要です。そこで，各業界の実証試験を主導する方々にその内容をわかり易くご説明頂きました。

これら業態を超えた利用は，従来の繰り返し利用から一回利用になるに伴って，コストの課題に直面する他，通信距離の確保，コンテンツの標準化の課題に当面していました。これらの各課題は，関係者のご努力により，UHF帯の電波帯割り当てなど行政主導の活動と技術開発など民間主導の活動が相まって，解決の方向にあります。これらの諸課題の解決の努力の方向性を行政，諸団体の第一線で活躍する方々によって記述して頂いています。

本書は，ユーザーの観点からRFタグ活用の可能性について述べていますが，単に利用者すなわち各業界の利用の観点だけでなく，大学，シンクタンクの学識経験者，各省庁からその専門とする分野について高い視点から記述頂きました。

これらの記述により，各業界がRFタグをどのように用いようとしているのかが明らかになり，当該業界の方の理解の共有が行えるとともに，これから活用の検討を開始しようとする業界の方への最良の手引きになることと信じています。

本書が，動きはじめたRFタグ活用の機運を加速し，日本の流通の効率化，食の安全，医療の

安全の確保など国民生活の基盤となり,その向上に資することを願ってやみません。

2004年3月

㈳日本自動認識システム協会
RFID部会　部会長
寺浦信之

普及版の刊行にあたって

本書は2004年に『RFタグの開発と応用Ⅱ』として刊行されました。普及版の刊行にあたり，内容は当時のままであり加筆・訂正などの手は加えておりませんので，ご了承ください。

2009年11月

シーエムシー出版　編集部

執筆者一覧(執筆順)

寺浦 信之	㈳日本自動認識システム協会　RFID部会　部会長	
	(現)㈱テララコード研究所　所長	
藤浪 啓	㈱野村総合研究所　情報・通信コンサルティング部 主任コンサルタント	
	(現)㈱野村総合研究所　情報・通信コンサルティング部 上級コンサルタント	
藤本 淳	東京大学　先端科学技術研究センター　特任教授	
若泉 和彦	電子商取引推進協議会　主席研究員	
荒木 勉	(現)上智大学　経済学部　教授	
渡辺 淳	(現)㈱デンソーウェーブ　自動認識事業部　製品開発部 事業開発室　主幹	
柴田 彰	(現)㈱デンソーウェーブ　自動認識事業部	
中谷 純之	総務省　総合通信基盤局　電波部　移動通信課 システム開発係長	
新原 浩朗	経済産業省　商務情報政策局　情報経済課長	
	(現)経済産業省(経済産業政策局)　産業組織課長	
三村 和也	経済産業省　商務情報政策局　情報経済課　係長	
中村 俊介	総務省　情報通信政策局　技術政策課　研究推進室 研究推進係長	
紀伊 智顕	㈱富士総合研究所　社会経済グループ　経済・福祉研究室 主事研究員	
	(現)みずほ情報総研㈱　ビジネスコンサルティング部 シニアマネジャー	

田代 信光	NTTコミュニケーションズ㈱ ソリューション事業部 情報ビジネス営業部　課長
高木 俊雄	㈱マーステクノサイエンス　システム開発部　副部長
宮代　透	㈱NTTデータ　ビジネス開発事業本部 (現)㈱NTTデータ経営研究所　産業コンサルティング本部 シニアコンサルタント
山内 康英	多摩大学　情報社会学研究所　教授
泉田 裕彦	元国土交通省貨物流通システム高度化推進調整官 (現)新潟県知事
福田　朗	(現)㈱AGP　取締役
秋山 昌範	国立国際医療センター　内科・情報システム部　部長 (現)マサチューセッツ工科大学　スローン経営大学院 客員教授
越塚　登	(現)東京大学　大学院情報学環　准教授； ユビキタスIDセンター　T-Engineフォーラム YRPユビキタス・ネットワーキング研究所　副所長
宮原 大和	(現)㈶流通システム開発センター　流通標準本部　国際部 EPCグループ　特別研究員
石橋　守	日本郵政公社　経営企画部門　国際・物流・事業開発部 グループリーダー
石川 俊治	(現)大日本印刷㈱　CBS事業部　技術開発本部　副本部長
根日屋英之	(現)㈱アンプレット　本社　代表取締役社長

執筆者の所属表記は，注記以外は2004年当時のものを使用しております．

目 次

【総論編】

第1章　RFIDの市場展望　　藤浪　啓

1 はじめに ……………………………… 3
2 RFIDとユビキタスネットワークがもたらすビジネスパラダイム変化……… 3
3 RFタグのアプリケーションと市場拡大に向けた課題…………………………… 8
4 今後の発展に向けたマーケティングのあり方…………………………………… 10

第2章　リサイクルとRFタグ　　藤本　淳

1 循環型社会の形成 …………………… 11
2 リサイクルの効用：循環か非循環か … 11
3 リサイクルと経済 …………………… 13
4 リサイクルQCD ……………………… 14
　4.1 品質の一定な材料・部品等の調達 …………………………………… 15
　4.2 期間内での一定量の調達 ……… 17
　4.3 リサイクルQCD実現の条件 …… 17
5 ユーザの役割 ………………………… 18
6 RFIDを活用した情報システムの概念 …………………………………………… 19
7 おわりに ……………………………… 22

第3章　EDIとRFタグ　　若泉和彦

1 企業間の電子商取引を支えるEDI …… 24
　1.1 EDIとは ………………………… 24
　1.2 EDIの歴史 ……………………… 24
　1.3 EDIの応用範囲 ………………… 25
2 EDIとRFタグの連携利用 …………… 26
　2.1 RFIDによる情報伝達の特徴 …… 26
　2.2 RFによる情報伝達の特徴 ……… 27
　2.3 EDIとRFタグとを連携利用するメリット ……………………………… 27
　2.4 入出荷検品のモデル …………… 27
　2.5 商品トレーサビリティのモデル … 29
3 EDIとの連携利用におけるRFタグへの要件 ……………………………………… 33
　3.1 ソースマーキング及び一貫した商品識別 …………………………………… 33
　3.2 最適なシンタックスルールの採用 … 34
　3.3 リポジトリの共有と標準化の重要性 …………………………………………… 36

I

第4章　物流とRFタグ　　荒木　勉

1　物流からロジスティクス，SCMへ …… 38
2　物流とRFタグ ……………………… 40
3　これからの物流とRFタグ …………… 43

【標準化，法規制の現状と今後の展望編】

第5章　ISOの進展状況　　渡辺　淳

1　RFタグ市場を取り巻く社会状況 …… 49
2　RFタグ関連のISO標準化動向 ……… 49
3　「物」の管理用RFタグ ……………… 52
　3.1　ISO/IEC 18000-1 ……………… 52
　3.2　ISO/IEC 18000-2 ……………… 54
　3.3　ISO/IEC 18000-3 ……………… 55
　3.4　ISO/IEC 18000-4 ……………… 56
　3.5　ISO/IEC 18000-5 ……………… 57
　3.6　ISO/IEC 18000-6 ……………… 58
　3.7　ISO/IEC 18000-7 ……………… 59
　3.8　ISO/IEC 15961とISO/IEC 15962 …… 60
　3.9　ISO/IEC 15963 ………………… 61
　3.10　TR 18046 ……………………… 62
　3.11　TR 18047 ……………………… 62

第6章　RFIDを利用したアプリケーションの標準化　　柴田　彰

1　はじめに ……………………………… 64
2　市場ニーズ …………………………… 64
3　社会インフラの整備 ………………… 66
4　ユニークIDの規格開発 ……………… 68
5　RFIDの規格開発 ……………………… 68
6　位置情報の規格開発 ………………… 68
7　RFIDを利用したアプリケーション規格開発 …………………………………… 69
8　おわりに ……………………………… 73

第7章　電子タグの新たな周波数について　　中谷純之

1　はじめに ……………………………… 74
2　電子タグに関する周波数関連事項検討の背景 ………………………………… 74
　2.1　電子タグの利活用推進に係る周波数関連の視点 …………………… 74
　2.2　欧米における現状と動向 …… 75
3　新たな周波数の利用可能性 ………… 76
　3.1　新たな周波数のニーズ ……… 76
　3.2　周波数共用の可能性 ………… 76
　3.3　専用帯域確保の可能性 ……… 78
4　新たな周波数確保に向けた今後の取り組み …………………………………… 79

4.1　必要となる取り組み ……………… 79
4.2　必要となる主な検討事項 ………… 79
5　今後の推進方策 …………………………… 80

【政府の今後の対応方針編】

第8章　RFタグの普及に向けた課題と政策

1　総論………………………新原浩朗… 83
　1.1　急激に高まってきたRFタグへの期
　　　　待 ……………………………… 83
　1.2　RFタグ先進国である日本 ……… 83
　1.3　克服すべき課題 ………………… 84
　1.4　標準化の重要性 ………………… 85
　　1.4.1　なぜ標準化を推奨しなければ
　　　　　ならないのか ………………… 85
　1.4.2　国際標準の重要性 …………… 86
2　具体的な施策………………三村和也… 87
　2.1　商品コード体系の標準化 ……… 87
　2.2　技術規格の標準化 ……………… 87
　2.3　周波数 …………………………… 88
　2.4　コストの低減：5円タグの実現 … 89
　2.5　プライバシー …………………… 89
　2.6　実証実験の実施 ………………… 91

第9章　ユビキタスネットワークとRFタグ　　中村俊介

1　はじめに …………………………… 93
2　ユビキタスネットワーク社会……… 93
3　ネットワークによるRFタグの高度利用
　　……………………………………… 94
4　RFタグの高度利活用 ……………… 96
　4.1　RFタグの高度利活用に関する考察
　　……………………………………… 96
4.2　利活用ネットワークの拡大 ……… 96
5　タグに紐付く情報の高度化 ……… 98
6　RFタグの利活用高度化マップ …… 99
7　RFタグの経済波及効果 …………101
　7.1　経済波及効果の試算額 …………101
　7.2　経済波及効果の推移 ……………101
8　おわりに …………………………102

【各事業分野での実証試験及び適用検討編】

第10章　家電製品への適用とその実証実験について　　紀伊智顕

1　はじめに ……………………………105
2　物流実証実験 ………………………105
　2.1　実験の概要 ………………………105
2.2　RFタグ導入による実用性評価 …106
2.3　RFタグ導入により期待される効果
　　………………………………………108

III

2.4	今後の実用化に向けての課題 …… 110	3.2	実験結果 …………………………… 111
3	読み取り実証実験 ……………………… 111	3.3	家電製品への実装に向けた課題 … 115
3.1	実証実験の概要 …………………… 111	4	おわりに ………………………………… 116

第11章　出版業界への適用とその実証実験　　田代信光

1	はじめに ………………………………… 118	4	研究活動体制 …………………………… 120
2	出版業界における現状と課題 ………… 118	5	出版業界RFタグ実証実験概要 ……… 120
3	RFタグ適用による現状改善の可能性 ……………………………………… 119	6	今後の取り組み ………………………… 125

第12章　アパレルへの適用における標準化検討と
　　　　　その実証実験について　　高木俊雄

1	はじめに ………………………………… 127		業での標準化モデル ………………… 138
2	アパレル標準化検討の経緯 …………… 128	4.1	標準業務モデル …………………… 139
2.1	SPEEDプロジェクトでの実証実験概要 ……………………………… 129	4.1.1	業務モデル …………………… 139
		4.1.2	RFIDデータ項目 …………… 141
2.2	RFID研究委員会の検討状況 …… 129	4.2	RFIDシステム標準仕様 ………… 141
3	RFID研究委員会での標準化モデル … 130	5	次世代物流効率化システム研究開発事業での実証実験システム ……………… 142
3.1	標準化業務モデル ………………… 131		
3.1.1	業務モデル …………………… 131	5.1	実証実験の方法と評価 …………… 142
3.1.2	RFIDデータ項目 …………… 134	5.1.1	実証実験の目的 ……………… 143
3.2	RFIDシステムへの要求仕様 …… 135	5.1.2	実証実験の方法と評価方法 … 143
3.2.1	要求仕様の概要 ……………… 135	5.2	機器開発概要 ……………………… 143
3.2.2	要求仕様の実現方法 ………… 136	5.3	実証実験のシステムとその運用 … 147
4	次世代物流効率化システム研究開発事	6	おわりに ………………………………… 149

第13章　食品流通への適用とその実証実験について　　宮代　透

1	食品流通へのRFタグの適用 ………… 150	5	作業効率化 ……………………………… 158
2	食品流通RFID実証実験について …… 152	6	店舗作業効率化 ………………………… 158
3	実証実験の概要 ………………………… 154	7	実験の結果を受けて …………………… 159
4	消費者の受容性 ………………………… 155		

IV

第14章　空港手荷物の利用と実証実験について

山内康英，泉田裕彦，福田　朗

1　はじめに ……………………………… 161
2　次世代空港システムとRFタグ：導入の
　　経緯 …………………………………… 161
　2.1　手荷物管理システムとRFID …… 162
　　2.1.1　ロストバゲッジ対策 ………… 163
　　2.1.2　試行運用実験 ………………… 164
　2.2　出入国審査の簡素化 ……………… 164
　2.3　空港保安とRFID：米国の取り組み
　　　 …………………………………… 165
　　2.3.1　サンフランシスコ空港のUHF
　　　　　実験 ……………………………… 165
3　実証実験とシステム ………………… 166
　3.1　手ぶら旅行の試行運用 …………… 166
　3.2　e-タグ認識技術検証試験（2004年
　　　 4月～9月）………………………… 168
　3.3　UHF帯を利用したRFタグの日米相
　　　 互運用検証試験 …………………… 169
4　今後の展開 …………………………… 169

第15章　家電リサイクル実証試験

寺浦信之

1　はじめに ……………………………… 172
2　製品のライフサイクル管理 ………… 172
3　静脈物流実証試験 …………………… 173
　3.1　構想 ………………………………… 173
　3.2　期待効果 …………………………… 174
　　3.2.1　家電リサイクル券運用の効率化
　　　　　 ………………………………… 174
　　3.2.2　不法投棄の防止 ……………… 174
　3.3　現在の仕組み ……………………… 174
　3.4　電子帳票システムの仕組み ……… 175
　3.5　実証試験 …………………………… 176
　　3.5.1　排出品の集積とRFタグの貼付
　　　　　 ………………………………… 177
　　3.5.2　電子帳票システムのシミュレー
　　　　　 ション ………………………… 179
　3.6　実験結果 …………………………… 179
4　手分解工程支援実証試験 …………… 179
　4.1　構想 ………………………………… 180
　4.2　期待効果 …………………………… 181
　　4.2.1　手分解工程の工数低減 ……… 181
　　4.2.2　リサイクル率の向上 ………… 181
　4.3　現状の工程 ………………………… 182
　4.4　実証試験 …………………………… 183
　　4.4.1　排出品の集積とRFタグの貼付
　　　　　 ………………………………… 183
　　4.4.2　荷捌き工程支援 ……………… 183
　　4.4.3　手分解工程支援 ……………… 183
　4.5　実証試験の実施とその結果 ……… 184
5　おわりに ……………………………… 187

第16章　医療分野へのRFタグの適応
―トレーサビリティと事故防止―
秋山昌範

1　はじめに ………………………… 190
2　米国医学院の報告 ……………… 191
3　我が国の状況 …………………… 192
4　情報システムと業務フロー …… 193
5　医療行為の発生時点管理システム
　　（POAS：Point of Act System） …… 194
6　リアルタイムな記録 …………… 196
7　バーコードやRFタグの活用 … 197
8　欧米の状況 ……………………… 198
　8.1　視察先施設 ………………… 198
　8.2　視察概要 …………………… 199
　　8.2.1　コード管理機構の取り組み … 199
　　8.2.2　医薬品メーカーの取り組み … 199
　　8.2.3　欧米の医療機関の取り組み … 200
9　医療行為分析における線から面へ …… 200
10　トレーサビリティに活用するバーコード，
　　RFタグ ……………………… 203
　10.1　日本での課題について …… 203
　10.2　中心課題 ………………… 203
11　おわりに ……………………… 206

【諸団体の活動編】

第17章　ユビキタスIDセンターの技術と活動
越塚　登

1　ユビキタスIDセンター ……… 211
2　ユビキタスID技術 …………… 212
　2.1　ユビキタスIDアーキテクチャ …… 212
　2.2　ucode：ユビキタスコード … 213
　2.3　ucodeタグ ………………… 214
　2.4　ユビキタスコミュニケータ … 215
　2.5　ucode解決サーバ ………… 216
　2.6　プライバシー保護技術 …… 216
3　応用 …………………………… 216
　3.1　店舗における応用例 ……… 216
　3.2　食品トレーサビリティ …… 217
　3.3　デジタルミュージアム …… 217

第18章　㈶流通システム開発センターの
RFIDシステムへの取り組みについて
宮原大和

1　取り組み経緯 ………………… 220
2　GCI研究会のインテリジェントWG … 222
3　EPCシステムの概要とEPC globalの
　　役割 ………………………… 223
　3.1　EPC globalとは …………… 223
　3.2　EPCシステムの概要 ……… 224
　3.3　EPC globalの活動 ………… 225
　　3.3.1　EPC global本部体制 …… 225
　　3.3.2　EPC global本部の役割 … 226
　　3.3.3　EAN加盟コードセンターの役割

3.3.4	EPC globalメンバー …… 226	3.3.5	メンバー費用 …………… 227
		3.3.6	会員企業の加入メリット … 227

第19章　RFタグの郵便事業への活用アイデアについて　　石橋　守

1	はじめに ……………………… 229	7	応用アイデア②：配達日指定郵便物の選択 ……………………… 237
2	基本アイデア―郵便物にRFタグを搭載!?― …………………… 230	8	応用アイデア③：転送郵便物の選別 … 237
3	基本アイデア―バーコードとの違い― ……………………… 231	9	応用アイデア④：大口差出の事前入力 ……………………… 238
4	基本アイデア―RFタグをつける商品範囲― ……………………… 233	10	応用アイデア⑤：差出時に配達局へ情報提供 ………………… 239
5	基本アイデア―RFタグのつけ方― … 234	11	応用アイデア⑥：業務改善に利用 …… 240
6	応用アイデア①：各家庭の受箱にリーダ／ライタ機能を付加 ………… 236	12	導入への課題 ………………… 240

【チップ・実装編】

第20章　5円タグへの挑戦　　石川俊治

1	はじめに ……………………… 245	3.2	FSA（Alien Technologies）……… 248
2	従来のRFタグ製造方法 ……… 245	3.3	I-Connect（Philips Semiconductors）……………………… 249
2.1	RFタグの構成 ……………… 245		
2.2	アンテナの製造 …………… 246	3.4	Matrics社PICA方式（Matrics）… 250
2.3	ICチップの実装 …………… 246	4	将来のRFタグ製造方法 ……… 250
2.4	従来のRFタグ製造方法の課題 … 247	4.1	将来のRFタグ製造方法のアプローチ ……………………… 250
3	最新のRFタグ製造方法 ……… 248		
3.1	最新のRFタグ製造方法のアプローチ ……………………… 248	4.2	チップレスタグ …………… 250
		5	5円タグへの挑戦 …………… 252

第21章　微細RFIDとリーダ／ライタ　　根日屋英之

1	はじめに ……………………… 253	3	RFID ………………………… 254
2	RFIDシステムとは ………… 253	3.1	RFIDの分類 ……………… 254

3.2	反射型RFIDの変調回路 ………… 256
3.3	RFID内の包絡線検波回路 ……… 258
3.4	RFID内のメモリ ………………… 259
3.5	レクテナの設計 ………………… 259
3.6	RFIDのアンテナ ………………… 261
4	リーダ／ライタ（質問器） …………… 264
4.1	反射型パッシブRFID無線通信シ

ステムの通信距離 ……………… 264
4.2 リーダ／ライタの内部構成 ……… 267
4.3 回路規模の少ない安価なリーダ／
ライタの提案 …………………… 269
5 コリジョン（衝突）対策 …………… 272
6 RFIDシステムの今後の課題 ………… 274

総論編

緒論

第1章　RFIDの市場展望

藤浪　啓*

1　はじめに

ユビキタスネットワークが巨大な市場を創出すると期待されてから久しいが，その究極の要素技術としてRFIDに対する期待が近年急速に高まっている。本稿では，ユビキタスネットワークがもたらすビジネスパラダイムの変化とRFIDの市場展望に関する考察を行う。

2　RFIDとユビキタスネットワークがもたらすビジネスパラダイム変化

情報通信技術（以下，ITと略す）の技術革新の潮流は大きく2つに集約される。ひとつは18ヶ月で2倍の価格性能比の向上というムーアの法則に代表される半導体技術の性能向上である。半導体の価格性能比が向上することに伴いコンピュータは，かつての大型計算機から，ワークステーション，パーソナルコンピュータへと継続してダウンサイジングを続けてきた。今日では携帯電話もiモードの時代を迎え音声通話機能だけではなくコンピューティングパワーを有するモバイルコンピュータ端末としての色彩を強めている。ダウンサイジングの本質は究極的にはあら

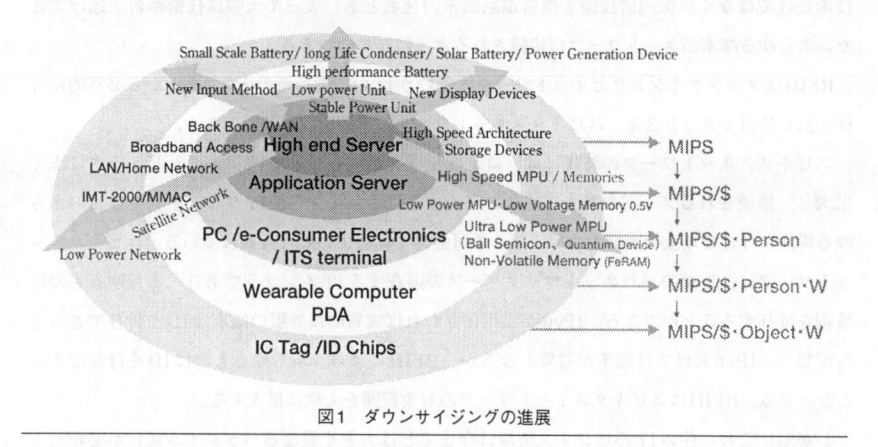

図1　ダウンサイジングの進展

*　Kei Fujinami　㈱野村総合研究所　情報・通信コンサルティング部　主任コンサルタント

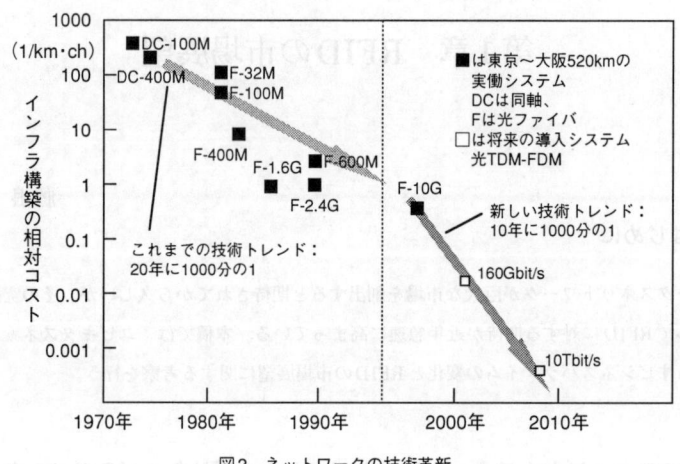

図2　ネットワークの技術革新

　ゆる端末にコンピュータが内蔵されることであると理解できる。
　ふたつめのITの技術革新の潮流はネットワーク化である。1990年代半ばからインターネットがグローバルに発展するとともに，IP技術やWDMなどのネットワークの技術革新が立て続けに起こった。それまでネットワークがITシステム全体のボトルネックであったが，現在では12ヶ月で2倍の価格性能比の向上を実現しており，ネットワーク技術が牽引役となっている。有線技術だけではなく無線通信技術も携帯電話端末の発展とあいまって大幅に技術革新を遂げてきた。あらゆる端末がネットワークに接続されるようになりつつある。
　RFIDはダウンサイジングとネットワーク化というITの技術革新の2つの潮流から必然的に外挿される技術であると言え，ユビキタスネットワークの重要な要素技術である。
　ユビキタスネットワークの時代には，コンピュータが中心だったITは非コンピュータにまで拡大し，接続されるノードの数も桁違いに増大する。これに伴い，ITがビジネスや社会のあらゆる場面に今まで以上の影響力を持ってくる可能性を秘めていると言われている。ユビキタスネットワークは，言葉の通りネットワークベースの遍在するITインフラであり，あらゆるものに情報を付与することができる。IPv6が実用化されれば実質的に無限の端末にIDを付与できる基盤が整う。IPv6だけでは端末が対象となるが，RFIDにより，あらゆるものにIDを付与できることとなる。RFIDはユビキタスネットワークの対象範囲を大幅に拡大する。
　しかし，これに伴いITのビジネス環境は今までとは大きく異なるパラダイム変化が必要となる。今までのITではT（技術）が中心であったが，これからはI（情報）が重要となる。ドラッ

第1章　RFIDの市場展望

ガーは「企業にとっての，唯一にして究極のプロフィットセンターは，『顧客』である。この外部データを構築することが次世代の情報フロンティアになるだろう」と言っている。RFIDの市場開拓を考える上で，極めて示唆に富む助言であろう。

それではユビキタスネットワークの時代には何が大きく変わるのであろうか。本質的には少なくとも3つの大きな変化が予想される。1つめは取り扱える情報の量が今までに比べ桁違いに増大することである。帯域の拡大とコンピューティングパワーの増大に伴い動画や音声など今までは取り扱える範囲に制約があった情報が利用できるようになる。これに伴い，形式知だけではなく感性に近い情報（以下，形態知と呼ぶ）が取り扱えるようになる。2つめの変化はネットワークベースで繋がったコミュニティーが大きなパワーを有するようになることである。今まではサプライサイドが商品に関してユーザよりも多くの情報を持っていたが，このような情報の非対称性が崩れることとなる。このためサプライヤからユーザへのイニシアティブの変化が予想される。3つめの変化はあらゆるモノにIDを付与できるようになることから，時間，空間の双方に関して対象物をセンシング，トラッキングできるようになることである。

RFIDはこれらの3つの本質的な変化のうち主に2つめと3つめに大きく関係すると考えられる。ドラッガーが指摘しているように今後ITを使い，いかに詳細に顧客情報を収集するかがビジネスの勝負を決する比率が高くなる。コミュニティーパワーの増大に伴いイニシアティブがサ

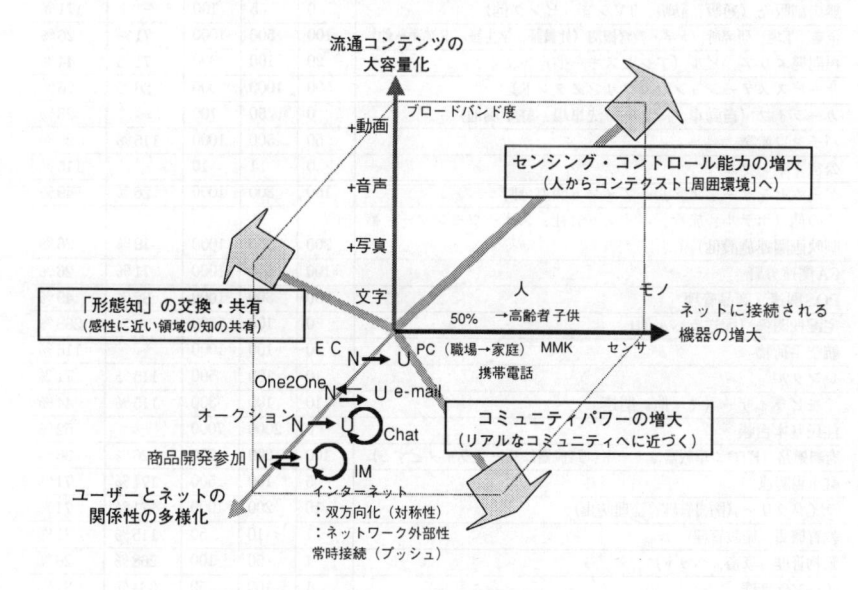

図3　ユビキタスネットワークによる本質的な3つの変化

表1　RFIDならびにICカードのアプリケーション例

(単位：万枚)

	2002	2005	2008	CAGR (05/02)	CAGR (08/05)
キャッシュカード（J-デビットカード含む）	50	700	2000	141%	42%
クレジットカード	30	800	5000	199%	84%
汎用プリペイド・電子マネー（乗車券やテレホンカードを除く）	250	1800	4500	93%	36%
テレホンカード（公衆電話他）	300	600	700	26%	5%
携帯電話（自動車電話，PHS，PDA他）	0	1000	4000	－	59%
衛星放送（BS，CSデジタル他）	0	100	500	－	71%
PCネットワーク	10	1000	3000	364%	44%
有料道路	0	0	500	－	－
鉄道・地下鉄	700	2000	4000	42%	26%
バス	5	300	1000	291%	49%
その他の交通，運輸関係（航空，宅配，トラック他）	0	5	10	－	26%
住民基本台帳	0	2000	7000	－	52%
社会保険証（年金手帳，健康保険証，介護保険証，その他）	0	2000	5500	－	40%
免許証	0	2000	6000	－	44%
パスポート	0	0	500	－	－
自治体行政カード	150	2000	4000	137%	26%
百貨店，量販店	0	500	2000	－	59%
商店街，専門店，ショッピングセンター	50	250	500	71%	26%
外食産業（レストラン，ファーストフード，テイクアウト他）	0	5	500	－	364%
自動販売機（駅務券売機は除く）	10	600	2000	291%	49%
無店舗販売（通販，訪販，TVショッピング他）	0	5	100	－	171%
企業，工場，研究所，大学・教育機関（社員証，学生証，ドアキー他）	100	500	1000	71%	26%
再開発エリア，ビル（アクセスキー他）	20	100	300	71%	44%
サービスステーション（ガソリンスタンド）	500	1000	2000	26%	26%
カーライフ（自動車メーカー，洗車場，駐車場他）	0	50	100	－	26%
パチンコ産業	50	500	1000	115%	26%
公営ギャンブル	0	1	10	－	115%
ゲームセンター・アミューズメント関連分野	150	300	1000	26%	49%
その他（ホテル，旅行，ポイント会社，スポーツセンター，観劇映画関連施設他）	300	500	1000	19%	26%
FA関連分野	100	500	1000	71%	26%
POS関連，商品管理	50	300	1000	82%	49%
宅配便関係（配送ラベル他）	0	100	5000	－	268%
航空手荷物	0	100	1000	－	115%
レンタル	10	100	500	115%	71%
イモビライザー（キー他）関連	10	100	300	115%	44%
住民基本台帳	0	2000	7000	－	52%
有料道路（ETC：車載器はカード，路側器はリーダライタとする）	100	200	500	26%	36%
駐車場関連	5	100	500	171%	71%
ライブラリー（図書管理，盗難防止）	10	200	1000	171%	71%
教育機関（施設管理）	1	10	50	115%	71%
動物管理（家畜，ペット）	1	50	100	268%	26%
イベント管理	1	100	50	364%	-21%

（出所）非接触ICカード・RFIDガイドブック2003

第1章　RFIDの市場展望

プライヤからユーザへと大きくシフトする中，企業はRFIDをもちいてユーザ情報を収集し分析することで，マーケティング効果を高めることを迫られるようになろう。また，RFIDによりセンシング，トラッキングの充実を図ることで，完成されたSCMを構築することにより市況変動に伴う在庫リスクを究極的にゼロに収斂させることも不可能ではなくなる。ただし，いずれにおいても最も重要なのは，どのような情報を収集，分析するかである。データではなく情報が重要なのである。

表2　RFタグの一例

	バーコード	RFタグ 凸版印刷 T-Junction	RFタグ フィリップス I-CODE	ミューチップ	RFタグ 米インターメック社 インテリタグ	RFタグ 米シングルチップ社 Sラベル	RFタグ 米マイクロン社 Microstamp
通信周波数	N.A.	915MHz 2.45GHz	13.56MHz	2.45GHz	2.45GHz	2.45GHz	2.45GHz
メモリ容量	100bit (一次元) 〜1kbyte程度 (二次元)	128byte (1kbit)	64byte (512bit)	16byte (128bit)	128byte (1kbit)	128byte (1kbit)	256byte (2kbit)
タグ単価	〜1円	〜50円	〜数十円	20〜30円	200〜300円	50〜100円	2,700円 (サンプル)
リーダー単価	数万円	低価格	数万円	数万円?	60万円		数十万円 (推定)
バッテリー有無	無	有	無	無	無	無	有
書込機能	無	無	有	無	有	有 (ROタイプもあり)	有
アンチ・コリジョン	無	有 (50枚／秒)	有 (30枚／秒)	無	有 (50枚／秒)	有 (50枚／秒)	有 (20枚／秒)
汚れの影響	有	無	無	無	無	無	無
最大通信距離	0〜20cm程度	0〜200cm	〜100cm程度	0.3mm〜30cm	100〜150cm	100〜150cm (書込平均7cm)	200cm
主なアプリケーション	物流管理 商品管理 等	物流管理 (伝票・帳票) 工程管理 等	航空貨物管理 在庫管理 盗難防止 等	製造管理 真贋管理 他多数	物流管理 (コンテナ・パレット)・検品・出荷管理等	物流管理 (コンテナ・パレット)・検品・出荷管理等	在庫管理・自動車盗難防止・レンタル商品管理
動作温度					−45〜80℃	−45〜80℃	−20〜70℃
その他特徴・留意事項		サイズ 1.0×1.0× 0.15mm	ISO15693準拠 ラベル型	サイズ 0.4×0.4mm		タグを回収・再利用することで，導入費用を単価2円以下に抑えている。	

3 RFタグのアプリケーションと市場拡大に向けた課題

RFIDのアプリケーションに関しては，過去からさまざまな議論がされており，多くのアプリケーションが提案されてきた。

しかし，これまでは高機能なタグで価格も高かったことから，回収，再利用型を前提としたアプリケーションが先に実用化されてきた。これに対して，近年のネットワーク環境の整備とハイエンドサーバーの低価格化に伴い，主な情報をサーバー側に持たせ，RFタグにはIDなど極めて限定された情報のみ付与するタイプのタグが提案されている。

これにより，RFIDは大きく2つに分類されるようになった。ひとつは従来同様RFIDに情報を持たせる高機能・再利用タイプ（データキャリア型），もうひとつは低機能・使い捨タイプ（ID型）である。後者の代表例として日立のミューチップが挙げられる。

いずれのタイプに関しても市場拡大に向けた課題が存在するが，それぞれ性質が異なる。データキャリア型は既存の技術では実現できない機能を提供するものである。今までになかったアプリケーションであるがゆえにユーザも自分のニーズを明確に理解できているとは限らず，潜在ニーズの掘り起こしと，それに対するRFIDの機能の作りこみが必要となる。その際，最大の課題となるがコストである。基本的にRFIDは半導体技術をベースとしていることからチップに関しては，規模の経済とスケーリング則（最小加工線幅（デザインルール）を微細化することで，単位チップ当たりのコストを低減させる一方で，単位ウェハ当たりの価格を増加させること）が効くため，数が出れば急激に価格が下がる。この点は，数を出して価格を下げるか，価格を下げて数を出すか，いわば「鶏が先か卵が先か」の論理となる。しかし，それ以外にもチップを実装す

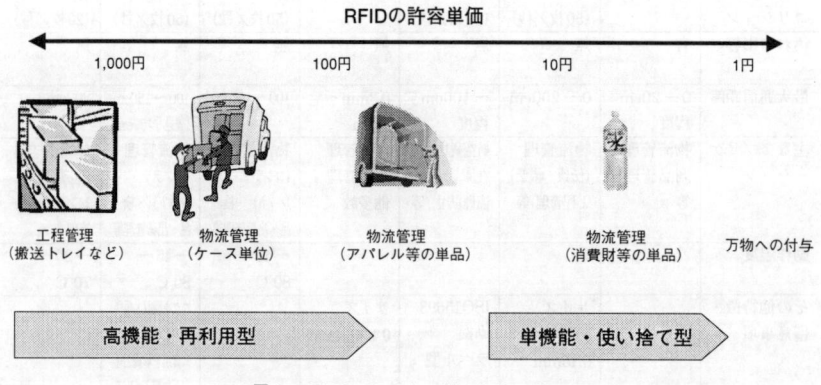

図4 RFIDの2つのターゲットドメイン

第1章　RFIDの市場展望

るコストやシステム全体としてのコストがどこまで下げられるかが重要な課題として存在する。

　一方，ID型は既にバーコードという既存技術が存在し，技術代替的な色彩が強い。バーコードは現在1円以下であり，データ量は約40bit程度であるが，これに対してRFIDがどの程度，優位性を獲得できるかが焦点となる。ID型のRFIDとして現在いくつかの製品が試作提供，もしくは製品化されているが，ターゲット価格はおおよそ5セント（約5円），データ量は96～128bitが一般的である。一般的に技術代替が起こるためにはデマンドサイド，サプライサイドともにいくつかの条件をクリアすることが必要となる。主なものとしては，既存技術（被代替技術）と代替技術の技術革新のスピード，もしくはパフォーマンスの差，事業性（ペイするシナリオが描けるか），事業リスクの大きさ，などである。現段階でこれらの観点からRFIDがバーコードを代替可能か否かを結論付けることは難しいが，いずれにしてもRFIDがバーコードに対して十分な比較優位を獲得することは不可欠である。

　このように，RFIDのアプリケーションに関しては多くの場合，ユーザ，サプライヤともに不確定な要素が複数存在するため，双方が協調してリスクをとらないと，いつまでも現在の均衡状態から抜け出せず市場が拡大しない（ユーザにとってはRFIDを利用することによる便益を享受できない）。このため，マーケティングのあり方が極めて重要となってくる。

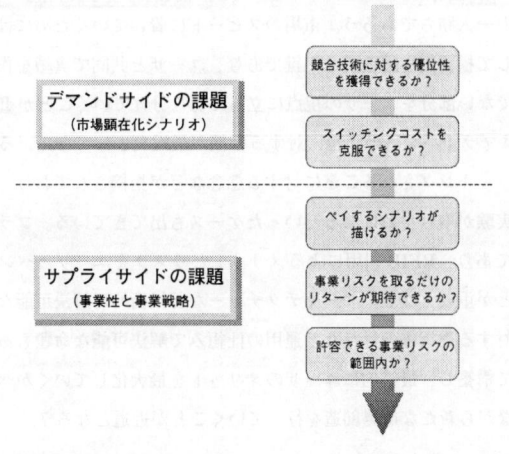

図5　新規技術が既存技術を代替するためにクリアしなければならない課題

4 今後の発展に向けたマーケティングのあり方

いままで述べてきたように，RFIDは基本的にはITの技術革新の延長線上に位置づけられるプロダクトアウトの商品であり，ユーザニーズに対するマッチングが不可欠となる。バーコードと競合するID型に関しては，既存技術であるバーコードも二次元バーコードなどの新しい技術が出てきていることや既にインフラとして普及していることから，真正面から競合するアプリケーションの範囲ではRFIDがバーコードを代替していくことは困難であると考えられ，バーコードでは実現できないユーザの潜在ニーズで差別化することが重要である。

しかし，RFIDのアプリケーションはユーザにとっても新しいものであることから，ユーザに聞いてもニーズは分からないことが多いと考えられる。このため，マーケットインの発想は必ずしも通用せず，顧客と一緒にアプリケーションや商品を作っていくリレーションシップ的な発想でのマーケティングが不可欠である。ユビキタスネットワークの時代を迎え，このようなリレーションシップ的なマーケティングはますます重要となるであろう。何故ならば，RFIDはビジネスインフラであり互換性が重要となること，ネットワークとの接続性が求められるものが多いことから，デファクトスタンダードの重要性が高いからである。各種標準化活動とともにユーザと共同でスタンダードを確立することが求められよう。また，ITの技術革新のスピードは今まで以上に加速しており，市場の変化のスピードもより一層速くなっている。このため，市場の変化のスピードについていけるかどうかが極めて重要な要素となってきた。典型的な例は携帯電話端末市場でのノキアの一人勝ちであろう。市場のスピードに着いていくためには実績のあるシステムをパッケージ化して横展開を図ることが鍵であり，ユーザと共同で実績を作り，パッケージ化できる部分とそうでない部分をユーザの視点に立って切り分けていくことが重要となろう。

また，RFIDではプライバシーの問題に対する指摘が最近高まってきている。個人情報の漏洩や知らない間にトラッキングされることに対する懸念などが指摘されており，消費者団体のロビー活動により実証実験が取りやめになるといったケースも出てきている。プライバシー問題はユーザの不安の現れであり，RFID利用によるメリットとリスクをユーザとベンダがともに相互理解を深めていくことが重要となる。アーキテクチャーなど技術的に解決可能な命題もあるし，情報提供やユーザに対する選択権の付与など運用の仕組みで解決可能な命題もある。これらをどのような組み合わせで構築し，最終的にユーザのメリットを最大化していくかベンダとユーザがリレーションを行いながら新たな市場創造を行っていくことが近道となろう。

第2章　リサイクルとRFタグ

藤本　淳*

1　循環型社会の形成

　戦後，我が国の経済活動は，物質的な豊かさ，便利さ，快適さを求めて発展した。その中で企業は，「品質の高い製品を低コストで大量に提供すること」と，「新しい機能を次々に実現することで製品の鮮度を高め，新たな需要を創出すること」に注力してきた。このような経済活動を背景に，大量「生産・消費・廃棄」を基盤とした社会が構築され，社会インフラの急速な整備や経済の安定，消費財の充分な供給が実現した。反面，急速な発展が続く大量生産・大量消費社会は，地球の環境処理能力や資源・エネルギーの有限性を認識させ，地球温暖化問題や有害化学物質による生態系破壊など環境負荷の増大と，処分場の不足など廃棄物問題を顕在化させた。

　20世紀後半の大量「生産・消費・廃棄」型経済システムからの脱却の一つ方向として，資源エネルギーの再利用を中心とした「循環型経済社会」の構築が提案されている。循環型経済社会とは，製品・部品・素材の再使用（リユース）・再利用（リサイクル）やエネルギー消費効率を高めることで，資源・エネルギーの消費や環境負荷を極力抑えつつ，経済活動の維持と良好な家庭生活を両立させた社会を目指そうというものである。循環型経済社会を実現するには，法律，ビジネス形態，教育，消費者意識など，社会全般にわたって大きな変革が必要となる。このうち製品に関連したものでは，"モノを安く・大量に販売する"ことを主体としたビジネスからの脱却，ユーザの環境配慮行動の促進，および環境対策に必要な情報のライフサイクル（資源採取から製造・使用・廃棄）に亘る適切な流通が，課題となってくる。この情報流通にブレークスルーをもたらすことが期待されるのが，ユビキタス・ネットワークであり，RFIDの活用である。

2　リサイクルの効用：循環か非循環か

　リサイクルの効用を，大きく3つに分類する[1]。

　① 化学物質によるリスク削減

　製品は様々な物質より構成される。製品が不適切に廃棄処分された場合，化学物質が環境中に

---

*　Jun Fujimoto　東京大学　先端科学技術研究センター　特任教授

放出され，生物や生態系に影響を及ぼす危険性（リスク）がある。製品開発において，リスクが高い物質の使用は避けられる方向にあるが，それでもリスクは存在する。「すべての物質は毒であり，毒でないものはありえないのであって，まさに用量が毒と薬を区別するのである（パラケルス：PARACELSUS，1493～1541）」という言葉からも明らかなように，安全な物質は存在しない。リサイクルによって達成される，物質の製品間での循環（生態系への排出抑制）や廃棄物の適正処理は，化学物質のリスク削減の観点で有効である。

② 廃棄物処分場不足の解消

リサイクルの一つの役割として，廃棄物処分場の不足に関連した，廃棄物量の削減がある。リサイクルされる割合だけ物質の廃棄量が減り，さらに解体，粉砕，溶解，燃焼などのリサイクル工程を介して，物質の減容化が図られる。

③ 資源の循環

資源循環により，天然資源の採取や生態系への物質の排出を抑制するためのリサイクルである。この場合，前項①，②とは異なり，リサイクルされた物質の社会での再利用が最も重要な課題となる。この場合，リサイクルの効果は，リサイクルされた量ではなく，削減された天然資源投入量で評価される。

図1は，リサイクルによって生じる資源投入量と廃棄物量の変化を模式的に示した図である。Type Iは，資源投入量は増加し，廃棄物量が減少する場合である。リサイクルによって様々な製品が作られているが，それらがバージン資源から製造される製品の代替となっていない場合（循環が生じていない），このような変化となる。このようなリサイクルは，新たな資源・エネルギーを投入して，廃棄物を社会生活の中で"ストック"できる形態に変化させるものと言える。前述の化学物質リスク削減や，廃棄処分場不足の解決といった効用は得られるものの，資源・エネ

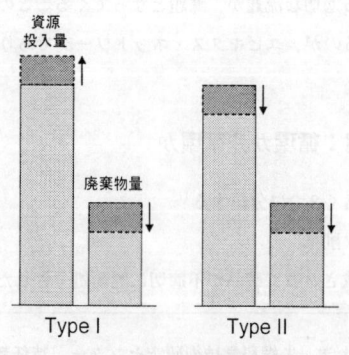

図1 資源投入量と廃棄物量

ルギー投入量の増加により,例えばCO_2排出増などの環境負荷の増加をもたらす。一方,Type IIは,資源投入量と廃棄物量とが共に減少する場合である。資源循環を実現できれば,リサイクル品がバージン資源に置き換わり,資源投入の削減も達成できる。一般に,天然資源よりも,リサイクルより素材を製造した方が,エネルギー的に有利であるので,CO_2排出削減にもつながることが期待される。

循環型社会形成に向けて,Type IIのリサイクルを目指すべきであるが,これにはクリアしなければならない課題も多い。Type Iのリサイクルは,言わば"安易に廃棄しない"対策であり,各種の法規制により,費用負担の問題はあるものの,実現可能であろう。しかし資源循環(Type II)は,このような規制だけでは実現できない。リサイクル品の需要が市場に定常的に存在し,そしてその需要を満たすように供給される仕組みを構築しなければならないからである。リサイクル品は,製造メーカから見ると,バージン資源をベースとした素材や部品と同列に扱われるようになり,一定品質のものを一定量,一定期間で調達するというQCD (Quality, Cost, Delivery) 管理の手法が,リサイクル素材や部品の調達においても適用されるようになる(以下,リサイクルQCDと表現)。リサイクルQCDを実現するためには,材料・設計・処理の領域で開発されてきた環境対応技術だけでなく,リサイクル対象物の素性や状態等に関する情報を流通させるためのシステム構築,モノを大量に生産・販売し利益を獲得することを主体とした従来のビジネス形態,さらに「すべての素材は,バージン資源をベースにしたものでなければならない」という消費者の価値観等の変革を合わせて変革する必要がある[2]。

3 リサイクルと経済

製品は,目的の機能(性能・コスト・信頼性)を実現するため,多種の材料,複数の材料を接合して作製した部品類,複数の部品を集合したモジュール類を組み合わせて製造される。材料から,部品,モジュール,製品と加工度が高くなるにつれ,消費される資源・エネルギーは大きくなり,また経済的価値は高くなる。よって,使用済み製品は,加工度の高い状態で再利用した方が,資源・エネルギー的にも経済的にも優位となる。図2は,使用済み製品の処置と消費エネルギーの関係を模式的に示したものである。材料,部品,モジュール,製品と加工度が高くなるに従い,消費エネルギーは増加する。使用済み製品を廃棄して新しい製品を製造する場合,廃棄に伴うエネルギーが追加され,新たに材料製造からのエネルギーが必要となる。リサイクルの場合,リサイクル工程で廃棄よりは大きいエネルギーが消費されるが,新たな製品製造において,鉱石採掘から材料製造に必要なエネルギーを消費する必要がなくなるので,全体としてエネルギー削減につながることが期待される(例えば,鉄,銅,アルミのリサイクルなど[1])。部品リユース

図2 製品製造とエネルギー

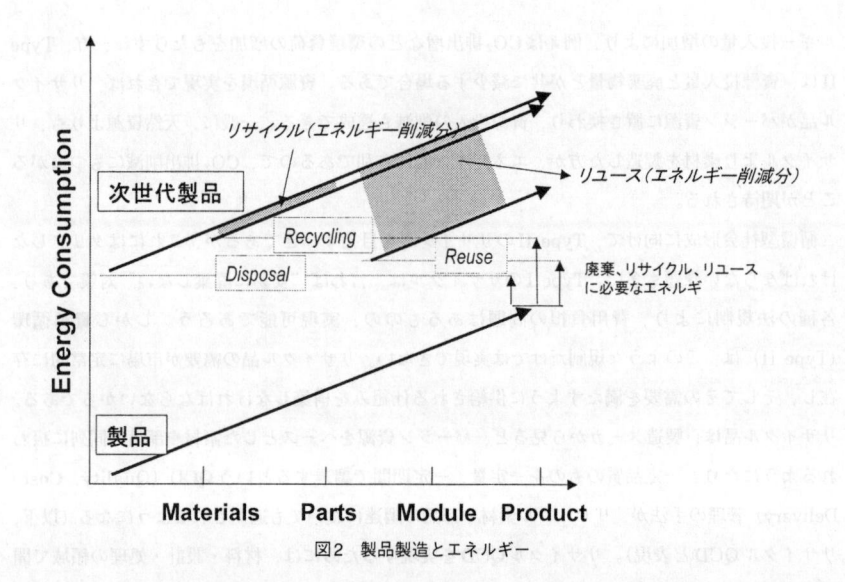

の場合、さらに鉱石採掘から部品製造までのエネルギー消費を削減できるので、リサイクルよりも、さらに多くのエネルギーを削減できる可能性がある。

　一方、経済的にも、加工度が高い状態で再利用した方が、大きなメリットを得られる可能性がある。たとえば、冷蔵庫やエアコンは、10万円前後で販売されている。製品を構成する材料単独の価値は、これらの製品で5,000円前後である。製品価格との差は、加工により実現した機能の価値分だと言える。リサイクルを行った場合、どんなに頑張っても、5,000円程度の売り上げにしかならない。もちろん現実には、材料のバージン価格ではなくスクラップ価格での取引となるので、さらに期待できる売り上げは減少する。リユースの場合、材料価値だけでなく、機能の価値を提供することが可能となるので、期待できる売り上げは、リサイクルに比較して格段と大きなものになるであろう。よって、環境負荷削減および経済性の両面より、リユースの実現を第一に考えるべきである。

4　リサイクルQCD[2]

　リユースやリサイクルが実現した場合、廃製品から部品や材料が産出され、製品の生産に組みこまれることとなる。製品の生産側からみれば、再生部品・材料も、バージン資源から作られた部品・材料と同じ取り扱いが必要となる。すなわち、再生部品・材料の調達においても、従来の生産管理手法QCD（Quality, Cost, Delivery）の適用されることになり、以下のような条件を満

第2章　リサイクルとRFタグ

たすことが要求される。
　・品質の一定な材料・部品等を調達できること。
　　（→生産の品質"Q"およびコスト"C"に関連）
　・一定の量を，ある期間で調達できること。また原料の産出は平準化していること。
　　（→生産のDelivery"D"に関連）

4.1　品質の一定な材料・部品等の調達

　管理が行われていない"製品"を利用するには，新たなコストが発生する。

　例えば，店の前に落ちている生鮮食品（例えば，チクワ）を拾って食べることを考えてほしい。食品に記載されている"賞味期限"を見て，それが賞味期限内であっても，食べることはできないであろう。何をされているのか（高温に曝されて腐っている，毒が入っている）わからないからである。食品に環境履歴（どの程度，高温に曝されたか等）を検出し表示するラベルが貼りつけてあったとすると，"賞味期限"と"環境履歴"との情報により，食べられる可能性は"環境履歴"がない場合に比較して，大きくなると思われる。"賞味期限"や"環境履歴"の情報がない場合，化学分析などにより安全性が確かめられれば，食べることができる。

　食品の購入の例では，製品に付加された情報のみを利用し，食品に記載されている製造年月日，賞味期限などの情報を見て購入を判断する。この場合，「メーカから販売店まで，メーカが要求する保存方法に従って管理されている」ことが前提となっている。この前提が成り立たない，すなわち現在までの管理に疑いがもたれる場合，様々な"情報"を取得して判断することが必要となる。「食品がさらされた湿度や温度等の環境履歴情報を貯蔵する仕組が設けてあり，そこから得られた情報と製品に記載された賞味期限や保存方法等の情報により判断する」とか，対象物を前にして「食品を化学分析して，変質や腐敗がないことを確認する」等である。製品が管理されていれば，使用の際に必要となる情報量は少なく，逆に不十分であれば必要となる情報量は多くなり，またその取得のためのコストは増加する。リサイクル品は，新しい製品とは異なり，"管理"が十分でない。よって，リサイクルを促進するためには，"管理（特に使用，廃棄の段階）"できる仕組みを構築すること，あるいは"情報システム"を活用して，安価に情報を取得できる状態を実現することが重要となる。

　リサイクル品の"鮮度"も，管理上で考慮しなければならない項目である。"生鮮食品"に比べ"乾物"では，管理の必要性は少ないのと同様に（乾物では，保存の環境履歴など必要でない），リサイクル品においても，時とともに劣化が生じる機能部品（生鮮品）と，劣化が生じ難い素材（乾物）とでは管理の必要性は異なる。素材のリサイクルが実現し易いのは，管理があまり必要でないためである。

表1 筐体リサイクルと情報

リサイクル	熱	原料	素材 (低品質)	素材 (高品質)	部品
必要な情報	大まかな分類	大まかな分類	材料名 充填材の種類	材料名 材料のグレード 充填材の種類 表面加工の種類 材料の劣化	製造の年月日 部品の型番 材料名 材料の劣化度 寸法の変化 汚れ

リサイクルの価値 ──────────→ 大

表1は、製品に使われているプラスチック製のカバーのリサイクルを例である。プラスチックは原油をベースに製造されるが、この原料に近い形態で利用するのが油化と熱回収である。この場合、プラスチックの大まかな分類がわかれば良い。プラスチック素材に戻し利用するのが、"マテリアルリサイクル"である。マテリアルリサイクルでは、同製品のカバー製造に利用する"高品位"なリサイクルと、それよりも要求機能が低い部材に適用する"低品位"なリサイクルに分類できる。低品位なリサイクルは、"ABS樹脂"など材料名と、充填材の種類の情報があれば実現できる。一方、高品位なリサイクルでは、これに加えて材料のグレード（商品型番）、材料の劣化、および塗装やメッキなど表面処理に関する情報が必要となる。さらに素材ではなく、カバーの形態（部品）で利用する場合、材料特性に関連した情報に加えて、製造の年月日、部品の型番など製造情報、構造寸法、汚れなど部品の特性情報が必要となる。以上に述べたように、リサイクル時に必要となる情報の量は、原料→素材→部品利用の順に増加するが、同時にリサイ

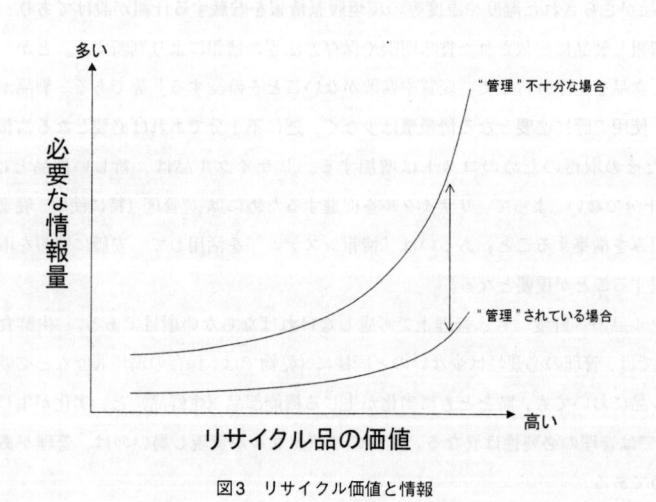

図3 リサイクル価値と情報

クル品の利用価値も増加する。"情報"を効率的に取得し，取得コストを低減することが，資源循環を促進する上での鍵となる。図3に，リサイクルの高度化と情報，および"管理"との関係をまとめた。

4.2 期間内での一定量の調達

原料となる使用済み製品が，どのような対象に（法人か一般か）どのような形態で（売切り，またはレンタル／リース）販売されたかによって，調達の容易さは異なる。対象の比較では，製品の分散度と，使用期間の違いが顕著となる。法人は都市部に多く集まり，各法人では製品がある台数まとまって存在するが，一般家庭は全国に広がり，そこでの製品は多くの場合1台しか存在しない。また使用期間についても，法人を対象としたものでは，販売後も修理やメンテナス等でのコミュニケーションにより，使用済みとなる時期をある程度予測することが，一般向けに比較して容易である。"売切り"と"レンタル／リース"との比較では，廃棄の時期や量，および品質把握の容易さに差が生じる。売切り製品の場合，ハードの所有権はユーザにある。「メンテを含めてどのように製品を使うか」，「いつ廃棄するか」は，すべてユーザの判断に委ねられる。このため，廃棄時期と量，その品質についての予測は，極めて難しい。この対策として，ユーザと製造者とのコミュニケーションを活発化することが必要となるが，それには情報システムの活用が不可欠である。

レンタル・リースの場合，ハードの所有権は，メーカ側にあり，廃棄時期の予測，および品質の把握は，売切りに比較して容易である。

4.3 リサイクルQCD実現の条件

法人向け製品のリサイクルでは，販売の形態にかかわらず，一般向けの製品に比較してQCDの管理は容易である。一般向けの製品のリサイクルについて，販売の形態，回収を促進する法の施行，情報システムの整備などの諸条件により，QCDがどの程度進展するかをまとめた（表2）。

表2 販売の形態とQCDの関係

	売り切り			リース／レンタル
	現状	現状＋法規（デポジット）	現状＋法規＋情報インフラ	
Q	×	×	△	○
C	×	△	△	○
D	×	△	△	○

現状（売切り，法整備はない）では，製品をどのように使用するか，いつ廃棄するかは，ユーザの意思に任されているため，使用済み製品（原料）の量および品質の確保は難しい。このためリサイクルQCDは実現できない。次に，回収を促進するため，例えば，「製品購入時に回収のための費用を上乗せしておき，廃棄時に返却する」というデポジット制度を導入した場合を考える。この場合，使用済み製品の流れは一元化され，回収量は明らかに増加する。回収量の増加は，リサイクルの費用（C）と出荷配送（D）を改善する。しかし品質の確保はあいかわらず難しいため，品質の変化が少ない"乾物"のリサイクル，すなわち金属など素材のリサイクルが拡大すると考えられる。さらに，このような条件下で，製品のリサイクルに関連した情報をリサイクル工程に提供するシステムや，製品の使用状態（環境履歴）をモニタするシステム等の情報システムが整備された場合，最適な処理方法や使用済み製品の"品質"に関する情報がある程度得られるようになるため，リサイクルにおける"品質"の管理が容易となる。これにより，使用年数とともに機能が低下する"生鮮品"のリサイクルを実現できる可能性がある。最後は，製品提供の形態を"売切り"から"レンタル／リース"に変えた場合である。契約により，使用済み製品の回収時期や量を把握できるため，結果としてリサイクル費用Cと出荷配送Dを，大きく改善できる。また契約中，提供した製品の使用状態を把握することが可能となるため，使用済み製品を構成する材料・部品の余寿命判定が容易となる。これにより，リサイクルの品質を大きく改善できる。また，"レンタル／リース"の製品提供形態では，リサイクル品の供給者と需要者が一致するので，需要と供給のマッチングが行われる"市場"を新たに形成する必要はない。

5 ユーザの役割[3]

循環型社会を形成するには，ライフサイクルの各プレーヤがそれぞれ適切な行動をとり，それらが全体として調和しなければならない。部品・材料・組立てメーカは，循環を考慮したもの作りを行い，ユーザは循環を考慮した製品を購入し，それを適正に使い，リサイクルやリユースに支障をきたさないように廃棄し，回収業者は効率的に使用済み製品を回収し，リサイクル業者はコストが最小で利益が最大となる方法で処理する。従来の技術開発を見てみると，メーカや回収・廃棄業者でのリサイクルに関連した技術開発が主体であり，製品の循環に大きな役割を果たすユーザでの行動を支援する技術開発が欠けていた。いくら，リサイクルが容易な製品を開発しても，また効率的なリサイクルシステムを開発しても，ユーザが，価格だけを基準に製品を購入し安易に廃棄していたのでは，循環型社会が実現しないことは明らかである。環境教育によるユーザの意識向上や，法によるユーザ行動の規制だけでなく，ユーザの環境行動を直接的に支援する（ライフスタイルを環境配慮型に導く）技術開発が急務の課題と言える。

第2章　リサイクルとRFタグ

図4　グリーンマイレッジの概念

　ライフスタイルを環境配慮型に導くには，ユーザと産業界や自治体との間で，製品やリサイクルに関する情報やユーザでの使用・廃棄情報を流通させる"環境コミュニケーションシステム"と，循環に必要な情報の提供や活用といったユーザの適切な環境行動に対してインセンティブを与える仕組みから成る"ユーザの循環行動支援システム（グリーンマイレージ）"構築（図4）の推進が必要となろう。

6　RFIDを活用した情報システムの概念

　循環型社会形成を支援する情報システムのイメージを紹介する。情報システムは，リサイクルQCDの支援とユーザの環境行動促進支援のためのものに大別できる。
　① リサイクルQCDの支援
　　製品の構成およびユーザでの使用状況等の情報のリサイクル・廃棄物業者への適切な提供
　　使用済み製品（部品）の供給と需要情報とのマッチング
　② ユーザの環境行動促進支援（グリーンマイレッジ）
　　製品の環境配慮性（購入時），適切な使用と廃棄に関連した情報のユーザへの適切な提示
　　環境行動に対するインセンティブ付与に関連した情報流通（図5）
　図6～8にシステムの概要を示す。製品に設けたユビキタスRFタグ（又はセンサー）を活用

19

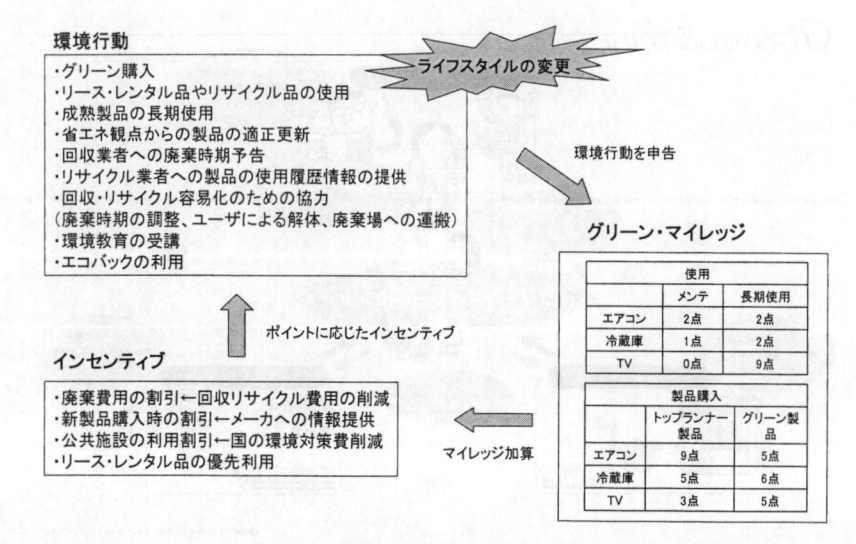

図5　環境行動とグリーン・マイレッジ

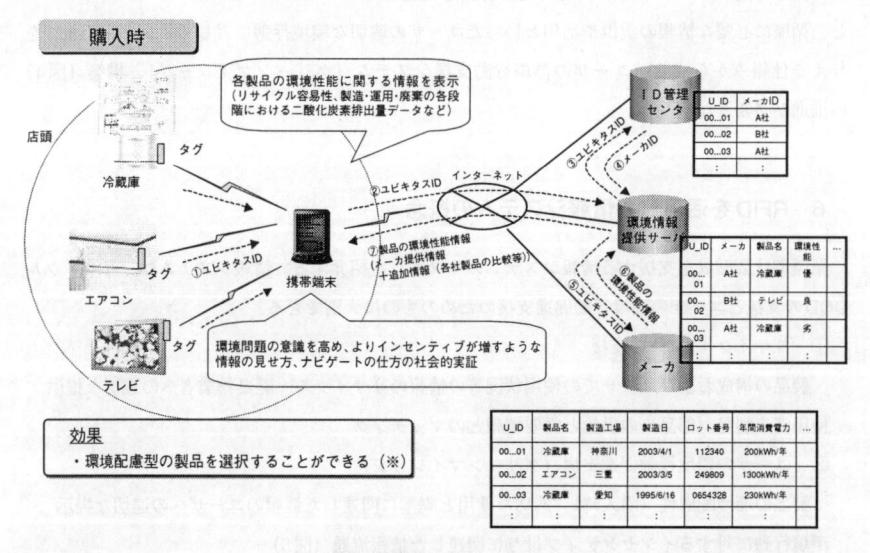

図6　製品購入時のイメージ

第2章 リサイクルとRFタグ

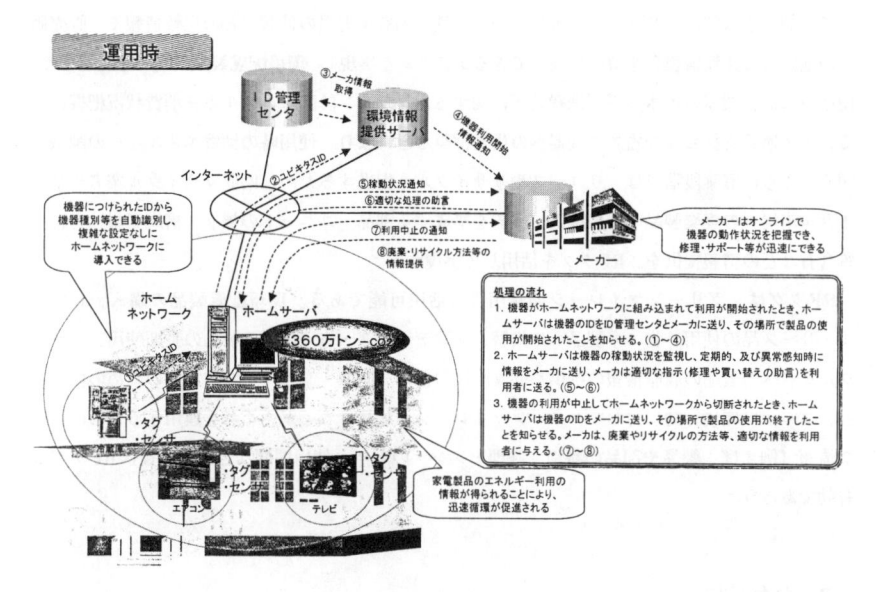

図7 製品使用時のイメージ

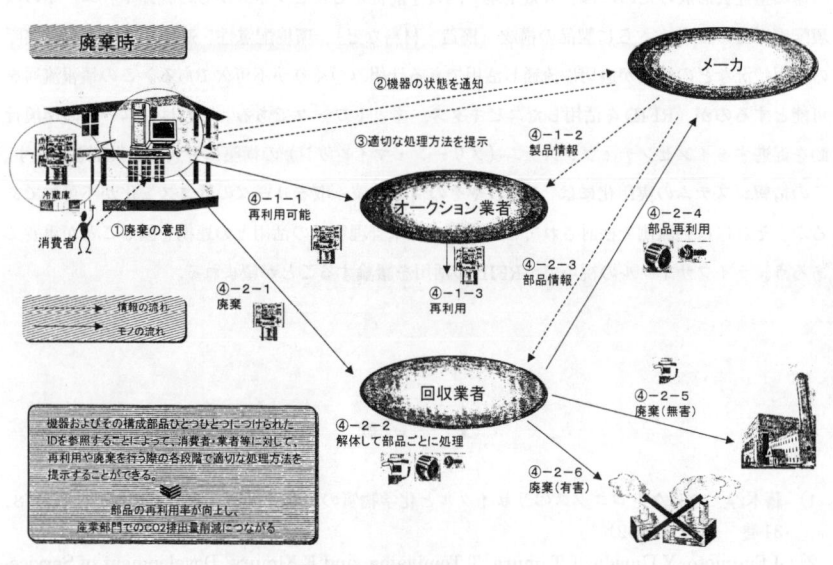

図8 廃棄段階でのイメージ

して，製品購入時に，リサイクル容易性や安全性，消費電力量の他製品との比較情報や，販売価格の他店との比較情報等を瞬時に表示できるシステムを実現し，環境配慮製品の購入を促進する。使用時には，機器のエネルギー消費効率に関するオンライン診断，エネルギー消費状況把握による省エネ運転支援および省エネ機器への代替推奨などにより，使用時の消費エネルギーの削減を図る。さらに廃棄段階では，リユースやリサイクルを促進するため，回収リサイクル業者やリサイクル市場への廃棄製品の情報提供，機器を構成する部品・ユニットの機能，構成素材，有害物質含有などの情報提供を，RFタグを活用して実現する。

RFタグは，グリーンマイレッジの運用にも活用可能である。環境配慮製品の購入，レンタル・リース品の使用，省エネ製品への代替，メンテナンス・修理による製品の長期使用，リサイクル業者への製品の履歴情報の提供や廃棄時期の告知，回収・リサイクル容易化のための協力など，ユーザの環境行動に対してグリーンマイレッジが加算されるが，それを運用するために必要な情報（例えば，製品や部品の識別，修理・メンテの有無，使用期間など）の保存にRFタグは有効であろう。

7 おわりに

循環型社会形成のためには，大量生産・消費を前提としたビジネスからの脱却や，ユーザの環境配慮行動の促進，さらに製品の構成（構造・材料など），環境配慮性，適切な使用方法，実際の使用状況などの情報が適切に流通し活用できる仕組みづくりが不可欠である。この情報流通を可能とするのが，RFIDを活用したユビキタス・ネットワークである。これは，ユーザの環境行動を促進するインセンティブシステム（グリーン・マイレッジ）の構築にも大きな役割を果たす。この情報システムの実用化には，RFIDやその情報を読み取るリーダの低コスト化が不可欠であるが，それには動脈側で検討されている生産や在庫管理等での活用との連携を図ることが重要であろう。ライフサイクルの視点で，RFIDの活用を議論することが望まれる。

文　献

1) 藤本淳，エレクトロニクスのリサイクルと化学物質のリスク削減，産業と環境，pp.75-78，31巻，12号（2002）
2) J.Fujimoto, Y.Umeda, T.Tamura, T.Tomiyama, and F.Kimura, Development of Service-

第2章　リサイクルとRFタグ

Oriented Products Based on the Inverse Manufacturing Concept, Environmental Science & Technology, Vol. 37, No. 23, ACS Publications, pp. 5398-5406（2003）

3）平成14年度インバース・マニュファクチャリングフォーラム調査研究報告書，財団法人製造科学技術センター，平成15年3月

第3章　EDIとRFタグ

若泉和彦*

1　企業間の電子商取引を支える EDI

1.1　EDIとは

EDI（Electronic Data Interchange，電子データ交換）とは「異なる組織間で，取引のためのメッセージを，通信回線を介して標準的な規約（可能な限り広く合意された各種規約）を用いて，コンピュータ（端末を含む）間で交換すること」（通商産業省，1988年）と定義されている。より平易には，企業内は保有する情報システムをネットワークで接続することで，企業間のやり取りを自動化する技術ということも出来る。

1.2　EDIの歴史

EDIの歴史は古く，コンピュータが一般の企業に普及し始めた1970年代には，メインフレームを保有する企業と，端末機を設置する取引先企業による企業間オンラインの形態が登場している。また，大量のデータ交換には，磁気テープなどの記憶媒体を交換することで，企業間でのデータ交換を実現することも行われていた。

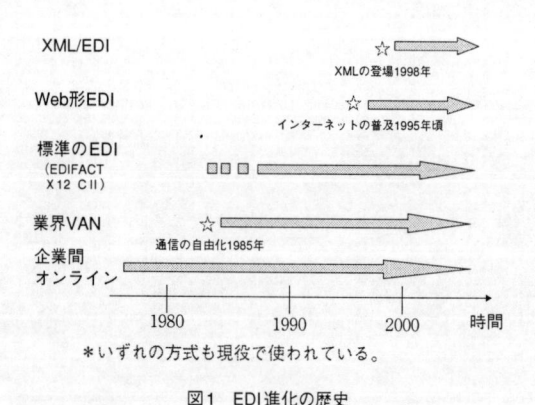

図1　EDI進化の歴史

* Kazuhiko Wakaizumi　電子商取引推進協議会　主席研究員

第3章　EDIとRFタグ

　これが，データ通信技術の進歩と，1985年に実施された通信の自由化により，各企業が保有するコンピュータ間で直接データをやり取りすることが可能となり，業界VANの形態が企業間におけるデータ交換の主流となった。

　その後，さらに多くの取引先と柔軟なデータ構造でEDIを実施したいというニーズの高まりによって，データを表現する文法であるシンタックスルールと交換されるメッセージを独立に規定したいわゆる「標準のEDI」が考案され，固定長，固定フォーマットのデータ交換からより自由度の高いデータ交換が可能となった。

　1995年以降はインターネットの普及により，企業間の取引をホームページの閲覧と共通の技術を使ったWeb形EDIが普及し，1998年にXMLが登場すると，これをシンタックスルールとしたEDIが注目されている。

1.3　EDIの応用範囲

　典型的なEDIの守備範囲は図2に示すとおり，受発注→納品→決済といった企業間の商取引のコアの部分でやり取りされる「伝票」の電子化であった。

　このような従来からのEDIがもたらすメリットは，

・取引にまつわる事務の省力化，迅速化
・通信（郵送）などのコスト削減
・人為的なミスの排除による正確性の向上

などである。しかし，EDI導入の真の狙いは，単に取引をペーパレス化して，電子化伝票をただ保存することだけではない。

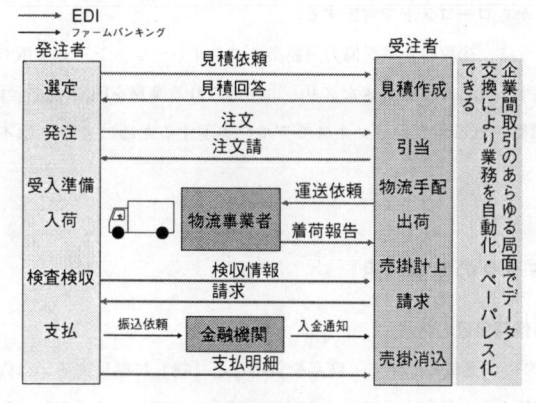

図2　古典的なEDIの適用分野

EDIは交換したデータを有効利用することで，真の価値を発揮する。その利用法は主に2つある。第1には，取引先から貰った「注文データ」を，在庫引当，納品書作成，売掛計上など社内処理に利用するという直接的な活用である。第2には，売れ筋商品の分析，得意先別の売上統計等など経営判断のための重要な基礎情報を抽出するという間接的な利用である。EDIを情報交換のツールとして利用することで，SCM（Supply Chain Management：メーカから消費者の手に渡るまでの製造・販売・物流の効率化を図る管理手法）も実現が可能となる。企業の内部システムが高度に情報化されている状況下において，EDIは単なる事務合理化の技術ではなく，経営のツールになりつつあるということが出来る。

さらにEDIの適用業務は，品質や環境に対する企業の取り組みが強く求められる社会背景の中にあって，次のような分野に拡大している。

・セールス・プロモーションのデータ交換：カタログ（メーカが作成・販売店の店頭で消費者が参照）
・企業間協業による製品開発：技術データ，エンジニアリングデータの交換により複数の企業の協業体制を確立して，より魅力的な製品をより早く開発する。また，製品開発にかかるコストを削減する。
・トレーサビリティ：例えば人体，環境への影響に関して商品が及ぼす影響や，事故原因などの解明のための，商品の製造履歴の遡及調査が必要な場合や，バリューチェーンの分析の目的で，製品，部品，原料の製造・生産履歴や流通販履歴，輸送・保管の履歴などを，正確に遡って知るために，関係する企業会において情報を交換，共有する。
・保守，アフターサービス，再資源化，再商品化，廃棄処理の情報化：製品のライフサイクル全般にわたる情報を交換し共有する仕組みを構築することで，社会のニーズに的確に，スピーディに，しかもローコストで対応する。

図3に示したように，複数の企業が協力（協業：コラボレーション）して取り組まなければならない業務や協業することでより大きなメリットの得られる業務を円滑に遂行するためにも，また協業によって構築される新しいビジネスモデルを実現するためにもEDIは不可欠なものとなっている。

2 EDIとRFタグの連携利用

2.1 RFIDによる情報伝達の特徴

RFタグは，その中に情報を記憶し，商品や貨物など「物」に貼付あるいは内蔵されて，常にそれらと一緒に保管され，輸送されるという特徴を持っている。つまり現物と明確に強く関係付

第3章　EDIとRFタグ

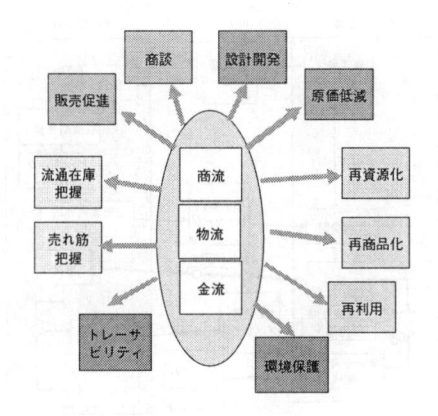

図3　EDI適用範囲の広がり

け（紐付け）された情報の媒体である。ただし，当然のことながら，受け取り手の手元に物が届かない限り，その情報を読取り，利用することは出来ない。また，RFタグは商品を個品（一品一品の単位）で識別することができる。

2.2　EDIによる情報伝達の特徴

一方，EDIは先述したとおり，ネットワークを介してやり取りされる情報であるため，何らかの方法で現物との紐付けを行わないと，どの商品に関する情報なのかがわからない。しかし，通信回線上を経由して到達するため，受け取り手の手元に物が届くよりも前に情報を渡すことが可能である。

2.3　EDIとRFタグとを連携利用するメリット

このように，RFタグとEDIは企業間の情報伝達という観点から，相異なった性質を持っている。そしてEDIとRFタグは互いにその性質をよく補完しあう関係にある。

EDIによって送受される詳細な情報と，RFタグに格納され商品と完全かつ正確に紐付けされた情報をつき合わせることで，有効なアプリケーションを構築することが可能になる。

2.4　入出荷検品のモデル

RFタグとEDIを連携利用して効果的と考えられる業務の例として，企業間の商取引における入荷・出荷の検品のモデルを示す。

図4には企業間の商取引におけるEDIメッセージのやり取りを非常に簡略にしたものを記して

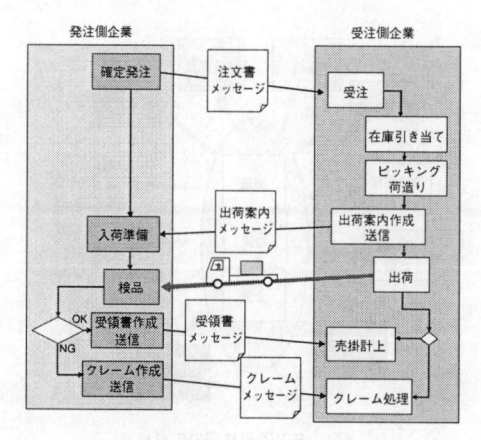

図4 企業間の商取引におけるEDIメッセージのやり取り

ある。受注側企業は，発注側企業から受け取った注文書メッセージの明細を参照して，在庫品をピッキングし，貨物として荷造りする。この際にピッキングした商品の明細を出荷案内メッセージとしてEDIで送信する。発注側企業は，受信した出荷案内メッセージの内容に合わせて入荷品の受け入れ準備をして貨物の到着を待ち，貨物が到着すると実際の貨物の内容と出荷案内の明細を突き合わせて確認し，不一致が無ければ受領書を，不一致があればその旨をクレームとしてEDIで送信する（現実には，在庫切れ等で注文書どおりの出荷ができない場合や，納品の時期や梱包が分割されるなど，もっと複雑なオペレーションがあるが，説明の都合上省略している）。

このようなやり取りの中で，RFタグがどのように役立つのかを模式的に表したものが図5である。

あらかじめ，全ての商品にRFタグが添付されている場合，次のような作業が大幅に省力化できる。

・ピッキング作業が完了した時点で，RFタグを一括読み取りすることにより，注文書の明細どおりであるかを容易にチェックできる。
・実際にピッキングした実績に基づいた出荷案内メッセージの明細が自動的に生成できる。
・入荷時に，商品を1品1品取り出すことなく，予め受信した出荷案内メッセージの明細と照合することが出来る。
・入荷した商品の実績に基づいた受領書メッセージまたはクレームメッセージの明細を自動的に生成できる。

以上のように，現物の情報に基づいてEDIデータを生成できる点，EDIデータと現物の照合

第3章　EDIとRFタグ

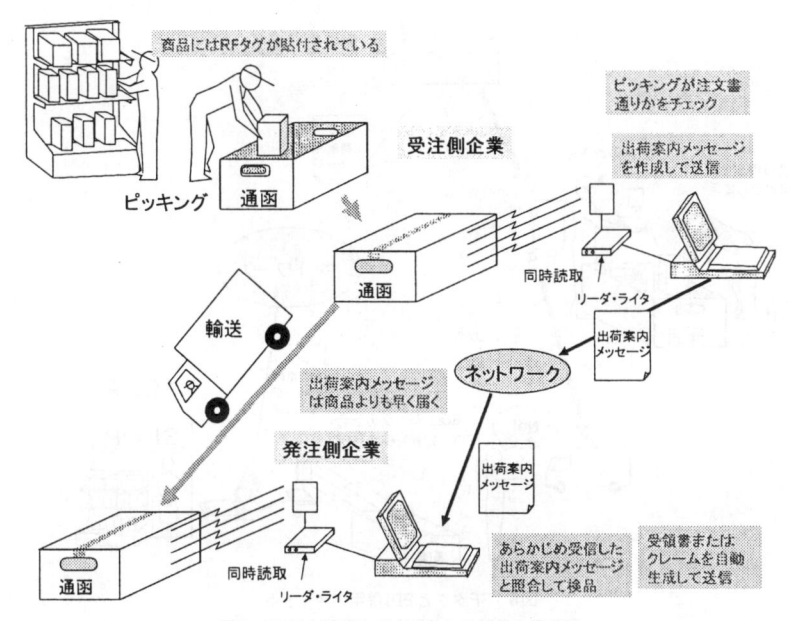

図5　RFIDと連携して合理化した検品の模式図

が迅速に出来る点など，両者を組み合わせて使用することのメリットはきわめて大きい。

一方で，図6の通函にもメモリ容量の大きなRFタグを添付し，ピッキング時に内容の明細を生成して，このRFタグに書き込んでおくという運用も考えられる。入荷時には，通函のRFタグの内容と，個々の商品のRFタグ双方を読み取り内容を照合すればEDIによる出荷案内の送受は不要であるかのようにも見える。しかし，運送の経路上で貨物から商品を盗み出し，通函のRFタグから盗んだ商品の情報だけを削除するというような犯罪行為が行われた場合，これを発見することが難しい。EDIという商品とは別の経路を通ってきた情報と，RFタグの情報をつき合わせることは，このようなトラブルの発見に有効である。

また，RFタグに記憶される情報には，商品の個品単位の識別（製造番号やロット番号など）が含まれているため，EDIデータと照合することで，輸送の途中で商品の差し替えなどが行われた場合でも直ちにこれを検出することが可能であり，セキュリティの確保や厳しい品質管理を要求するような商品でも，厳格な管理が出来るようになる。

2.5　商品トレーサビリティのモデル

商品トレーサビリティの定義は，経済産業省「商品トレーサビリティの向上に関する研究会」

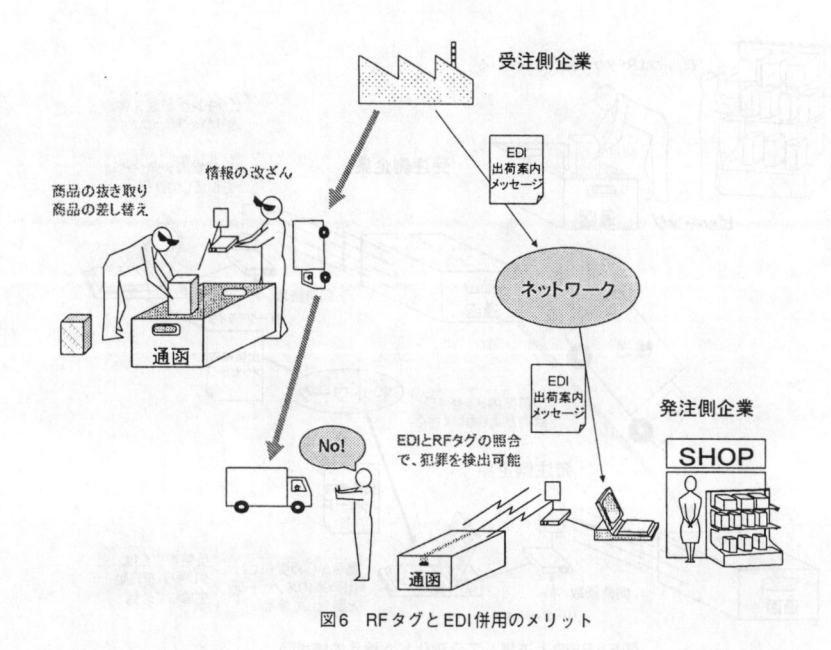

図6 RFタグとEDI併用のメリット

　中間報告書によると,「商品トレーサビリティとは,ITを用いた商品の追跡管理であり,商品毎に,その商品の内容や所在に関する情報や取引に関する情報など相手に応じ必要な情報を個々の商品と結びつけて提供できる体制を整えることを言う」とされている。

　商品トレーサビリティは現在,消費者が強く求めているものである。その背景には,近年多発した,食品の偽装問題や自動車のリコール隠しなど,商品の安全性に関する企業の不祥事に対する不安や不信が存在する。消費者は,企業が徹底した品質管理とコンプライアンスにより商品の安全を確保するとともに,トレーサビリティの仕組みを整え,積極的な情報提供,情報開示によって安心を提供することを求めているということが出来る。

　また,商品トレーサビリティは消費者に安心を提供するだけではなく,実際に社会の安全を守る手段としても有用である。PCB,アスベスト,フロン等の例に見るように,開発当初においては安全と判断され,大量に使用された物質が,後の研究によってその安全性を覆された例が現実に存在する。多様な物質や素材が開発され工業原料として使用されている現状において,今後もこのような事例が発生する可能性は残念ながら高いといわざるをえない。そのような場合であっても,トレーサビリティが確保されていれば,それらの物質を含んだ商品を回収する等の措置を確実に行うことができ,環境や消費者の健康が守られるばかりでなく,企業や国,自治体等が負

第3章　EDIとRFタグ

担するコストも低減することが出来る。

　商品トレーサビリティを確保するためには，製造，流通などあらゆる局面で発生するその商品にまつわる情報のうち，有用な情報を履歴情報として保存し，その情報を必要とする当事者（プレーヤー）の間で，必要に応じて交換・共有する仕組みである。そして，その商品を特定し，その商品にまつわる情報だけを参照するためのキーとなるのは，RFタグに格納された商品の識別情報である。この関係を模式的に表したものが図7である。

　商品トレーサビリティの例として，図8のように販売店が（製造メーカに対して），消費者からクレームがあった時に販売店の店頭から，製造メーカが保存している出荷情報と製造履歴をインターネットを介してトレースするというようなケースがある。

　将来，RFタグのリーダが安価になり，消費者が所有するようになれば，わざわざ販売店に出向かなくても，家庭のパソコンから自分の所有する物品についての情報をトレースすることが出来るようになることも考えられる。

　もう1件，例を挙げると，図9のように，解体処理業者が，破棄された製品を解体するときに廃棄物処理現場で，メーカが公開する原料・成分の情報，環境汚染物質の含有状況を知るために，メーカが保有している生産履歴（原料・素材に関する情報）をトレースするような例も考えられる。

　前述したように商品トレーサビリティとは，商品のライフサイクル全般を管理し，その管理責任を負う企業間で，情報を交換・共有することで成り立つ。情報の共有と言うと，1つの巨大な

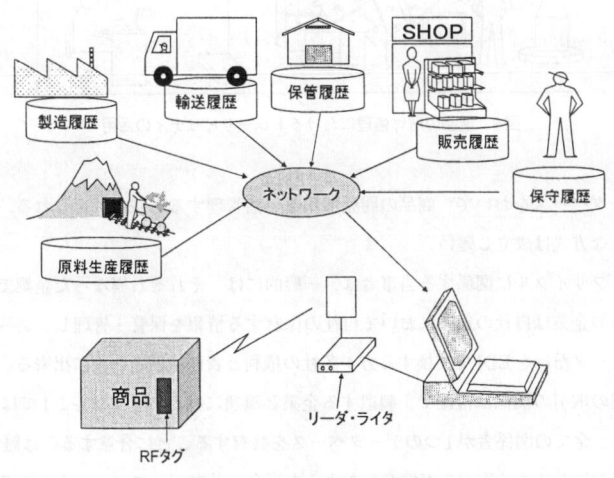

図7　トレーサビリティの模式図

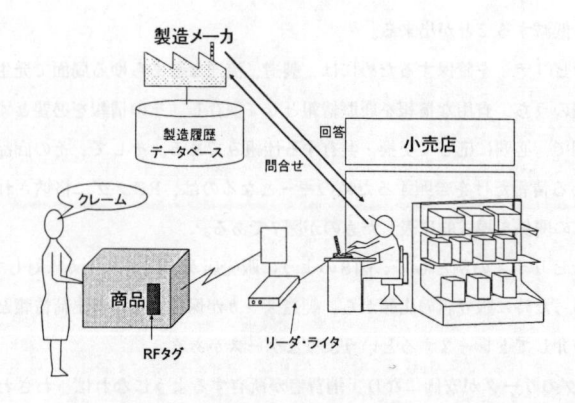

図8　クレーム処理におけるトレーサビリティの活用

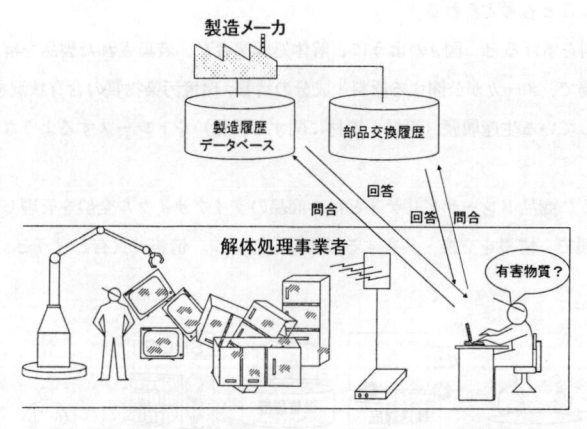

図9　製品の解体処理におけるトレーサビリティの活用

共有型のデータベースをおいて，商品の履歴情報を一括管理する方法が考えられる。しかし，現実にこのような方式は成立し難い。

　商品のライフサイクルに関係する当事者は，一般的には，それぞれ異なった企業である。したがってそれらの企業は自社の責任において自社の保有する情報を保管・管理し，契約に基づいて開示すべきデータだけをEDIで交換する方が各社の権利と責任範囲を明確に出来る。

　また，現実の取引の関係は複雑で，製造する企業と流通に携わる企業は1：1ではなくM：Nの関係であり，全ての関係者が1つのデータベースを共有することに合意するのは難しい。

　さらに，不幸にしてある取引先が倒産したような場合，共有データベース上からその企業が保

第3章 EDIとRFタグ

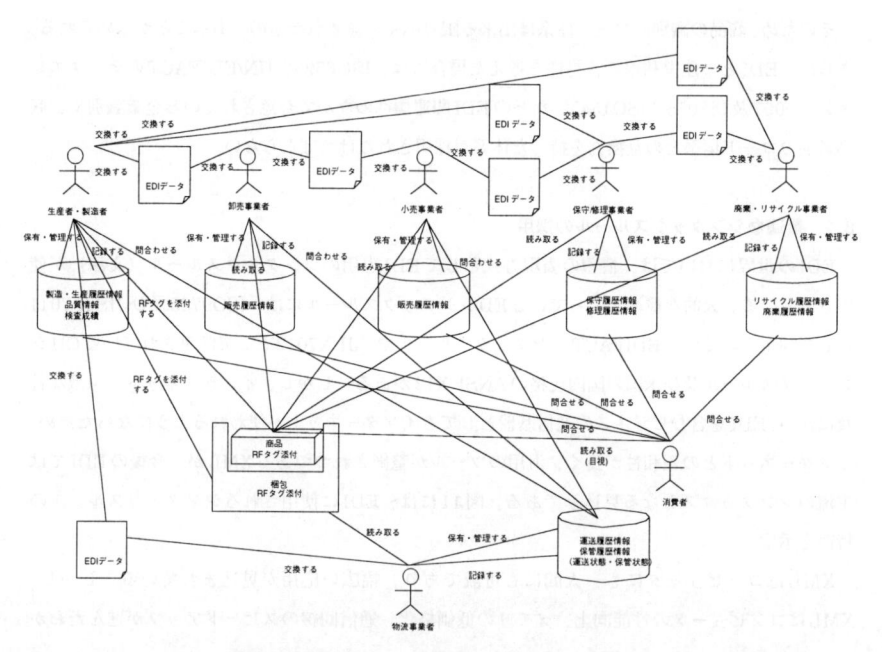

図10 商品ライフサイクル管理におけるEDIとRFタグ

有するデータが削除され，以後のトレースが不可能になることがありうる。しかし，商取引の際に，自社が必要とするトレーサビリティに関する情報を取引先からEDIによって提供してもらい，自社で保管する方式であれば，このような事態が生じても，トレーサビリティを確保することが出来る。

トレーサビリティの実現において，RFタグによる個品の識別と，EDIによる企業間の情報交換を連動させる様子を図示したものが図10である。

3 EDIとの連携利用におけるRFタグへの要件

3.1 ソースマーキング及び一貫した商品識別

RFタグはその中に記憶した識別子やその他の情報を商品のライフサイクルに係わる事業者や消費者が共通に利用することで有用性が増し，それぞれの当事者にメリットをもたらす。したがって，現在商品に印刷されているバーコードと同様に，商品を製造するメーカが製造時に商品に

添付（貼付又は内蔵）するソースマーキング方式が望ましい。

そのため，商品の識別のコード体系は出来る限り広く合意されたものであることが求められる。さらに，EDIとの連携利用の容易性を考えた場合には，ISO6523, UN/EDIFACTのデータエレメント0007及び3055, ISO15459などのEDI関連標準のなかで合意されている企業識別や，商品識別のコード体系との互換性を持った体系が採用されなければならない。

3.2 最適なシンタックスルールの採用

EDIの世界においては，情報の表現方式としてEDI専用のシンタックスルール（文法）が使用されている。公的な標準となっているEDシンタックスルールには，ISO9735及びJIS X 7011として制定されているEDIFACTシンタックスルールや，JI X7012として制定されているCIIシンタックスルール及米国の国内規格のANSI X12がある。しかし，インターネットの急激な普及に伴い，EDIを含むビジネスの通信基盤としてもインターネットが使われるようになったため，インターネットとの親和性が良く，汎用のツールが整備されつつあるXMLが，今後のEDIでは主流のシンタックスとなる見込みである。図11には，EDIに使用されるシンタックスルールの特徴を示す。

XMLはコンピュータにも，人間にも可読であり，幅広い応用が見込まれている。しかし，XMLはコンピュータの性能向上，メモリの低価格化，通信回線のスピードアップが進んだおか

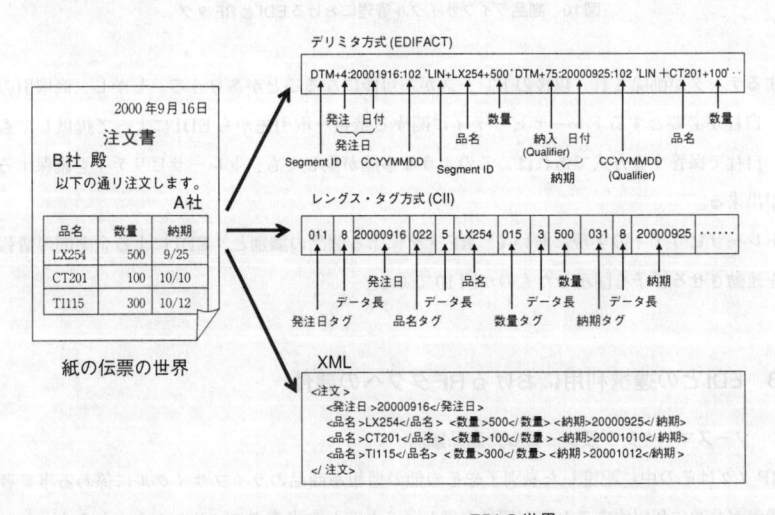

図11　EDI用シンタックスルールのいろいろ

第3章　EDIとRFタグ

げで実用可能になった技術である。図12の例に示すとおり，1つの情報を表現するために，XMLの場合16バイトのメモリ容量が必要になるのに対して，バイナリ（2進数値）で表現すれば，1バイト（8ビット）のメモリ容量で記憶することが出来る。

　RFタグのメモリ容量は数バイト程度のものからメガバイト単位の容量を持つものまで存在するが，現時点でバーコードの置き換えとして商品（消費財）に添付されるRFタグは，低価格で，メモリ容量も小さいものが想定されている。そのため，RFタグに記憶する情報は，なるべくメモリ容量を節約できるシンタックスルールで表現するのが望ましく，XMLのような冗長性の高いシンタックスは適していない（ただし，この状況は将来の技術革新により変わる可能性がある）。

　RFタグに書き込む情報のシンタックスルールとして，バイナリを使うと，必要とするメモリ容量は少なくて済む。しかし，XMLとバイナリの決定的な違いは，XMLには情報の値だけでなく，情報の意味がタグ（XML文法におけるタグ，RFタグと紛らわしいのでご注意いただきたい）として含まれているのに対して，バイナリでは情報の値だけを含んでいる点である。RFタグに記憶する情報として，バイナリを採用した場合には，これが問題となる。

　複数のプレーヤーがRFタグに書き込まれた情報を共有するためには，全てのプレーヤーが，先頭からの何ビットはどういう意味で，次の何ビットはどういう意味で…，という情報の構造と意味づけの約束もまた，共有して知っていなければならない。この構造と意味づけの約束を複数のプレーヤーが共有するために便利な仕組みとして，ASN.1というシンタックスルールを採用するアイデアがある。

　ASN.1は，もともと通信回線上を流れる情報の構造や意味づけを記述するために開発された規

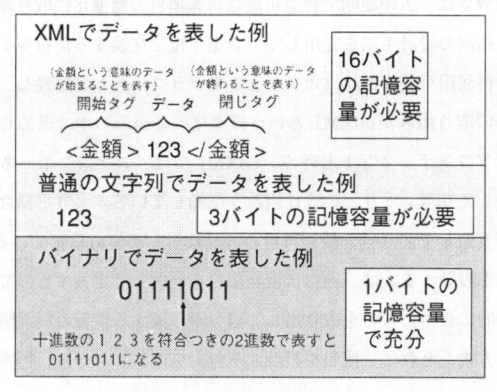

図12　XMLの特徴

格で，JIS X5603（ISO8824に日本語拡張記法を追加したもの）及びJIS X5604（ISO8825）として制定されている。JIS X5603は抽象構文記法の規格であり，プログラミング言語のデータ構造記述によく似た文法で，情報の要素に名前をつけ，データの型を規定することが出来る。一方，JIS X5604はJIS X5603で規定した記法を使って定義した型の値をどのように符号化するかを定めた規格である。XMLの規格に対応付けするならば，XML Schemaに相当するのがISO8824で，ISO8825でエンコードしたデータがインスタンスに相当するということが出来る。

以上のように，EDIでは既にEDIのためのシンタックスルールが使われており，RFタグに書き込む情報のシンタックスをこれに合わせるのは困難である。逆に，RFタグに書き込む情報のシンタックスルールにあわせて既存のEDIを変更することもできない。したがって，EDIとRFタグの連携利用に際して，物理的な情報の表現方法（シンタックスルール）を無理やりに同一にするのは現実的ではなく，それぞれに最適なものを選択使用するのがよいと考えられる。

3.3 リポジトリの共有と標準化の重要性

EDIとRFタグを連携使用する上で大切なことは，両者で使用する情報項目の名前と意味が一致することである。実際の企業内のシステムを見比べると，同一の概念を別な名前で呼んでいるケースや，異なる意味を同じ名前で呼んでいる場合が多い。また，国や文化，業種，業態などの違いにより，ビジネスのやり方が違って，それに起因する用語と意味のくい違いも存在する。これらのことは，企業間で情報を共有・交換する上で大きな障害になる。例えば賞味期限をEDIでは「この期間を過ぎると味は変わるけれど，食べても健康上問題ない期限」と定義し，RFタグでは「この期限を過ぎたら食べると健康を害する期限」と定義していたのでは，正確な情報の伝達と連携利用はできない。

そこで，EDIの世界では，広い範囲で合意可能な情報項目の標準化に取り組んできた。特に近年は，オブジェクト指向の設計手法を応用して，企業下位で交換する情報をモデル化するとともに，その情報項目を再利用可能な部品（オブジェクトクラス）として定義し，これを多くの企業で，再利用するための取り組みがebXMLという標準化の枠組みの中で進められている。この再利用可能な部品をコアコンポーネントと呼ぶ。ebXMLでは，コアコンポーネントの定義を共有するための登録簿としてリポジトリという仕組みを準備している。より平易な表現をとれば，リポジトリには，皆が真似して使うべき情報項目の「ひな形」が集められている。EDIやRFタグのアプリケーションを設計する人は，独自に情報項目を検討して定義するのではなく，このひな形の中から自分の目的に合ったものを取り出し，自分が作成する情報の設計図に貼り付けて使用するのである。この方式をとれば，情報を設計する労力を削減しながら，標準に合致した情報を定義することができる。

第3章　EDIとRFタグ

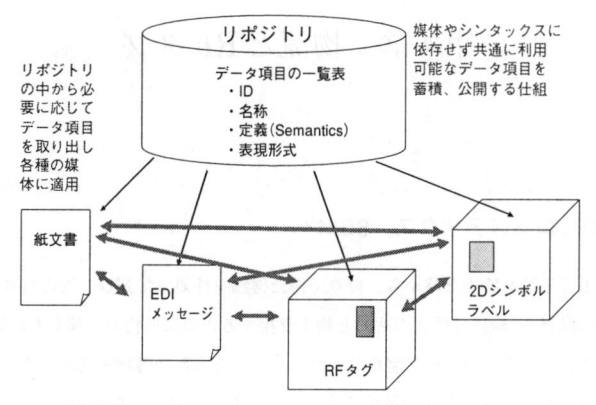

図13　リポジトリの共有の概念図

現在，ebXMLのコアコンポーネントは開発の途上であるが，RFタグの応用に関する標準化活動も，ebXMLと連携することにより，リポジトリの共通化が実現出来れば，得られるメリットは非常に大きいということが出来る。

なお，ebXMLでは，使用するシンタックスルールをXMLだけに限定していない。図13に示すように，リポジトリの内容はシンタックスルールに依存しない情報項目の定義集であるため，これに基づいて，紙の文書（伝票など），EDIのメッセージ，RFタグ内の情報，及びRFタグ以外の媒体（二次元シンボルなど）に記録する情報を構築すれば，これらを総合的に連携して利用するアプリケーションも比較的容易に構築することが出来るようになる。

また，1つのコアコンポーネントから，例えばEDIのためのXMLデータとRFタグ用のASN.1データを自動的に生成できるようなツールが開発されれば，多数の企業（当事者）間でEDIとRFタグを連携利用するシステムを構築する際にきわめて有用である。オブジェクト指向のCASEツールは近年高機能のものが商品化されており，近い将来このようなことも可能になるものと期待されている。

第4章　物流とRFタグ

荒木　勉*

1　物流からロジスティクス，SCMへ

　人類が地球上で生活を始めた時から，狩りで得た獲物を住処まで運び，次の狩りまでの間，獲物を住処の中に保管し，時には他人のものと物々交換するために獲物の一部を木の葉などで包み，持ち歩いたとされている。数字や文字が使われるようになると，獲物を区別するために木の皮や葉を活用し，タグのようなものを添付するようになった。このような活動のことを運搬，保管，荷役などの概念として認識してはいなかった。日本でも江戸時代には大八車が使われたり，飛脚が郵便物を配達していた。戦後になって，「Physical Distribution」ということばが伝えられ，「物的流通」と訳し，「物流」と短縮されて使われることになった。

　物流業務には，保管や貯蔵，梱包や荷役，そして運搬・搬送・配送・輸送の分野がある。また，物流の活動領域として，調達物流，生産物流，販売物流がある。工場や倉庫の棚に効率よく収納することを考え，注文された品物を棚から取り出したり，仕分けたり，梱包することを考え，トラックやコンテナにできる限り多くの荷物を詰め込むことを考えていた。まさしく部分最適を目指していた時代があった。写真1は，中国北京の流通センターの荷卸し作業風景であるが，我が国や欧米の地方の流通センターでも人手に頼る作業が残っている。作業指示票や納品伝票など多

写真1　中国北京の流通センター

＊　Tsutomu Araki　上智大学　経済学部　教授

第4章 物流とRFタグ

くの伝票を扱い，確認しながら作業を進める。

　湾岸戦争でロジスティクス（Logistics，後方支援）の大切さが認められ，部分最適をめざしただけの物流からロジスティクスとして業務を拡大することになった。保管や包装，輸・配送などといった部分的な業務の改善だけでは生産性の向上や経費の削減は難しく，ものの移動に関する業務同士を結びつけ，トータル的にシステムを構築することから生産性向上や経費削減を実現すべきであると言うようになった。

　1990年代後半に流通業界の新しいシステム構築によるコスト低減としてQR（Quick Response）やECR（Efficient Consumer Response）などの活動が展開されるようになった。また，「Y2K（2000年）」問題解決のために情報システムの見直しが実施される中でERP（Enterprise Resource Planning）が導入された。かんばんやJIT（Just In Time）に代表されるトヨタ生産方式，あるいはFA（Factory Automation），CIM（Computer Integrated Manufacturing）などの自動化システムを積極的に導入してきた生産部門やロジスティクス部門を中心にして，イントラネットやエキストラネットといったインターネットを活用して企業内の部門間や企業間で情報を共有化し，在庫管理や需要予測を実施するサプライ・チェーン・マネジメント（Supply Chain Management；SCM）の考え方を取り入れる動きが出てきた（図1）。SCMでは，製品，サービス，情報やキャッシュ・フローを「一気通貫」させ，消費者の価値を最大化することに力点が置かれる。SCMには，図2に示すようにゴールド・ラットの小説「ザ・ゴール」の中で提唱しているTOC（Theory Of Constrains；制約条件の理論）のボトルネットとして生産工程，出荷，配送などのプロセスが数多く存在する。プロセスを連続的につなぎ，情報を一気通貫させるためにデータ・キャリアの果たす役割は大きい。データ・キャリアとしては，バーコードと二次元シンボルがあり，最近になってRFタグが加わった。

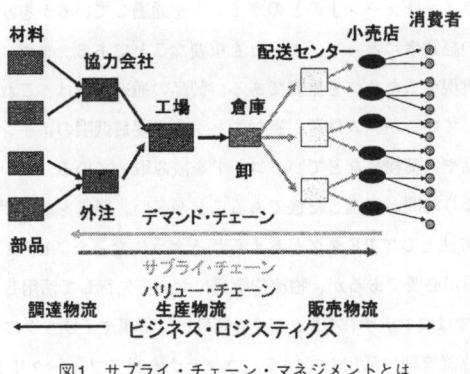

図1　サプライ・チェーン・マネジメントとは

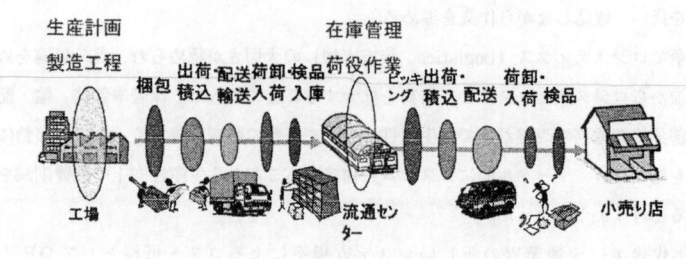

図2 サプライチェーンにおけるボトルネット

このように，物流からロジスティクス，SCMに取り組みを拡大，発展させてきた。この間に，1974年にはコンビニエンス・ストアの1号店が開店し，76年には宅配便サービスが開始されていた。78年にはJANコードが制定され，在庫管理や物流管理にバーコードが活用されるようになった。バーコードはコンビニにおけるPOS（Point Of Sales；販売時点管理）には欠かせないデータキャリアである。消費者の生活スタイルが急速に変化し，宅配便とコンビニ無くして現在の生活は成り立たないようになってきており，両者はソーシャル・ロジスティクスの地位を獲得した。

2 物流とRFタグ

一般的に，どの業種においても，サプライ・チェーン上には一気通貫を阻害する多くのボトルネックが存在する。サプライ・チェーン上の在庫量の把握は，経営上もっとも重要な業務である。生産量の計画作成にも必要であり，販売計画の作成でも必要であり，間接的には人員計画にも影響する。製品がサプライ・チェーン上のどのポイントを通過しているかをリアルタイムに把握することは，これからの経営者にとって，もっとも重要なことである。また，最近注目されているトレーサビリティを実現するためにも重要である。製品の通過状況は，これまではバーコードを読み込むことで把握していたが，人件費が嵩むことから必要最限のポイントでしか読み込んでいなかった。出荷検品や入荷検品などでバーコードを読み取っている。しかも，それらの情報を確認できるのは，かなり時間が経過した後であることが多い。経費をかけずにリアルタイムに通過状況が把握できる方法としてRFタグが考えられるようになった。RFタグの本格的な実用化には，今しばらく時間が必要であるが，物流や流通において先行して活用している事例がある。

たとえば，JR貨物ではコンテナにRFタグを4個付け，貨車やトラックにもRFタグを装着し，コンテナヤードでの位置管理に活用している。コンテナを扱うフォークリフトにはGPS測位ア

第4章 物流とRFタグ

ンテナが装着され，コンテナの位置情報に使用している。全国の駅構内に格納されたコンテナすべてがデータベースによって検索可能にするシステムを構築している。

　ジレットでは女性用カミソリVenusの段ボールにRFタグを付け，物流情報に活用している。パレットには90個の段ボールが載せられ，工場出荷時にローラーコンベヤを流れる際，一括読み取りされ，在庫情報としてデータベース化される。2005年1月1日からウォルマートに納品する際，RFタグ装着が義務化されるために先行試験導入して性能チェックする意味もある。パレットに載せられた90個の段ボールのうちすべてを確実に読み取ることはできていないが，段ボールにRFタグを装着する位置の確定やアンテナの個数や向きなどを決定するため，試行錯誤の実験を実施している。

　また，ジレットではアメリカのウォルマートやホームデポ，欧州のテスコやメトロで個品にRFタグを装着し盗難防止の実証実験を実施している。写真2のようなスマートシェルフと呼ばれる陳列棚を開発し，リアルタイムに在庫を把握している。盗難防止の実証実験は個人情報保護に関わり，たいへんな問題に発展し，アメリカでの実証実験は中止された。しかし，このスマートシェルフは，サプライ・チェーン上の製品の在庫をリアルタイムに把握する手段として重要なシステムである。RFタグの価格や品質の問題が解決されるまで実用化は難しいが，サプライ・チェーン・マネジメントの立場からすれば，実用化が待たれるシステムである。

　佐川急便では集荷した荷物を収納した小型コンテナの仕分けにRFタグを活用している。東京の集配センター2カ所にRFタグを活用したシステムを導入した。ドライバーが集荷する時点で首都圏への荷物と全国向けの荷物を分別して小型コンテナに収納しているが，その小型コンテナをセンターのコンベヤに流し，ソーターにかける際に3通りに仕分けする。RFタグを装着した赤と青のカードを首都圏行きと全国行きの小型コンテナに入れ，コンベヤに流す。仕分け場ではタグリーダーで読み取り，首都圏，全国，それ以外の3通りに分けることができる。ハガキほど

写真2　ジレットのスマートシェルフシステム

写真3　佐川急便の仕分け

の大きさのカード1枚には裏表合計4個のRFタグが装着され，そのどれか1個が読み取れば仕分けが可能である。読み取り率は98％を超えており，実用化に充分応えられている。

RFタグには電磁波や電波からエネルギーを得て作動するパッシブ型と電池を内蔵したアクティブ型がある。電池を内蔵しているRFタグでも常に電波を発しているものと電波を受けたときだけ電波を発するものがあり，後者はセミ・パッシブ型ということがある。これに温度センサーを付け，温度を記録させ，コントローラーから信号を送ってメモリーに記録されたデータを送信させるタイプのRFタグがある。低温輸送が必要な薬品や食材を輸送しているときの温度変化の状況を荷主に報告するのに活用する事例がある。アクティブ型のRFタグの電池の寿命は，おおよそ5年である。

アクティブ型のRFタグは，イラク戦争時にアメリカ軍の物資の輸送・在庫管理に活用された。電池を内蔵しているため，1個あたりの価格は高く，一般の物流への活用は難しいとされている。しかし，軍事物資や美術品，精密機械や医療機器などの輸送管理での活用が期待される。

アメリカでは海上コンテナの施錠に写真4に示すようなアクティブタグを使用しており，近い

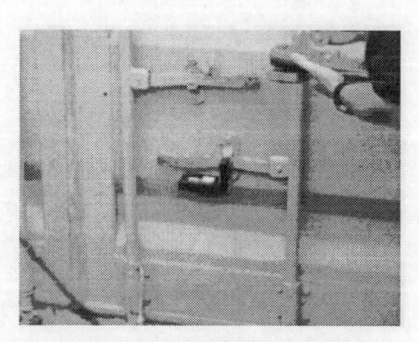

写真4　海上コンテナ用セミパッシブタグ

時期にアメリカ国内に持ち込まれる海上コンテナすべてにこのタグの装着が義務付けられる計画がある。このRFタグにはパスワードが入力されずに開けられたとき，信号を発信して管理者に知らせる機能がある。また，タグのメモリーにはコンテナ内に格納されている物資に関する情報が記録されている。海上コンテナ用セキュリティシールと呼ばれるこのタグでは433MHz帯を使用するため，我が国では扱えない周波数であることから今後の検討課題になっている。

ドイツの大手小売業であるメトロは，2003年4月28日にフューチャー・ストアをオープンした。RFタグを導入し，完全なセルフレジを目指した店舗である。今のところ，RFタグを付けた品物はチーズやシャンプー，CD-ROMなど4品のみである。店内に情報端末を配置してワインや肉などの品物に関する情報を得ることができる。また，買い物用カートに写真5に示すような端末を装着することによって，客はその端末の画面からさまざまな情報を得ることができる。買い物をしながらRFタグやバーコードを読み込み，従来のレジとセルフレジのいずれかを選択することができる。この店舗のバックヤードでは，製品はRFタグを装着したパレットで納品され，入荷や在庫管理などに活用されている。将来は店舗内の陳列棚の在庫と連動させて自動補充したりメーカーへの自動発注に発展させる計画がある。

3 これからの物流とRFタグ

データキャリアとしてバーコードに加えて二次元シンボルやRFタグが本格的に普及し始め，物流やロジスティクスの現場も大きく変化しようとしている。これまでの人海戦術中心の物流の現場では，SCMが普及した頃から徐々に情報化が進み，自動倉庫や自動搬送車などの機械的な自動化が停滞し，前述したサプライチェーン上のボトルネック解消の切り札としてRFタグの着実な導入が重要になってきている。一方，消費者の安心，安全のためのトレーサビリティ実現に

写真5　メトロのフューチャー・ストア

向け，国と民間が一体となって取り組み始めている。トレーサビリティのためのデータ入力，すなわちトラッキングは物流やロジスティクス部門が果たす作業であることが多く，物流の現場整備が重要である。トレーサビリティのためのデータは，SCMにおけるリアルタイムの在庫管理データと一致するため，二次元シンボルやRFタグの導入が急ピッチで進められると思われる。

　二次元シンボルを小売企業，仕入先企業間のデータ交換手段のひとつとして位置付け，ASN／SCM（Advanced Ship Notice；事前出荷明細通知／Shipping Carton Marking；出荷カートン表示）の仕組みの補完としてSCMラベルに活用されている。また，納品伝票に二次元シンボルを表示することが検討され，納品伝票への二次元シンボル導入を始めたケースもある。納入伝票に記載された情報をオペレータが入力する必要はなく，オンライン処理でもスタンドアロンでも処理することができるようになった。

　また，前述したように商品タグのひとつとしてRFタグを添付し，棚卸しも含めた在庫管理，検品などに活用するための検討が進められている。これまでは入出荷の検品のために多大の人件費を費やしてきた現場では，RFタグの導入によるコスト削減に期待が集まっている。

　宅配便や輸送業者の伝票にICチップを埋め込み，ドライバーがアンテナを装着したトラックを出入りするだけでトラッキングができるような仕組みの開発も始まっている。

　物流を発展させるためには，これまでのバーコードと新しいデータキャリアである二次元シンボルやRFタグは，それぞれの特徴を生かし，柔軟に使い分けしていくことが重要である。RFタグがバーコードに取って代わりすべての品物にRFタグが付けられるようになるには50年から100年はかかるであろう。それまではバーコードと二次元シンボル，RFタグが混在する。現在主流であるバーコードと新参者のRFタグの割合が逆転するには10年ぐらいはかかる。早くなるか遅くなるかは，これからのRFタグ導入のプロセス次第である。消費者に受け入れられる方法をとれば意外に早くなるであろう。しかし，たとえば，タグベンダーやシステムインテグレーターなどの利権争いが始まると遅くなるであろう。ビデオのVHSとベータとの争いのようなことを繰り返してはならない。消費者が混乱するだけである。現在では，WINDOWS，UNIX，MACであっても同じe-メールは読むことができる。インターネットが整備された当初は混乱があったが，今では誰でも世界中の人々とメールを交換できる。人々はe-メールの便利さを享受してしまい，個人情報の漏洩の危険を忘れてしまったり，わかっていても甘んじて危険を受け入れている。

　我々の生活の中にRFタグを取り入れていくことによる便利さの方が優先するような導入プロセスをとれるかどうかが鍵になる。また，初めから個人情報保護法案を問題視するような場面で活用しないで，消費者の安心，安全に重きを置いたトレーサビリティの実現のためにRFタグを導入すべきである。前述したようにトレーサビリティとSCMとはほぼ同じであり，企業の存続

第4章 物流とRFタグ

がかかったトレーサビリティをまず完成すべきである。RFタグ一個の価格よりもタグの品質向上を実現することも重要である。ウォルマートが2005年1月1日から実施するように，段ボールやパレットにRFタグを付け，在庫管理や需要予測に活用し，コスト削減につとめることから始める方が得策である。物流の効率化が促進され，物流部門から得られる情報がいかに大切であるか認知されることになる。検品作業のパートが必要ないようになることによる雇用の喪失を問題視することは本末転倒であり，検品などの単純作業をRFタグを活用して省力化や無人化を実現し，人間がすべき作業に労働力を回すべきである。

　RFタグを物流に活用するには物流機器の改善が必要である。従来の物流現場にバーコードの代わりにRFタグを導入するような考え方では成功しない。流通や物流関係者みんなの知恵を結集し，新しいビジネスモデルを考えていく必要がある。

文　　献

1) 荒木勉編著，日本型SCMのベストプラクティス，丸善プラネット（2003）
2) 荒木勉編著，サプライ・チェーン・ロジスティクスの理論と実際，丸善プラネット（1999）

標準化，法規制の現状と今後の展望編

第5章　ISOの進展状況

渡辺　淳*

1　RFタグ市場を取り巻く社会状況

　新聞，雑誌，インターネットなどのニュースにRFタグの話題が載らない日が無いくらい，最近はRFタグがブームである。これは，社会的要請，企業の自己防衛，インターネットの発達，ISO標準化の進展，電波法の規制緩和，技術の進歩などの要因が相互に刺激しあって，RFタグに対する期待が非常に高まっているからだと言える。特に社会的要因として，2001年9月11日の同時テロ以降の，アメリカでのテロの脅威からの防衛を目的としたセキュリティ確保があげられる。そして，BSE（狂牛病）等の農産物の安全性確保にかかわるセーフティ問題や家電／車部品等のリサイクル／リユースに関わる環境問題も市場の活性化に一役買っていると言える。また，偽物や贋物の防止，消費者クレーム発生時の製品の履歴把握，本／家電／CD等の万引き防止，在庫／物流コスト低減による業績向上など，企業の自己防衛意識の向上も大きな要因だと言える。

　しかし今回のブームが過去のそれと決定的に違うのが，いつでもどこでもインターネットに接続できるユビキタス的な情報インフラが存在することである。MITのAuto-IDセンターが提唱したEPC（Electronic Product Code：電子的個品コード）やユビキタスIDセンターのユビキタスIDも，このようなネットワーク環境の整備を背景に出てきた構想であり，また，それが相乗的にRFタグの普及の強力な後押しとなっている。

2　RFタグ関連のISO標準化動向

　RFタグの国際標準としては，これまで特定アプリケーション用として動物用及びコンテナ用が規格化されてきているが，現在はサプライチェーンに関係する「物」の管理用RFタグの審議が進んでいる。RFタグは，ISO/IEC JTC1/SC17/WG8で審議された非接触ICカードと違い形状は自由であり，特定アプリケーション向け以外は物理的な規定はできないため，標準化はエアイ

---

*　Atsushi Watanabe　㈳電子情報技術産業協会　AIDC/WG4 委員会　主査；
㈱デンソーウェーブ　開発部　開発企画　主幹

RFタグの開発と応用 II

表1 RFタグ関連の国際規格一覧

対象	規格番号	概	要	状況	審議団体
動物	ISO 11784	農業分野	コード体系	完了	ISO TC23/SC19/WG3
	ISO 11785	電子的	技術概要		
	ISO 14223	個体識別	拡張コード，暗号化	完了	
コンテナ	ISO 10374	輸送コンテナ		完了	ISO TC104/SC4/WG2
	ISO 23389	リードライト可能なRFID		審議中	
物	ISO/IEC 19762	自動認識技術で使用される用語		審議中	ISO/IEC JTC1/SC31
	ISO/IEC 18000	エアインタフェース・パラメータ		審議中	ISO/IEC JTC1/SC31/WG4
	TR 18001	アプリケーション要求要件			
	ISO/IEC 15961	データ	アプリケーション・インタフェース		
	ISO/IEC 15962	プロトコル	データ符号化ルール		
	ISO/IEC 15963	タグ固有ID			
	TR 24710	基本タグ機能			
	TR 18046	RFIDのパフォーマンス試験方法		審議中	ISO/IEC JTC1/SC31/WG3
	TR 18047	RFIDのコンフォーマンス試験方法			
物流全般	ISO 17358	アプリケーション要求要件		審議中	ISO TC104/TC122 JWG
	ISO 17363	輸送コンテナ			
	ISO 17364	輸送単位（自動車，飛行機，船，列車）			
	ISO 17365	通い箱			
	ISO 17366	製品個装箱			
	ISO 17367	製品			

ンタフェース（無線通信条件），プロトコル（通信手順），およびデータコンテンツ（情報内容），データフォーマット（情報の構成）の規定が中心となる。表1にRFタグに関係する国際規格を用途別にまとめた。

「物」の管理に使われる自動認識およびデータ取得技術の標準化を担当しているのは，ISO/IEC JTC1/SC31である。SC31では主にWG1～3がバーコードと2次元コードの標準化を，またWG4がRFタグの標準化を担当している。このため，WG4ではバーコードと2次元コードのデータとの整合性をとり，RFタグの場合もこれらのデータを同じように扱えるように標準化を進めている点に特徴がある。また，ISO TC104とTC122の共同WGでは，部品の調達から製品の生産・輸送・販売・修理・リサイクルの一元管理としてのライフサイクル管理を実現するために，全ての物品・全ての輸送容器・全ての輸送手段に固有の識別番号を付与したRFタグの標準化がスタートした。更に自動車輸送と他の輸送機関を組み合わせたインターモーダル輸送における積替え時の時間的ロスを低減するために，RFタグとGPSを利用したリアルタイムロケーティングシステムの標準化の動きがあり，SC31/WG5として新規に活動を開始する予定である。

第5章　ISOの進展状況

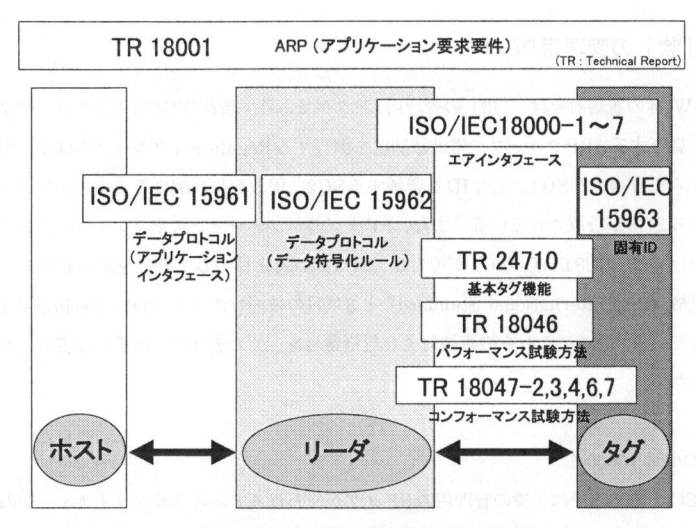

図1　SC31におけるRFタグの審議対象と規格番号

表2　SC31におけるRFタグ関連の審議プロジェクト進捗状況

番号	名　　称	WD	CD	FCD	FDIS	IS
18000-1	一般パラメータ	2000-09	2001-07	2003-03	2004-05	2004-06
18000-2	≦135kHzエアインタフェース	2001-03	2002-01	2003-03	2004-05	2004-06
18000-3	13.56MHzエアインタフェース	2000-12	2002-01	2003-03	2004-05	2004-06
18000-4	2.45GHzエアインタフェース	2002-12	2002-01	2003-03	2004-05	2004-06
18000-5	5.8GHzエアインタフェース	2002-06	中止			
18000-6	860-960MHzエアインタフェース	2002-06	2003-02	2003-10	2004-05	2004-06
18000-7	433MHzエアインタフェース	2002-09	2003-02	2003-10	2004-05	2004-06
15961	アプリケーションコマンド	2003-02	2003-08	2004-04	2004-08	2004-09
15962	エンコードルール，論理メモリー	2003-02	2003-08	2004-04	2004-08	2004-09
15963	固有ID	2002-03	2003-03	2003-10	2004-05	2004-06
未定	アプリケーションプログラミングインタフェース	未定	未定	未定	未定	未定

番号	名　　称	PDTR	DTR	TR
18001	アプリケーション要求条件	2001-03	2004-04	2004-10
18046	パフォーマンス試験方法	2004-03	2004-10	2005-04
18047-2	≦135kHzコンフォーマンス試験方法	2004-06	2004-12	2005-06
18047-3	13.56MHzコンフォーマンス試験方法	2003-08	2004-03	2004-09
18047-4	2.45GHzコンフォーマンス試験方法	2004-06	2004-12	2005-06
18047-6	860〜960MHzコンフォーマンス試験方法	2004-06	2004-12	2005-06
18047-7	433MHzコンフォーマンス試験方法	2004-11	2005-05	2005-11
24710	基本タグ（Elementary Tag）の機能	未定	未定	未定

WD：Working Draft, CD：Committee Draft, FCD：Final CD, FDIS：Final Draft of IS, IS：International Standard, TR：Technical Report, DTR：Draft of TR, PDTR：Preliminary DTR

51

3 「物」の管理用RFタグ

　SC31/WG4の審議対象は，「物」の管理用RFタグであり，現在WG4のもとには，アプリケーションを調査するARPグループや電波法制度を調査するRegulatoryグループのほか，データシンタックスを審議するSG1，固有IDを審議するSG2，周波数や変調度等のエアインタフェースを審議するSG3が設置されている。また，RFタグのパフォーマンスやコンフォーマンスの試験方法については，SC31/WG3/SG1が担当し，SC31/WG4と協力して審議を進めている。現在11項目の規格（IS：International Standard）と8項目の技術レポート（TR：Technical Report）を担当している。図1にこれらの審議対象と規格番号を，また表2にそれぞれの審議の進捗状況をまとめた。

3.1　ISO/IEC 18000-1

　ISO/IEC 18000-1では，物の管理用のRFタグが使われるであろうサプライチェーンの構造概念と物の認識に関するエアインタフェースにおいて定義される共通のパラメータとその定義について規定している。SC31/WG4の目的は，これらの物流・流通において移動する「物」を管理するために，製造・物流・流通のサプライチェーンにおける「物」に関する「情報収集」と「情報管理」に活用できるRFタグの標準化を進めることである。図2に情報管理の観点から見た物

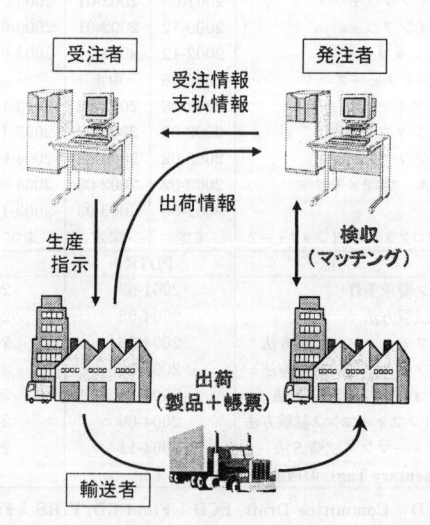

図2　ISO / IEC 18000シリーズで対象とするサプライチェインにおける一般的なビジネスプロセス

第5章 ISOの進展状況

流／流通／供給の一連のつながりを示す．なお，別の規格母体であるISO TC204では大型な輸送単位の認識に使用するRFタグの標準化を進めており，ISO/IEC JTC1/SC31の目的である物

表3　ISO/IEC 18000シリーズで規定する主なエアインタフェースパラメータ

対象	パラメータ	主な内容
リーダ／タグ	周波数	リーダとタグ間の通信を行うための電波の周波数を規定する
	電波の放出方式	狭帯域（Narrow Band），周波数ホッピング（FHSS：Frequency Hopping Sperad Spectrum），直接拡散ホッピング（DSSS：Direct Sequence Spread Spectrum）などがあり，周波数帯域やチャンネル数，ホッピング速度などを規定する
	出力，スプリアス強度	電波の出力の大小は通信距離に影響があり重要であるが，各国の電波法の規制に従う規定としている
	変調方式	電波の強度を変化させるASK（Amplitude Shift Keying），周波数を変化させるFSK（Frequency Shift Keying），位相を変化させるPSK（Phase Shift Keying）などを規定する
	符号化方式	2値化方式（Manchester，FM0，FM1）やNRZ/NRZのような，「0」，「1」データの物理的形状の現し方を規定する
	通信速度	1秒間に送れるビット数を規定する
	プチアンブル	送信するデータまたはコマンドの先頭に付ける，ある決まった信号（プリアンブル）の長さや形状を規定する
	データ送信順序	データ送信順序を，先頭（MSB（most significant bit））か末尾（LSB（least significant bit））かを規定する
	サブキャリア周波数	通信特性向上のため，変調信号をさらに変調させる場合の周波数を規定する
プロトコル	信号発信順序	タグがリーダからエネルギーを受けるとすぐに変調電波を返す方式（TTF：Tag-Talk-First）か，タグがリーダからエネルギーを受け取った後コマンドを受け取ってから変調信号を返す方式（RTF：Reader-Talk-First）のいずれかを規定する
	タグの指定	固有番号（UID：Unique ID）等を使用して，タグを個別に指定できるかどうかを規定する
	タグ固有ID	タグが世界的に見てユニークであることを示すために，チップIDのサイズとフォーマットを規定する
	読出しデータサイズ	プロトコル仕様に基づき，1回の処理で読み出すデータの最小最大サイズ（バイト数）を規定する
	書込みデータサイズ	プロトコル仕様に基づき，1回の処理で書き込むデータの最小最大サイズ（バイト数）を規定する
	読み出し処理時間	読み出し処理が完了するまでの時間を規定する
	書き込み処理時間	書き込み処理が完了するまでの時間を規定する
	エラー検出／訂正	プロトコルがエラー検出／訂正機能を有しているかどうか，及びその種類（LRCとかCRC）を規定する
アンチコリジョン	種類	衝突防止方法が，確率論的な方法（probabilistic）か，決定論的な方法（deterministic）を規定する
	直線性	読み取りエリアに存在するタグ数によってトータルの処理時間がどのように変化するかを規定する
	最大タグ処理枚数	ひとつの読取エリア内に同時に存在し認識される，理論的に最大なタグ数を規定する

の認識と重複するところがあるが，両団体の話し合いの結果，車やトレーラーのような大きな物体（電車や飛行機は除く）はTC204で，パレット・小型コンテナ・小箱・小包及び個人の物など，どちらかというと小型の物はSC31が担当することで合意している．

表3に，ISO/IEC 18000-2～7で規定するエアインタフェースのパラメータとその定義をまとめた．規定すべき主なパラメータとしては，リーダとRFタグ間については周波数・出力・変調方式・符号化方式・通信速度・スプリアスなどがあり，また，通信プロトコルとしては通信開始条件・固有ID・データサイズ・エラー処理・メモリーサイズがある．そして，複数タグの衝突を回避するためにアンチコリジョンの規定が必要であり，方式や最大処理タグ数などが項目としてあげてある．2004年1月現在，FCDが成立しFDIS投票待ちである．

3.2 ISO/IEC 18000-2

ISO/IEC 18000-2では，135kHz以下の周波数のエアインタフェースを規定している．この周波数はRFタグ用途として世界的に使用できる周波数である．日本では微弱無線局（3m地点における電界強度が500μV/m以下）およびその補正値，又は誘導式通信設備に関する法律で規定されている．米国ではFCC 15.209，欧州ではEN 300 330-1 V1.3.2で規定されている．

この規格はDIN（ドイツ）から提案されたタイプA/B仕様に，日本提案の衝突防止方式がオプションとしてAnnexに規定されている（表4）．規格準拠を宣言する場合は，リーダはタイプAとBのタグ両方と通信することが必須である．両方式のタグはともに電池なしであり，回路を動

表4 ISO/IEC 18000-2で規定する135kHz帯RFタグの主なエアインタフェース

ISO/IEC 18000-2		タイプA	タイプB
提案企業／団体		DIN（独）	
電源		電池なし	
質問器 からの 発信	搬送周波数	125kHz	134.2kHz
	出力	各国の電波法に従う	
	スプリアス	各国の電波法に従う	
	AM変調度	ASK100％	
	通信速度	3.7～5.7kbps	0.5～4.0kbps
	符号化方式	PWM（Pulse Method）	
タグから の返信	通信方式	負荷変調方式	容量再放電方式
	副搬送波	無し	134.2/124.2kHz
	通信速度	4kbps	9kbps
	変調方式	OOK	FSK
	符号化方式	マンチェスター	RZ
衝突防止方式		タイムスロット	
	オプション ［日本提案］	バイナリサーチ （副搬送波：62.5kHz）	

第5章　ISOの進展状況

作させるのに必要なエネルギーは受信する電波から得る。アンチコリジョンやプロトコルは，両方式とも同じであるが，物理仕様のみ異なっている。両方式の大きな違いは，タグからリーダへ返信する時のエネルギー源である。タイプAではリーダから常にエネルギーをもらっているが，タイプBでは，タグからリーダへ返信している間はリーダからのエネルギー供給はストップし，タグのコンデンサに蓄えられたエネルギーを使用する。また，タイプAのオプションとして採用された日本から提案した衝突防止方式はバイナリーサーチ方式であり，DINが提案したタイムスロット方式よりも，処理が早くまた処理可能なタグ枚数が多いことが特徴である。2004年1月現在，FCDが成立しFDIS投票待ちである。

3.3　ISO/IEC 18000-3

ISO/IEC 18000-3では，13.56MHzの周波数のエアインタフェースを規定している。この周波数は非接触ICカード（ISO/IEC 14443, 15693）で採用されている周波数であり，RFタグ用途としても世界的に使用できる周波数である。日本では2002年9月に従来の無線設備としての規律から高周波利用設備としての規律へ変更され，総務大臣による型式指定を受けた機器や微弱無線機器は設置許可が不要になり自由な設置ができるようになった（ARIB STD-T82）。また，技術的要件も大幅に緩和され欧州の規格（ETSI EN 300 330-1 V1.3.2）と同等になったことで，

表5　ISO/IEC 18000-3で規定する13.56kHz帯RFタグの主なエアインタフェース

ISO/IEC 18000-3		モード 1（ISO/IEC 15693-2）	モード 2
提案企業／団体		Philips（オーストリア），TI（仏）	Magellan（オーストラリア）
電源		電池なし	
質問器からの発信	搬送周波数	13.56MHz±7kHz	
	出力	各国の電波法に従う	
	スプリアス	各国の電波法に従う	
	変調方式	ASK100％ or 10％	PJM(Phase Jitter Modulation)
	通信速度	26.48kbps or 1.65kbps	424kbps
	符号化方式	PPM (Pulse Position Method)	DFMFM (Double Frequency Modified Frequency Modulation)
タグからの返信	通信方式	負荷変調方式	
	副搬送波	423.75kHz or 423.75kHz & 484.28kHz	8ch：969, 1233, 1507, 1808, 2086, 2465, 2712, 3013kHz
	通信速度	26.48/6.62kbps or 26.69/6.67kbps	106kbps×8 （実質848kbps）
	変調方式	OOK & FSK	BPSK
	符号化方式	マンチェスター	MFM
衝突防止方式		タイムスロット	FTDMA (Frequency and Time Division Multiple Access)
オプション(Tagsys社)		field strength	

より使いやすい周波数になった。米国（FCC 15-209）では規制緩和が遅れていたが，2003年12月に改正され日本や欧州とほぼ同等の規制値に変更された。

この規格はモード1とモード2があり互換性がない（表5）。但し，いずれもタグがリーダからエネルギーを受け取った後，コマンドを受け取ってから変調信号を返すリーダ・トーク・ファースト方式であるため，互いに干渉することはない。また，両方式のタグは共に電池なしであり，回路を動作させるのに必要なエネルギーは受信する電波から得る。モード1は近傍型ICカードの規格（ISO/IEC 15693-2, 3）を採用したものであり，オプションとしてTagsys社提案の衝突防止方式を規定している。ISO/IEC 15693はPhilips社とTI社の方式を統合したものである。モード2はMagellan社の提案であり，PJM（Phase Jitter Modulation）と呼ばれる変調方式に特徴がある。この方式は，電波の強度を変化させるASK変調とは違い通信速度を早くしても帯域幅を狭くできるため高速通信に向いている。タグからの返信は8チャンネルを使用しているため，実質848kbps（106kbps×8）に匹敵する通信速度で複数タグを同時認識することができ，トンネルリーダ使用時には最大1,200枚／秒のアンチコリジョンが可能である。2004年1月現在，FCDが成立しFDIS投票待ちである。

3.4　ISO/IEC 18000-4

ISO/IEC 18000-4では，2.45GHzの周波数のエアインタフェースを規定している。この周波数は無線LANやBluetoothが使用している周波数であり，RFタグ用途としても世界的に使用で

表6　ISO/IEC 18000-4で規定する2.5GHz帯RFタグの主なエアインタフェース

ISO/IEC 18000-4		モード1	モード2
提案企業／団体		Intermec（米）	Siemens（独），Nedap（蘭）
電源		電池なし	電池付き
質問器からの発信	搬送周波数	2400～2483.5MHz	
	出力	各国の電波法に従う	
	スプリアス	各国の電波法に従う	
	方式	FHSS（Frequency Hopping Spread Spectrum）	
	通信速度	20～40kbps	384kbps
	変調方式	OOK	Differential GMSK
	符号化方式	マンチェスター	Fire Code
	占有帯域幅	0.5MHz	0.77MHz
タグからの返信	副搬送波	無し	153.6kHz
	通信速度	20～40kbps	384kbps
	変調方式	OOK（アンテナインピーダンス変調）	Differential BPSK
	符号化方式	FM0	マンチェスター
	占有帯域幅	0.5MHz	1MHz
衝突防止方式		Probabilistic	Deterministic

第5章　ISOの進展状況

きる周波数である。日本では1986年に構内無線局（RCR STD-1）が制定されたが，ユーザ免許の取得が必要であり，またリーダの移動が認められなかった。その後，免許不要の特定小電力無線局（RCR STD-29）が制定された。またFHSS（周波数ホッピングスペクトラム拡散）方式については，2002年3月に省令が改正され，4月に特定小電力（ARIB STD-T81）が承認され，また2003年3月には構内無線局が承認され，6月にRCR STD-1の改定が行われた。欧州（EN 300 440，ERC/REC 70-03 Annex 11）や米国（FCC 15.247）も出力の違いはあるがほぼ同様な規制である。

　この規格は，モード1とモード2があり互換性がない（表6）。また，モード1はリーダ・トーク・ファーストであるが，モード2はタグがリーダからエネルギーを受けるとすぐに変調電波を返すタグ・トーク・ファースト方式のため，軽微な干渉の可能性があるため，設置時には注意が必要である。モード1タグは電池なしであり回路を動作させるのに必要なエネルギーは受信する電波から得るが，モード2タグは電池付きであるため電波は通信のみに使われる。

　いずれのモードも通信方式としてFHSSを採用しており，本周波数帯のようにISM周波数に指定され多くの機器が同じ周波数帯を共有している場合に効果がある。モード1はIntermec社の提案であり，干渉を防ぐために上記FHSS方式を採用している点に特徴がある。モード2は，Siemens社／Nedap社から提案された仕様であり，FHSS方式を採用している点はモード1と同じであるが，上記のように電池付で通信距離が長く，またタグ・トーク・ファーストであり通信速度も384kbpsと早いことから，タグの情報（固有IDなど）をすばやく取得する用途に向いている。2004年1月現在，FCDが成立しFDIS投票待ちである。

3.5　ISO/IEC 18000-5

　ISO/IEC 18000-5では，5.8GHzの周波数のエアインタフェースを規定している。この周波数は日本ではITSの有料道路自動料金収受システム（ETC）で使用されている周波数であり，欧米においても出力は弱いがRFタグに利用できる周波数である。日本の規格（ARIB STD-T55）はアクティブ方式（RFタグ自身から電波を出す方式）であり，バックスキャタ方式（RFタグ自身からは電波を出さず反射させる方式）は認められていない。

　この規格はQ-Free社からの提案であるが，2002年12月のCD投票により否決されたため，中止となった（表7）。日本からは，①5.8GHzはISO TC204で審議対象としている車両交通用情報制御システムと対象分野が重なっている点と，②現在日本でITS用に認められているのはアクティブ方式のため，現状ではパッシブ方式は使用できない点の理由から反対投票を行った。

表7 ISO/IEC 18000-5で規定される予定だった5.8GHz帯RFタグの主なエアインターフェイス

ISO/IEC 18000-5 (参考)		仕　　　様
提案企業／団体		Q-Free (ノルウェー)
電　源		電池付き
質問器からの発信	搬送周波数	5.8GHz ± 10MHz
	出力	各国の電波法に従う
	スプリアス	各国の電波法に従う
	方式	Narrowband
	通信速度	500kbps
	変調方式	Two Level Amplitude Modulation
	符号化方式	FM0
タグからの返信	周波数	5.6〜5.9GHz
	副搬送波	1.5MHz, 2.0MHz
	通信速度	250kbps
	変調方式	2-PSK
	符号化方式	NRZI
衝突防止方式		Slotted Aloha

3.6 ISO/IEC 18000-6

ISO/IEC 18000-6では，860〜960MHzの周波数のエアインタフェースを規定している。この周波数帯は国際的にはISM周波数であるが，ITU-Rで規定されている第1地域（ヨーロッパ，アフリカ，ロシア）と第3地域（オーストラリア，オセアニア，日本）ではISM周波数として認められていない。このため，日本では主に携帯電話やMCA無線に割り当てられており，RFタグ用途としては現状では使用できない。欧州では，869.4〜869.65MHzの狭い帯域のみRFタグの使用は認められているが，帯域が狭いためRFタグとして使えるレベルではない。一方，第2地域（南北アメリカ）ではISM周波数として認められているため，米国では以前からRFタグに使用されてきた。但し，日本や欧州は共にこの周波数帯のRFタグへの割り当て審議を開始しており，日本ではPDC方式携帯電話のサービスが終了した950〜956MHzをRFタグへの割り当て候補として技術要件の検討が始まっている。早ければ2005年年初には規定が改正される見込みである。また欧州では865〜869MHzの割り当ての審議が行われている。

この規格はTagsys社，TI社，Bistar社から提案されたタイプAとIntermec社とPhilps社から提案されたタイプBからなる（表8）。規格準拠を宣言する場合は，リーダはタイプAとBのタグ両方と通信することが必須である。両方式ともに，通信方式として狭帯域通信とFHSSの両方及び電池なし／ありタグの両方をサポートしている。タイプA/B両方式の大きな違いは，アンチコリジョン方式である。タイプAではAloha方式で衝突防止処理を行い，Pulse Interval Coding方式で符号化してASK変調を行う。一方，タイプBはBinary Tree方式で衝突防止処理を行い，Manchester方式で符号化してASK変調を行う。タグは，それぞれ上記とは反対のプロセスで復

第5章 ISOの進展状況

表8 ISO/IEC 18000-6で規定する860-960MHz帯RFタグの主なエアインタフェース

ISO/IEC 18000-6		タイプA	タイプB
提案企業／団体		Tagsys（オーストラリア），TI（米），Bistar（英）	Intermec（米），Philips（オーストリア）
電源		電池なし／電池付き（両方をサポート）	
質問器からの発信	搬送周波数	860～960MHz	
	出力	各国の電波法に従う	
	スプリアス	各国の電波法に従う	
	方式	Narrowband / FHSS (Frequency Hopping Spread Spectrum)	
	通信速度	33kbps	10 or 40kbps
	変調方式	ASK 27％～100％	ASK 18％～100％
	符号化方式	FM0，Pulse Interval (PIE)	FM0，マンチェスター
タグからの返信	通信速度	40 or 160kbps	
	変調方式	Bi-state Amplitude Modulation Backscatter	
	符号化方式	Pulse Interval (PIE)，FM0	マンチェスター，FM0
衝突防止方式		Aloha	Binary Tree

調する。2004年1月現在，FCDが成立しFDIS投票待ちである。

3.7 ISO/IEC 18000-7

ISO/IEC 18000-7では，433MHzの周波数のエアインタフェースを規定している。この周波数は国際的にはISM周波数であるが，ITU-Rで規定されている第3地域ではISM帯として認められていないため，日本ではアマチュア無線に割り当てられており，RFタグ用途としては現状では使用できない。また第2地域でもISM周波数として認められていないが，米国では周期的動作機器の使用が規定（FCC 15.247）されておりRFタグの使用は可能である。第1地域ではISM

表9 ISO/IEC 18000-7で規定する433MHz帯RFタグの主なエアインタフェース

ISO/IEC 18000-7	仕様	
	質問器からの発信	タグからの返信
提案企業／団体	SAVI（米）	
電源	電池付き	
搬送周波数	433.92MHz ± 500kHz	433.92MHz ± 200kHz
出力	5.6dBm（ピーク）又は各国の電波法に従う	
スプリアス	各国の電波法に従う	
方式	Narrowband	
通信速度	27.7kbps	
変調方式	FSK	
符号化方式	マンチェスター	
ウェークアップ信号	30kHz	
偏波	全方位	
衝突防止方式	確率的手法（タイムスロット）	

周波数として認められているため，欧州ではRFタグとして使用が可能である。

この規格はSavi社から提案された方式で，タグは電池付である。ISO/IEC 18000-2, 3, 4, 6と違い自ら電波を出すアクティブ方式を採用している点に特徴があり，電池の消耗を防ぐために普段はスリープ状態にし通信する時だけウェークアップする方式を採用している。リーダライタとタグは，細かい点を除けば通信仕様は全く同じである（表9）。2004年1月現在，FCDが成立しFDIS投票待ちである。

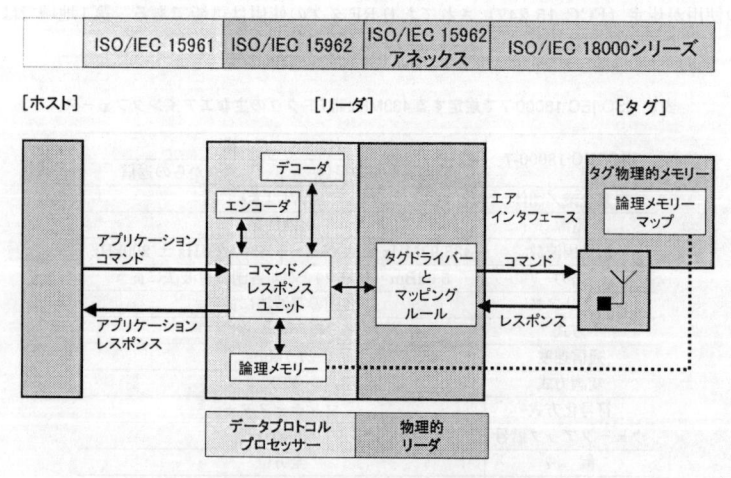

3.8 ISO/IEC 15961 と ISO/IEC 15962

物の管理用RFタグの情報交換に使われるデータプロトコルを，ISO/IEC 15961とISO/IEC 15962で規定している。ISO/IEC 15961では，適切なコマンドによるホストとリーダ間のデータのやり取りを，また，ISO/IEC 15962ではリーダ内でのデータの処理を規定している（図3）。なおこれらの規定は，ISO/IEC 18000シリーズとは無関係に規定されているため，仮にISO/IEC 18000シリーズが変更されたり追加されても変更は必要ない。

ISO/IEC 15691では，リーダとホスト間のインタフェースに焦点をあて，アプリケーションコマンドとレスポンスについても定義している。主な内容は，オブジェクトとしてのデータ表現方法のガイドライン，オブジェクト識別子の構造の定義，タグとホスト間でデータ転送時のコマンドとレスポンスの定義などであり，アプリケーションやRFタグ機器に適したソフトウェア開発の参考として使用されることを目的としている。現在16個のコマンドとレスポンスが定義され

図3 ISO / IEC 15961 と ISO / IEC 15962 の審議範囲

第5章　ISOの進展状況

ている。2004年1月現在，CDが成立しFCD投票中である。

ISO/IEC 15692は，ISO/IEC 15691で定義されたアプリケーションコマンドや転送シンタックスに従った，タグの中で行われる符号化に焦点を当てている。主な内容は，オブジェクト識別子の符号化構造の定義，符号化データに適用されるデータ圧縮ルールの規定，データのフォーマットルールの規定，アプリケーションコマンドのタグドライバへの転送ルールの定義などである。2004年1月現在，CDが成立しFCD投票中である。

3.9　ISO/IEC 15963

ISO/IEC 15963は，タグの固有IDの番号付けを規定するものであり，SC31で作成中のISO/IEC 18000シリーズやISO/IEC 15962などとともに使われることを目的としている。固有IDは，データの書き込み時に必要なものであり，目的のタグを一意に識別し，情報が明確に書かれたことを保障するものである。また，タグの内容が特別な項目に関係しており，それが明確に認識される必要がある場合は，固有IDはデータの読み出し時にも必要である。このほか，固有IDはICの品質管理のためのトレーサビリティ，タグのトレーサビリティ，複数アンテナが設置されている場合の読み取りの終了確認，アンチコリジョンでの複数タグの識別，タグが添付されたもののトレーサビリティなどで使用される。

タグを独自に認識するIDとしては仮想IDと恒久IDがあるが，仮想IDは時間的に見れば同じIDを持つタグが存在する暫定的なIDであるため，ISO/IEC 15963では世界的に完全な一意性を保証するには恒久IDを使用すべきとしている。このため，ISO/IEC 15963では，世界的に完全

表10　ISO/IEC 15963で規定するタグ固有IDの構成と発行者のクラス分け

割当クラス 8ビット MSB		固有ID発行者登録番号 サイズは，割当クラス毎に定義		シリアル番号 サイズは，割当クラス毎に定義 LSB	
割当クラス値	クラス	発行者ID サイズ	シリアル番号 サイズ	登録機関 (固有ID発行者登録番号)	
'11100000'	7816-6	8ビット	48ビット	APACS（ISO/IEC 7816-6登録機関）	
'11100001'	14816	per NEN	per NEN	NEN (ISO 14816登録機関)	
'11100010'	EAN. UCC	Per EAN.UCC	Per EAN.UCC	EAN. UCC	
'000xxxxx'	INCITS 256	per ANS INCITS 256	per ANS INCITS 256	ANCI ASC INCITS 256	
'11100011'～ '11101111'	未定	未定	未定	未定	

(MSB: Most significant bit, LSB: Less significant bit)

表11 TR 18046で規定するパフォーマンスに影響を与えるパラメータ

[パラメータ例（Intermec提案：2.45GHz）]		
条件	レンジ	コメント
距離	0〜10m	3-D(x, y, z)
タグ数	1, 10, 20, 50, 100個	
タグの向き	0, 30, 60, 90度	3-D(ψ, θ, ϕ)
タグのサイズ	0.016, 0.125, 1m^3	
タグのスピード	0, 1, 2, 5, 10m/s	
タグの取付け材料	紙, 木, ガラス, 樹脂, 金属	
RF環境	害なし, 穏やか, 密集	WLAN, 機械
データ処理	0, 1, 8, 16バイト	リード, ライト

に固有なIDである恒久IDとして，表10に示す固有IDの規定方法をAnnexに載せている。

3.10　TR 18046

　同じエアインタフェース規格やコンフォーマンス規格に従って製造したRFタグでも，実際の特性（パフォーマンス），例えば通信距離は測定方法や環境条件によって違ってくるのが普通である。そこで，RFタグのパフォーマンスを示す場合には，共通の試験環境条件や試験方法を定義することが重要である。このため，RFタグのパフォーマンスの試験方法を技術レポートTR 18046としてまとめている。一例を表11に示す。2004年1月現在，PDTR投票中である。

3.11　TR 18047

　エアインタフェース規格の標準化が進み多くの製造者が同じ規格で製品を作るようになると，機能は見かけ上同じであるため互換性が保たれると考えがちである。しかし実際にはそれぞれの製品（リーダとタグ）が互いに互換性を持って使用できるかどうかの保障は，残念ながらない。そこで，リーダの評価には基準タグを，またタグの評価には基準リーダを用いて同一性（コンフォーマンス）の評価を行う共通の試験方法を定義することが重要である。このため，RFタグのコンフォーマンスの試験方法を技術レポートTR 18047としてまとめている。なお，RFタグの性能は使用する周波数によって異なるため，ISO/IEC 18000シリーズで扱う周波数ごとに試験方法をまとめている（TR 18047-2, 3, 4, 6, 7）。2004年1月現在，TR18047-3（13.56MHz）はDTR投票中，TR18047-4（2.45GHz）はPDTR投票中であり，他の周波数についてはこれからである。一例を図4に示す。

第5章　ISOの進展状況

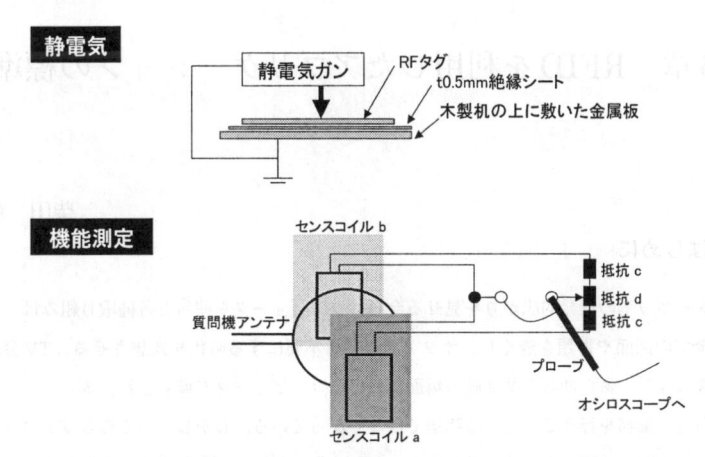

静電気

```
       ┌─────────┐    RFタグ
       │ 静電気ガン │    t0.5mm絶縁シート
       └────┬────┘    木製机の上に敷いた金属板
            ▼
     ═══════════════
     ───────────────
    ═══════════════════
   ─┴─
```

機能測定

センスコイル b
質問機アンテナ
抵抗 c
抵抗 d
抵抗 c
プローブ
オシロスコープへ
センスコイル a

図4　TR 18047-3（13.56MHz）で規定するコンフォーマンス試験方法

第6章　RFIDを利用したアプリケーションの標準化

柴田　彰*

1　はじめに

インターネットの爆発的広がりを見せる今日，コンピュータを使った各種取り組みは，企業における全ての図面や書類を無くし，オフィスまでも不要にする時代を連想させる。TV会議システムの導入など，あらゆる企業活動の場面においてコンピュータが導入され，ネットワークで結ばれ，自宅で業務を行うことも，夢物語ではなくなっている。しかし，いくらネットワークの発達により，世界中の情報を瞬時に手に入れられる時代になろうとも，瞬時に商品を手に入れられることはありえない。そこには必ず物流という物理的な商活動が存在するのであり，距離的／時間的な制約を受ける。さらに情報化技術が進化し，ビジネススピードが早くなればなるほど，これに対応した商活動が重要になってくる。

こうした時代にあって，この商活動に関わる業務における最も注目すべきものの一つは自動認識技術である。商活動において，人の作業／判断を究極的に排除した場合，その商品が持つ情報を自動的に読み取り，オンラインでやり取りされている情報と一元化しなければならない。新たなEDIの時代になって，その必要性はますます大きくなっている。

2　市場ニーズ

現在，日本企業は世界的に見てもかなり効率化された企業といえる。さらなる効率化を進め，日本企業の国際競争力を高めるためには，一企業の枠の中では自ずと限界があり，一企業の枠を越えた効率化を考える時代になってきている。企業の枠，業界の枠，国の枠を越えた全体効率化を目指さないとこれ以上の効率化は容易に見出せないと思われる。また，これは多くの日本企業が目指している世界最適調達，世界最適生産を実現するためには，不可欠な要素である。世界最適調達，世界最適生産を実現するためには，世界で共通的に利用できる技術や標準の開発が不可欠である。例えば，世界的レベルで商品を調達する場合，商品を識別するコードに重複があったり，商品の属性（特性）を表わす識別子が不統一であれば商品を調達することは容易ではない。

---

*　Akira Shibata　㈱デンソーウェーブ　自動認識事業部　主幹

第6章 RFIDを利用したアプリケーションの標準化

さらに，受発注はインターネットなどを利用した電子商取引（EC）が標準化されていなければ非効率となってしまう。さらなる効率化のためには，RFIDに関連した社会インフラの整備が重要であり，RFIDも社会インフラの一つとしてとらえる視点が重要である。

また，最近，日本で特に緊急の課題となっているのは，自動車やエレクトロニクス分野では3R（リデュース，リユース，リサイクル），医療分野では薬や投薬量の間違い，患者の取り違え，手術器具の体内放置，院内感染などの医療の信頼性保障，農業分野ではO-157，BSE，SARS，残留農薬，原産地証明などの食品の安全性保障，運送分野ではインターモーダルなロジスティクスの高度化，輸送品質の保障，リアルタイム集配送の実現などがある。これらはすべて，商品のトレーサビリティ保障の問題といえる。これらの問題を解決するためには，商品のトレーサビリティシステムを早急に確立する必要がある（図1参照）。

この商品トレーサビリティを確立するためには，まず，サプライチェーンマネージメントの高度化が不可欠である。サプライチェーンの高度化は，まず，第一に電子商取引を導入する必要がある。また，電子商取引を導入する企業は，全ての取引先が即座に電子商取引を導入できないことを前提にシステムを構築する必要がある。そのためには，電子商取引を補完する手段が重要になる。サプライチェーン高度化の第二のポイントは，製品のライフサイクルを管理するという視点でシステムを構築することである。そのためには，まず全ての商品（製品・部品），全ての輸送単位，全ての輸送容器（オリコン，プラコン，パレット，コンテナ）にユニークな（世界で唯

自動車	家電	食品	医療	運輸
リサイクル法 リサイクル率の向上 環境影響物質の管理	リサイクル法 リサイクル率の向上 環境影響物質の管理	食品の安全保障 O-157問題 狂牛病問題 残留農薬 原産地証明	医療システムの安全性保障 患者の間違い 薬，投薬量の間違い 院内感染 医療材料の廃棄	ロジスティクスシステムの高度化 リアルタイム集配送システムの実現 インターモーダル配送システムの確立 輸送品質保障 輸送時間短縮
有害物質、環境影響物質（環境ホルモン）管理の実現				
QS(ISO)9000の品質トレーサビリティの保障				
サプライチェーンマネージメントの高度化				

全ての商品に必要な情報を国際的に共通の方法で付与する

商品トレーサビリティの確立

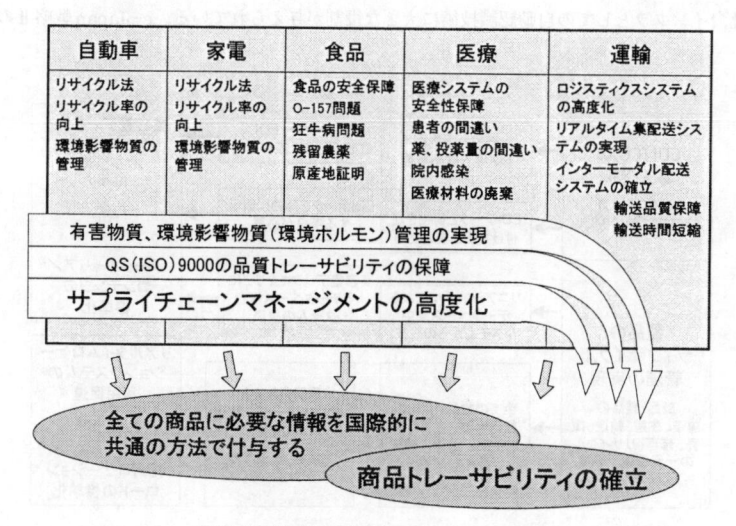

図1 物品識別と日本の産業分野での必要性

一の）識別番号（UID）が必要である．商品は世界中を移動するので識別番号のダブリは許されない．また，商品一つ一つの個体識別番号が必要である．例えば，テレビ，コンピュータ，自動車やタバコなどは同じものが数多く存在する．従来の商品型名（製品品番）といわれるものは，数多く存在するので，個体管理は不可能である．したがって，個体管理のためには，シリアル番号に代表されるトレーサビリティ番号が必要である．

次に，商品のロケーションを示すコードが必要である．前述のように商品は世界中を移動するので，輸送のトレーサビリティを確保するためには，現在，商品のある地点を示す世界的規模で唯一のロケーションコード（絶対ロケーションコード）が必要である．このコードは，発注者，受注者，輸送者などのロケーションを示すコードとしても利用することができる．この絶対ロケーションコードを利用することで，サプライチェーン全域にわたり，商品の所在が明確になり，在庫削減，サービスメンテナンス性向上，ひいては最適生産計画に役立てることができる（図2参照）．

3 社会インフラの整備

IT戦略本部で作成されたe-Japan戦略では，e-Japan戦略Ⅰで設定された「高速インターネットを3,000万世帯へ，超高速インターネットを1,000万世帯に」という環境整備の目標はほぼ達成され，例えば，DSLは700万世帯以上に普及した．2003年に策定されたe-Japan戦略Ⅱでは，社会インフラとしての自動認識技術に大きな役割が与えられている．e-Japan戦略Ⅱの3項

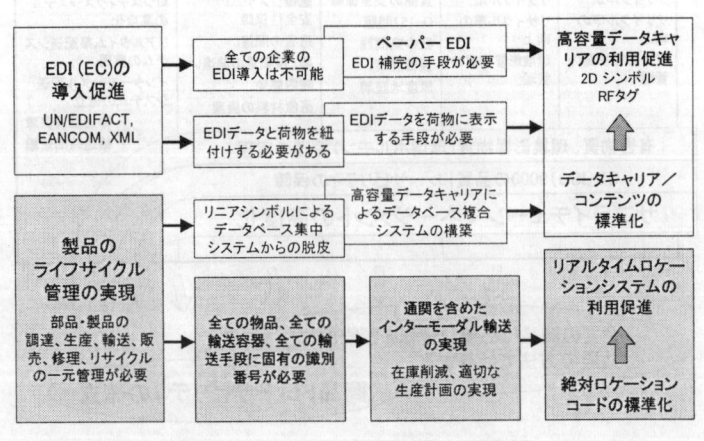

図2 サプライチェーンマネージメントの高度化

第6章 RFIDを利用したアプリケーションの標準化

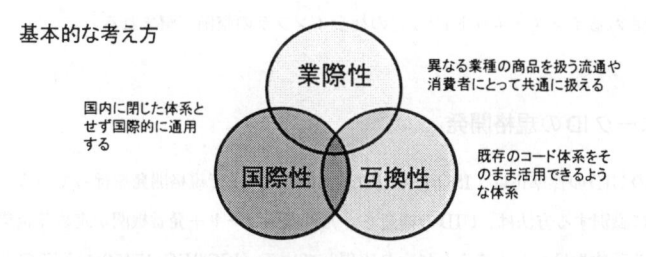

基本的な考え方

国内に閉じた体系とせず国際的に通用する

業際性：異なる業種の商品を扱う流通や消費者にとって共通に扱える

国際性

互換性：既存のコード体系をそのまま活用できるような体系

商品識別用コードに関する標準規格

発番機関コード ― 企業コード ― 品目コード ― シリアル番号
(JAN, CII, Dunsなど)　(A(株)、Bブランドなど)　(各企業で内容も管理)　(各企業で内容も管理)

例：トヨタ　レクサス、　　R35(スカイラインGT-R)　車体番号
　　花王…　　　　　　　　メリットシャンプー　　　　ロット番号

それぞれのコードのデータ長は特定せず、必要に応じ共通の識別子を挿入する。その識別子としては、国際的に広く共有されているISO15418として規格化された識別子を活用する。

図3　経済産業省の「商品トレーサビリティの向上に関する研究会」

「次世代の知を生み出す研究開発の推進を実現するための方策」には「電子タグ（RFID）等電子ID技術におけるハードウェア技術の研究開発および実証実験を推進するとともに、単価を下げるよう戦略的取り組みを推進する。（後略）」とあり、また、「電子タグのような新しい技術を用いた情報システム全体の安全性、信頼性などに関する課題や、必要な社会的規範の形成に向けて調査研究を推進する」と述べられている。e-Japan戦略Ⅱでの電子ID技術に関連して重要なものは、2003年4月に経済産業省から公表された「商品トレーサビリティの向上に関する研究会」中間報告である（図3参照）。報告書には商品識別コードに関する標準規格案が提案されており、この標準規格案を国際標準とすべく、日本からISOに提案している。これにより企業、業界、国の枠を越えたユニークな商品識別が可能となる。

前述のようにサプライチェーンマネージメントの高度化には、さらに商品が現在ある場所を示す絶対ロケーションコードが必要である。その絶対ロケーションコードは、空港や港、税関の場所、移動中の飛行機、船、列車などの位置も表わすことができる。商品は世界中を移動するので、地球規模での位置座標としては緯度、経度以外に選択の余地はない。緯度、経度を用いた絶対ロケーションコードの標準化が強く望まれる。

その他には、e-Japan戦略Ⅰで提案され、すでに実現しつつある高速インターネットと、XMLなどを利用したEDIのさらなる普及である。将来的には、ユビキタス社会実現のための要素である無線LANや、ブルートゥースなどのモバイルネットワーク、情報家電やセキュリティ機器などで実現するバリアフリーインターフェイス、ADSLやCATVなどのブロードバンド、

IPv6に代表されるインターネットIPなどの社会インフラの整備が望まれる。

4 ユニークIDの規格開発

輸送単位のUIDの標準化は，ISO/IEC JTC1 SC31 WG2で規格開発を行っている。輸送単位をユニークに識別する方法は，UIDの構造を「発番機関コード＋発番機関が定める企業コード＋企業が定める荷物番号」とすることにより実現している（ISO/IEC 15459-1）。このようにすると，現在，各企業が使用している番号体系を変えることなく利用できる。この考え方を輸送単位だけでなく，商品管理用のUIDに適用することを，日本から提案し，実現を目差している。また，この考え方をオリコン，プラコンなどの輸送容器にも応用する提案がヨーロッパからあり，これが実現すると全ての輸送単位，全ての輸送容器がUIDで識別可能となる。

5 RFIDの規格開発

RFIDの標準化は，ISO/IEC JTC1 SC31 WG4で現在12の規格開発を行っている。これらの規格は2004年末までにすべて成立する見込みである。エアインターフェイスは5つの無線周波数の標準化を進めている。本来，使用周波数は1つであるべきであるが，全てのものにRFIDをつけた場合，1つの周波数で実現可能かどうかはまだ確認されていない。そのため，異なったアプリケーションでは異なった周波数を使用するほうが適している場合もあるという考えのもとに複数の無線周波数の標準化を進めている。詳細は別項を参照のこと。

RFIDの標準化で重要なことは，市場ではOCR，リニアシンボル，2Dシンボル，磁気カード，ICカードなどが混在して使用されるため，これら多種類のデータキャリアのリーダ又はリーダ／ライタとホストコンピュータとのデータの受け渡し方法が同じである必要がある。このリーダ／ライタとホストコンピュータとのインターフェイスを共通化しておかないと，バーコードシステムとRFIDシステムが相容れなくなり，ユーザに不必要な負担を強いることになる。

6 位置情報の規格開発

位置情報の標準化は，ISO/IEC JTC1 SC31 WG5で規格開発を行う。この規格は，RTLS（Real Time Location System）といい，RFID技術を用いて，位置を特定するものである。例えば，コンテナにRFIDを取り付けることにより，リーダ／ライタのアンテナからコンテナまでの距離がわかるシステムである。これは，コンテナヤードにおいて，目的のコンテナのロケーショ

第6章 RFIDを利用したアプリケーションの標準化

ン管理に役立てることができる。現在の規格はローカルエリアを対象にしているが，RTLSのアンテナの位置をGPSと連動させることにより，絶対ロケーションがわかるシステムへと拡張することが容易に可能になる。

7 RFIDを利用したアプリケーション規格開発

RFIDを利用したアプリケーション標準化は，ISO TC204（ITS），ISO TC104（コンテナ），ISO TC122（包装），およびISO TC122とTC104とのジョイントワーキンググループ（ISO TC122/TC104 JWG）の各々で，2002年から規格開発が始まっている。これらの規格は，商品トレーサビリティの中核となるもので，主にサプライチェーンマネージメントでの利用を目的としている。これらの規格開発は，ISO TC8，ISO TC104，ISO TC122，ISO TC204，IEC TC9，およびISO/IEC JTC1 SC31がMOUを結び，お互いに協力して行っている。

TC204は，通関も含めた複合一貫輸送のためのデータ辞書の規格（ISO 24533）開発を行っている。TC104ではコンテナ識別用RFIDの規格（ISO10374）とコンテナの電子シール用RFIDの規格（ISO18185）開発を行っている。ISO TC122では，1次元シンボルおよび2次元シンボルを用いた輸送用ラベル規格（ISO15394）と個装用ラベル規格（ISO22742）の2つの規格開発を完了している。ISO TC122/TC104 JWGでは，前述のISO15394とISO22742をベースにしたRFID用の規格（ISO17358，17363～17367）開発を行っている（表1参照）。これらの規格は全て相関性があり，相互に矛盾のない規格とする必要がある（図4参照）。

ISO TC122/TC104 JWGで開発している規格は，サプライチェーンマネージメントの中核となるもので，基本的な考え方を図5，図6に示す。

表1　ISO TC122/TC104 JWG 開発規格

規格番号	内　　容
17358	Supply Chain Applications for RFID -Application Requirements
17363	Supply Chain Applications for RFID -Freight Containers
17364	Supply Chain Applications for RFID -Transport Units
17365	Supply Chain Applications for RFID -Returnable Transport Units
17366	Supply Chain Applications for RFID -Product Packaging
17367	Supply Chain Applications for RFID -Product Tagging

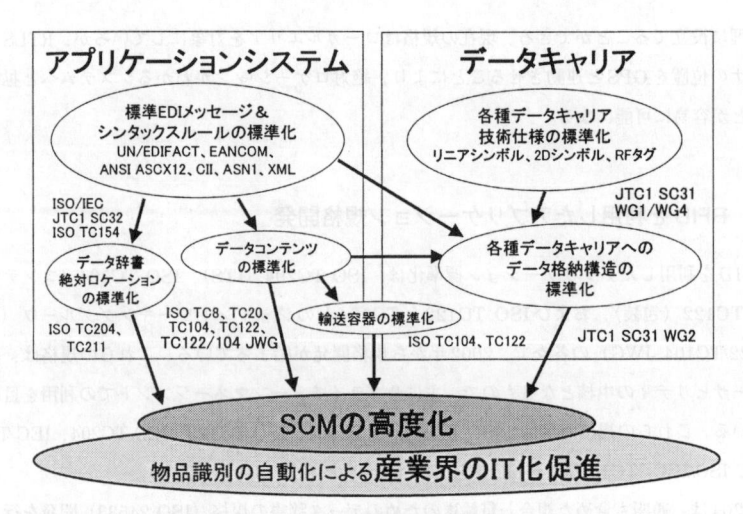

図4 標準の分担

図5の各レイヤは例えばタバコを例にとると，レイヤ0はタバコ1本ずつにどのような識別番号および付加情報を与えるかを表している。レイヤ1は，タバコ1箱又は1カートンを表し，レイヤ2は混載を含む小型集合単位（プラコンなど），レイヤ3は，中型集合単位（パレットなど），

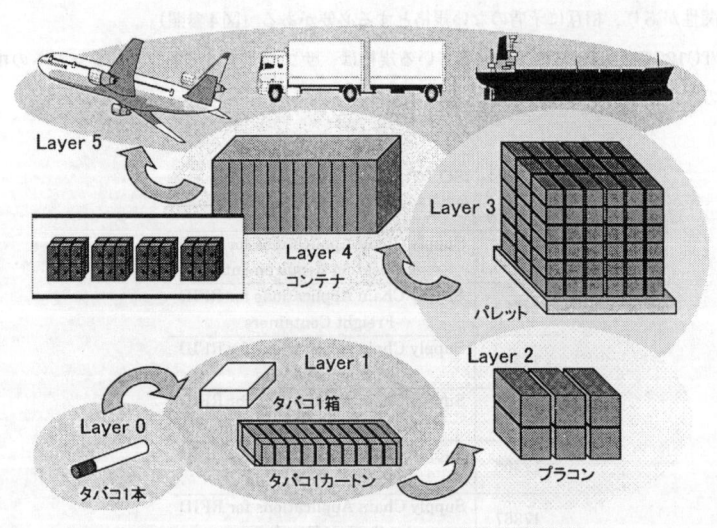

図5 サプライチェーンマネージメントの階層（輸送単位）

第6章 RFIDを利用したアプリケーションの標準化

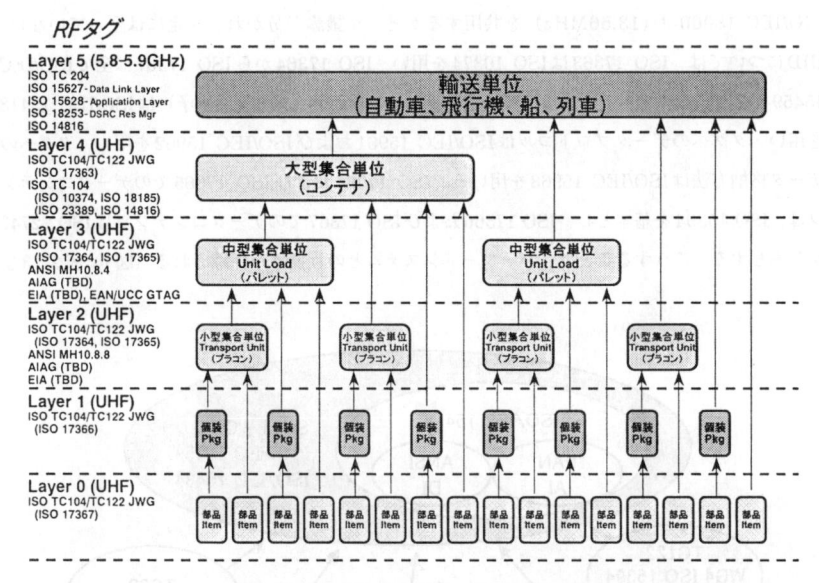

図6 サプライチェーンマネージメントの階層

レイヤ4は大型集合単位（コンテナなど）を表し，レイヤ5は自動車，船，航空機などの輸送手段に積載された全ての商品集合を表している。図6は図5のレイヤと，開発中の規格とを照らし合わせてみたものである。レイヤ0から3までは，ISO TC122/TC104 JWGで，レイヤ4は，TC104およびTC122/TC104 JWGで，レイヤ5は，主にTC204で規格開発を行っている。

レイヤ0は，商品単品を表しているので，ここに付加された情報は，3Rやサービスメンテナンスに活用できる。レイヤ1は，商品の個装箱を表しているので，ここに付加された情報は，販売や倉庫での在庫管理，ピッキング，出荷管理などに利用することができる。レイヤ2から5は，主にユニットロードに利用する。

ISO TC122/TC104 JWGで開発中の6つの規格は，2004年1月時点でワーキングドラフト（WD）が提案されたばかりなので，詳細を記述することはできないが，基本的な考え方を明らかにする。

ISO17358は，アプリケーション要求事項で対象とするビジネスプロセスおよびビジネスフローをまとめたものである。ISO17363からISO17367の規格に用いるRFIDのエアインターフェイスは，ISO/IEC18000-6（860～960MHz）を使用する。ISO17363については，アクティブタグ用にISO/IEC18000-7（433MHz）も共用する。ISO17366およびISO17367については，

71

RFタグの開発と応用Ⅱ

ISO/IEC 18000-3 (13.56MHz) を共用するかどうか議論が分かれ，決定には至っていない。UIDについては，ISO 17363はISO 10374を用い，ISO 17364からISO 17367は全てISO/IEC 15459-1を用いる。すべての規格でアプリケーション識別子（データ識別子）はISO/IEC 15418を用い，タグへのデータプロトコルはISO/IEC 15961およびISO/IEC 15962を用い，タグへのデータ格納方法はISO/IEC 15963を用いる。ISO 17364およびISO 17365でのデータコンテンツは，ISO 15394を基本とし，ISO 17366およびISO 17367でのデータコンテンツはISO 22742を基本とする。こうすることで，バーコードシステムとの互換性が保障される（図7，表2，3参

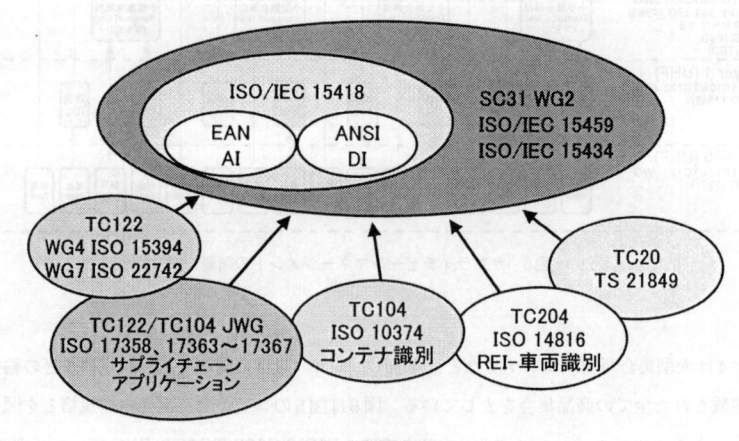

図7 UID関連規格

表2 トレーサビリティ情報に用いられるAI

アプリケーション識別子	データフィールド	データ属性タイプ／長さ	概　　要
10	バッチまたはロット番号	n2＋an...20	製造業者が定義するトレーサビリティコード
21	シリアル番号	n2＋an...20	サプライヤによってその物に永久的に付与されるシリアル番号またはコード
250	補足シリアル番号	n3＋an...30	取引商品の構成部品につける補助的シリアル番号
251	ソースエンティティの参照	n2＋an...30	その取引商品が由来する元の商品を参照するために使用する取引商品の属性
7002	UN/ECE食用屠殺体及び切断分類	n4＋an...30	国連（UN/ECE）食用屠殺体及び切断分類
8002	電子シリアル番号	n4＋an...20	セル式携帯電話用電子シリアル番号

第6章 RFIDを利用したアプリケーションの標準化

表3　トレーサビリティ情報に用いられるDI

データ識別子	データフィールド	データ属性タイプ／長さ	概要
S	シリアル番号	an1 + an...25	サプライヤによってその物に永久的に付与されるシリアル番号またはコード
22S	電子シリアル番号	an3 + an...25	セル式携帯電話用シリアル番号
25S	シリアル番号	an3 + an...32	IAC/CINとサプライヤによって付与されるシリアル番号の結合
1T	ロット／バッチ番号	an2 + an...25	製造業者が定義するロット／バッチ番号
25T	ロット／バッチ番号	an3 + an...32	IAC/CIN及びサプライヤによって付与される物品IDとロット／バッチ番号の結合
+$	ロット／バッチ番号	a2 + an...15	製品データを含む結合ロット／バッチ番号の選択については、ANSI/HIBC 2-1997で仕様を定めている

照)。

　繰り返すが、これらの規格は現在開発中であり、今後紆余曲折が予想される。最新の情報は当該標準化委員会から入手されることをおすすめする。

8　おわりに

　多くの課題を抱えるRFIDではあるが、これを解決し得る技術の進歩は着実に進んでいる。バーコードの普及には20年、インターネットの普及には10年、はたしてRFIDの普及に何年かかるのであろうか。RFIDには商品トレーサビリティの実現という強い市場ニーズがあり、それに答えるべく技術は急速に進んでおり、数年後にはRFIDの一大市場が創出されることを願ってやまない。

第7章　電子タグの新たな周波数について

中谷純之*

1　はじめに

　総務省では，平成15年4月から，大臣官房技術総括審議官の研究会として「ユビキタスネットワーク時代における電子タグの高度利活用に関する調査研究会」(座長：齋藤忠夫・東京大学名誉教授)(以下「調査研究会」という)を開催し，物流，食品，医療等の多様な分野で適用が期待されている電子タグの高度利活用に向けて，総合的な推進方策の検討を行ってきた。特に，調査研究会に設置された無線システムWG(以下「無線システムWG」という)では，周波数の観点からの利用ニーズの把握，既存システムの利用ニーズの把握，新たな周波数の検討等を行ってきた。

　平成15年8月には，今後の基本的な取り組みの方向性が中間報告としてとりまとめられ，総務省では，本中間報告の基本的な取り組みの方向性を踏まえ，研究開発や実証実験に向けた対応を図ってきた。また，調査研究会は中間報告とりまとめ，以降も電子タグの高度利活用に向けた課題，総合的な推進方策等の検討を引き続き進め，平成16年3月にも最終報告をとりまとめる予定である。

　本章では，無線システムWGでの検討を中心に，電子タグの新たな周波数に関する動向を説明する。

2　電子タグに関する周波数関連事項検討の背景

2.1　電子タグの利活用推進に係る周波数関連の視点

　電子タグは，ICチップとアンテナから構成されており，ICチップを有することにより高い機能拡張性，セキュリティの確保など，バーコードには無い特徴を有している。また，電波により離れた場所からのデータの読み書き，同時複数認識を実現することができる。

　現在，我が国においては，135kHz，13.56MHz，2.45GHzの3つの周波数が欧米と同様に電

※RFタグ，ICタグ等さまざまな表現が存在するが，混乱を避けるため，「電子タグ」と統一表記する。

＊　Junji Nakatani　総務省　総合通信基盤局　電波部　移動通信課　システム開発係長

第7章 電子タグの新たな周波数について

表1 周波数毎の主な利用用途

周波数	主な利用用途	備考
135kHz[※1]	スキーゲート 自動倉庫 食堂精算　等	電波の出力が微弱なシステムであり，特段の手続なく運用可能
13.56MHz	交通系カードシステム 行政カードシステム ICカード公衆電話 入退室管理システム　等	平成10年　制度化 平成14年　出力の緩和，手続の簡素化
2.45GHz[※2]	物流管理 製造物履歴管理 物品管理 車両管理　等	昭和61年　制度化 平成4年　免許不要の小電力システムの導入 平成14年　小電力システムへの周波数ホッピング方式の導入 平成15年　構内無線局への周波数ホッピング方式の導入

※1：135kHzは，135kHz以下を示す。
※2：2.45GHzは，2400～2483.5MHzを示す。

子タグに使用可能であり，それぞれ周波数の特徴に応じた利用が進展している（表1）。現状においては，入退室管理や工程管理等での利用が多く，今後，物流管理等の様々な分野における利用が有望視されているところであり，農産物のトレーサビリティや航空手荷物など新たな取り組みが行われているところである。

このように，電子タグは周波数の特徴に応じた様々な利用がされており，さらに，国内外で新たな取り組みが推進されているところであるが，ユビキタスネットワーク時代に向けては，電子タグが様々なモノに貼られ，多様な用途で使用されるようにすることが求められるため，大きさ，通信距離等の面で多様な種類が実現できるようにすることが必要である。このため，利用可能な周波数の選択肢を増やすこと，即ち，新たな周波数について検討が必要であるとの認識の下，学識経験者，電子タグの専門家，無線通信の専門家，ユーザー等が参加する無線システムWGにおいて，平成15年4月から検討が始まった。

2.2 欧米における現状と動向

欧米においては，日米欧で使用可能な周波数（135kHz，13.56MHz及び2.45GHz）に加えて，433MHzがアマチュア無線との共用により使用可能である（表2）。欧州においては，これらに加え，868（～870）MHzが一部の国で使用可能となっており，868MHzについては帯域幅の拡大（862～870MHz）が検討されているところである。また，米国においては，915MHzが使用可能となっている。902～928MHzが米州のみにおいてISMバンド（産業化学医療用機器のための周波数バンド）とされており，この帯域内において，ISMからの干渉を許容することを条件に電子タグが使用可能となっている。

RFタグの開発と応用 II

表2 欧米における周波数使用の現状と動向

	現状と動向
欧州	135kHz, 13.56MHz[※1], 2.45GHz[※1]が使用可能 433MHzが使用可能[※2] 868MHz[※3]が一部の国で使用可能
米国	135kHz, 13.56MHz[※1], 2.45GHz[※1]が使用可能 433MHzが使用可能[※2] 915MHz[※4]が使用可能

※1：13.56MHz及び2.45GHzは全世界で産業科学医療用機器（ISM）バンド（電子タグはISMからの干渉を許容することが条件）
※2：アマチュア無線と共用
※3：868～870MHz（865～868MHzについて検討中）
※4：902～928MHz（米州のみISMバンド（電子タグはISMからの干渉を許容することが条件））

3 新たな周波数の利用可能性

3.1 新たな周波数のニーズ

電子タグのメーカー、ユーザー等に対して行った、新たな周波数のニーズに関する調査の結果によると、新しいアプリケーション、長距離通信（～10m程度）が可能な電子タグ等への期待から、433MHz及び800/900MHzにおける電子タグの使用に対する要望があげられた。これを踏まえ、無線システムWGでは、433MHz及び800/900MHzにおける我が国での周波数の利用可能性について、①周波数共用の可能性、②専用帯域（比較的電力の大きい既存システムとの周波数共用ではなく、小電力システム等と共用して使用するケースを含む。以下同じ）確保の可能性の観点から検討を行った。

3.2 周波数共用の可能性

当該周波数における我が国の周波数の使用状況等を踏まえ、当該周波数を使用している既存システムと電子タグが周波数を共用した場合について、システム間の干渉の定量的な机上計算を行った。計算手法は、それぞれの無線システムのパラメータを基に、①電子タグが既存システムへ与える干渉、②既存システムが電子タグへ与える干渉の双方について、共用が可能となる離隔距離を算出することにより、電波干渉の程度を考察した。

(1) 800/900MHz

現在我が国において800/900MHzは携帯電話、MCA等で使用されており、それぞれ多くのユーザーが存在している。これらのシステムが電子タグと周波数を共用した場合、通話切断、通話エリアの縮小等の既存システムへの影響が生じるおそれがある。また、電子タグは、あらゆると

第7章 電子タグの新たな周波数について

ころで，いわゆるユビキタス的に利用されることが期待されているため，この点も考慮して干渉計算を行った。

その結果，800/900MHzにおいて，電子タグが携帯電話，MCA等の既存システムと共用が可能となるには非常に大きな離隔距離（見通しで100km以上等）が必要であるため，以下の影響が生じると考察される。

① 電子タグを使用した場合，遮蔽等の特別な措置を施さない限り，既存システムに影響が生じる（隣接周波数帯への影響についても詳細な検討・検証が必要）（表3）。

② 既存システムからの影響により，電子タグの運用に支障が生じる（遮蔽等の特別な措置が必要と考えられ，ユビキタス的な利用は困難）（表4）。

(2) 433MHz

現在我が国において433MHzはアマチュア無線で使用されている。電子タグとアマチュア無線が周波数を共用した場合の干渉について計算を行った。その結果，共用が可能となるには非常に大きな離隔距離が必要になるため，以下の影響が生じると考察される（表5）。

① 遮蔽等の特別な措置を施さない限り，アマチュア無線に影響が生じる。

② アマチュア無線からの影響により，タグの運用に支障が生じる（遮蔽等の特別な措置が必

表3 800/900MHzにおける既存システムの被干渉についての計算結果

被干渉局	自由空間伝搬モデル	2波モデル等
PDC（基地局）	9130km	34km
CDMA（基地局）	100km以上	0.4〜13km
MCA（アナログ制御局）	33〜814km	1.5〜12km
パーソナル無線	436〜1868km	0.5〜1km

(注) システムによりモデルの詳細が異なるため，これに基づいて電子タグの導入の容易さを比較することはできない。

表4 800/900MHzにおける電子タグの被干渉についての計算結果

被干渉局	自由空間伝搬モデル	2波モデル等
既存システム（端末）	2000〜7600m	140〜280m

(注) システムによりモデルの詳細が異なるため，これに基づいて電子タグの導入の容易さを比較することはできない。

表5 433MHzにおけるアマチュア無線と電子タグの間の干渉についての計算結果

被干渉局	自由空間伝搬モデル	自由空間＋20dB損失
アマチュア無線への干渉	1000〜5000km以上	―
電子タグへの干渉	851〜2万1千km	13〜100km以上

(注) システムによりモデルの詳細が異なるため，これに基づいて電子タグの導入の容易さを比較することはできない。

要と考えられ，ユビキタス的な利用は困難)。

3.3 専用帯域確保の可能性

遮蔽等の特別な措置を講じる具体的なシステムが提案された場合には共用の可能性はあるものの，現時点における433MHz及び800/900MHzにおける我が国の周波数使用状況等を踏まえ，専用帯域確保の可能性についての検討も行った。

(1) 800/900MHz

我が国の800/900MHzの周波数使用については，情報通信審議会による「800MHz帯における移動業務用周波数の有効利用のための技術的条件」に関する答申が，平成15年6月になされている。本答申を基に，電子タグの専用帯域確保の可能性について検討したところ，950MHz近辺(平成15年3月末でサービス停止をしたPDC方式携帯電話で使用していた950～956MHz)において新たなシステムが速やかに使用できる可能性があることがわかった。ただし，本帯域を新たなシステムで利用する場合，当該システムと隣接帯域等を使用するシステムとの干渉を防ぐため，ガードバンドが必要になる場合等があることを考慮する必要がある。また，950MHz近辺における電子タグの利用を検討するにあたっては，当該帯域における電子タグの技術仕様，隣接帯域等を使用するシステムへの影響などについて詳細な検討・検証が必要となる。

また，電子タグのICチップについては，一般的に広い周波数に対応可能であり，また，電子タグのアンテナについても，設計等によりある程度の周波数帯域に対応可能であるため，日米欧で使用周波数が異なることについて，国際的な相互運用性に大きな影響はないと考えられる。なお，ISO/IEC 18000-6は，調査研究会の中間報告を受け，対象とする周波数を860～960MHzに変更(860～930MHzから周波数を拡大)して国際標準化する予定であり，860～960MHzの周波数に対応可能な電子タグの開発が開始された。

なお，既存システムが使用している周波数の場合，既存システムの周波数移行が必要となるが，基地局や端末の改修・更改に大きな経費がかかるとともに，長期に渡る移行期間が必要となり，現実的ではない。

(2) 433MHz

433MHzについては，当該帯域はアマチュア無線で使用されている。また，欧米でも専用帯域としては設けられていない(アマチュア無線との共用)。

第7章 電子タグの新たな周波数について

4 新たな周波数確保に向けた今後の取り組み

4.1 必要となる取り組み

(1) 800/900MHz

950MHz近辺について，当該帯域における電子タグの技術仕様，隣接帯域等を使用するシステムへの影響など，実証実験を含め詳細な検討を実施することが必要である。なお，遮蔽等の特別な措置を講じる具体的なシステムが提案された場合，共用の可能性について実証実験を含め詳細な検討を実施することが必要である。

(2) 433MHz

国際郵便モニタリングシステム（日本郵政公社から，場所を限定し，所要の措置を施すとして提案）については，新東京国際空港郵便局において実証実験が実施され，アマチュア無線との共用が可能なことを確認している。今後，技術仕様など詳細な検討を実施する必要がある。また，米欧等においてアマチュア無線と共用の上，海上コンテナ等で利用しているシステムなど（EIRP：1mW以下の小電力で，運用上の措置によりアマチュア無線が利用している帯域の中で利用可能となるものなど）具体的なシステムについては，ニーズを踏まえ，アマチュア無線との共用について実証実験を含め詳細な検討が必要である。

4.2 必要となる主な検討事項

電子タグの新たな周波数確保に向けて，実証実験の実施を含む制度化に向けた検討を行う際には，電子タグシステムの機能性と他のシステムへの影響のバランスに配意した視点での検討が重要である。これを踏まえると，検討が必要と考えられる主な事項は以下のとおりとなる。

① 隣接帯域を使用するシステムとのガードバンドや，周波数チャンネルの設定方法の検討。
② 出力，アンテナ利得，変調方式，スプリアス特性，フィルター等の技術仕様の検討。
③ 周波数ホッピングなどの通信方式に関する検討。
④ 受信感度等に基づき回線設計を行い，通信距離を見積もる等の，電子タグの機能性確保のための検討。
⑤ 電子タグシステムが相互に干渉せずに機能するための条件の検討。
⑥ 出力等の技術仕様の他に，必要に応じてキャリアセンス等の干渉低減技術の検討。
⑦ 運用条件（利用場所の限定等）設定の必要性についての検討。

5 今後の推進方策

新たな周波数の確保に向けて，電子タグの性能，隣接帯域等を利用している他のシステムへの影響に関して，950MHz近辺等を中心とした実証実験が必要である。実証実験を効率的に進めるとともに，適正に評価を実施するためには，実証実験に係る連絡・調整，評価・分析等を総合的に行う体制が必要であり，この体制においては，実験実施者に加え，学識経験者，(独)通信総合研究所（平成16年4月から，(独)情報通信研究機構に移行）など無線通信に関する専門的知見を有する者の参画を得ることが必要である。なお，調査研究会の中間報告を踏まえ，ユビキタスネットワーキングフォーラム内に，電子タグ高度利活用部会無線通信専門委員会が設置され（平成15年9月），活動が開始されたところである（図1）。

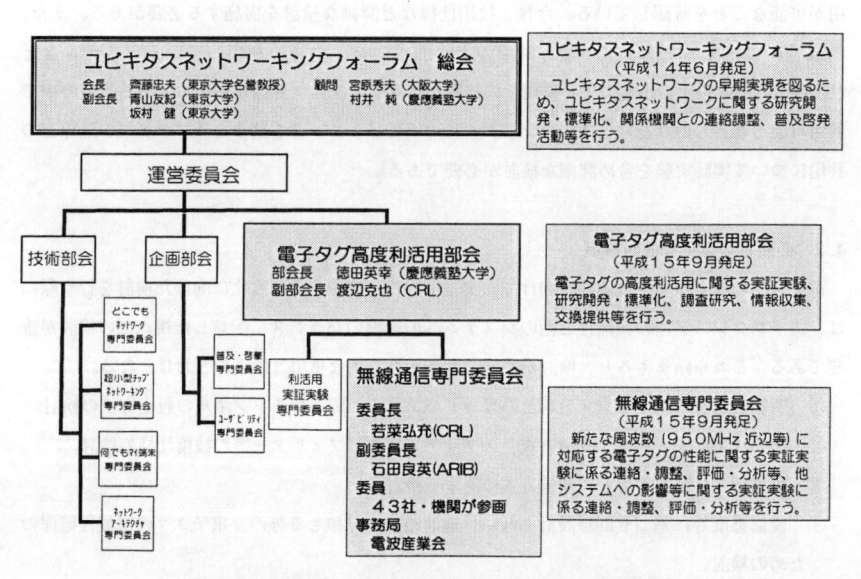

図1 ユビキタスネットワーキングフォーラムにおける推進体制

また，制度化に向けては，送信出力，占有周波数帯幅，スプリアス特性，変調方式等の詳細検討が必要である。これらの事項については，実証実験を経て，情報通信審議会における技術基準等の審議，電波監理審議会における省令等の審議が必要となる。

政府の今後の対応方針編

政府の今後の対応方針等

第8章　RFタグの普及に向けた課題と政策

1　総論

新原浩朗*

1.1　急激に高まってきたRFタグへの期待

　RFタグへの期待は、この1年程度で急激に高まってきた。経済産業省は、RFタグの普及に向けた流れを作る第一歩として、2003年1月に「商品トレーサビリティの向上に関する研究会」（＊1）を設置し、集中的に審議を行って4月に中間報告を取りまとめた。思い返せば、この研究会を設置した頃は、「RFタグ」という言葉が新聞の一面に登場するなど思いも寄らなかった。しかし、その後、この研究会における集中的な検討や、総務省における電波制度の利用可能性の拡大に向けた検討などが大きな流れを作り出し、RFタグへの関心は急激に高まっていくこととなった。

（＊1：経済産業省に設置したRFタグの普及に向けた諸課題に関する検討を行う研究会（座長：浅野正一郎・国立情報学研究所教授）。学識経験者に加え、小売り、卸、製造の各産業からRFタグユーザー企業が参加（イオン、イトーヨーカ堂、セブン-イレブン・ジャパン、ウォルマート、トヨタ自動車、東芝、花王、ハウス食品、講談社、オンワード樫山、パルタック、菱食、プラネット、アスクル、日本通運等）、RFタグベンダー（日立製作所、大日本印刷、凸版印刷、デンソーウェーブ等）、業界団体や消費者団体も参加（流通システム開発センター、電子商取引推進協議会、国民生活センター）、また、RFタグのユーザー産業を所管する3省（農林水産省、国土交通省、厚生労働省）が参加している。これまでに、商品コードの国際標準案の策定、RFタグの技術規格の国際標準の一本化に関する提言、RFタグのプライバシー保護に関するガイドラインの策定等、RFタグの普及に向けた課題の解決のための重要な報告を行ってきている。）

1.2　RFタグ先進国である日本

　RFタグというと、まだまだ遠い未来の話だと認識されている方も多いかもしれないが、実は日本はRFタグの利用の側面に関して世界でもっとも進んでいると自信を持って言えると思う。本稿では、RFタグの普及に向けた政府の政策について紹介をするのが主であるため、実用化事

＊　Hiroaki Niihara　経済産業省　商務情報政策局　情報経済課長

例の紹介は割愛するが，我が国ではRFタグは既に実証実験の段階は遥かに超えており，少なくとも，1つの組織内のクローズドな世界では既にこれを活用して実際にビジネスを成功させている事例が数多く出てきている，ということは認識していただかなければならない。これらの事例は，報道などで紹介される機会は多くはないが，それは自らがRFタグを活用してコスト削減などによる収益を得ていることからして，一般に公表されることが少ないのは当たり前と言えよう。一例を挙げれば，物流センターにおける仕分け作業の処理速度をRFタグを活用することにより2倍にすることに成功した宅配事業者，在庫管理・棚卸しにRFタグを活用し，店員の残業代を減らすことに成功したアパレル事業者，蔵書管理や貸出業務の効率化にRFタグを活用している図書館（＊2）等，枚挙にいとまがない。これらの例は，勿論政府からの補助金など一切使わず，自らのリスクでビジネスとして実運用をしているというものである。RFタグの普及に向けては，ユーザー企業は，ベンダーの言いなりになって，「新しいモノ」だからRFタグにとびつくという安易な意識ではなく，ユーザー企業自らが事業の問題解決に取り組み，そのソリューションの1つとしてRFタグを活用するという姿勢になることが最も重要である。

（＊2：図書館の場合，現在のバーコードを活用したシステムと比べてもRFタグのシステムが高価になるということはないため，この数年のうちに，図書館のRFタグシステムは急激に普及すると見ている。）

1.3 克服すべき課題

上で紹介したように，既にさまざまな場面でRFタグは活用されており，日本はRFタグ活用先進国であると言える。しかし，これらは全て1つの企業内または1つの組織内など，クローズドな閉鎖系のシステムで運用されているものである。この場合，特定のベンダーにシステムを依頼することになるため，標準化がされていなくても問題は起こらない。また，RFタグを何度もリユースすることが可能であるため，そのコストが高くても投資回収が簡単に可能となっている。だからこそ，現時点で普及していると言える。しかし，RFタグをサプライチェーン全体の管理などで，一企業や一組織を超えてオープンな環境で活用しようとする場合，異なる企業，組織の間でもRFタグの情報をやりとりする必要があるため，複数のベンダーが製造したRFタグが流通することに伴う問題が生じるため，「標準化」の問題が浮上する。また，個々の商品にRFタグを使い切りで添付し使用しなければならないため，「コスト」の問題も浮上してくる。加えて，消費者も関係してくるため，「プライバシー」の問題が生じ得る。

第8章　RFタグの普及に向けた課題と政策

1.4　標準化の重要性
1.4.1　なぜ標準化を推奨しなければならないのか

　標準化などしなくても，複数のタイプの規格のRFタグを読み取ることができるよう，技術でカバーすれば良いという考え方もあるかもしれない。しかし，RFタグのような分野にはそのような考え方はあてはまりにくいと考える。

　なぜなら，RFタグには，需要サイドの収穫逓増（Demand-Side Increasing Returns）が働く分野（財やサービスを使う人が多いほど価値が増す分野）であるという特性があるため，「勝ち馬の標準」に乗ることが極めて重要になってくるからである。なぜか。そのメカニズムはこうだ。

　新たにRFタグのシステムを導入しようとする者にとって，既選択者（その規格のRFタグやシステムの購入を選択した者）がわずかでも大きい規格があれば，その規格がはるかに魅力的な選択肢となるのである。なぜなら，新規購入者が，既選択者の少しでも多いシステムを買えば，その既選択者の存在自体が自分の便益となるからである。そして，規格のスイッチングコストがあるため，現在のユーザーが将来のユーザーにつながってしまう。レストランであれば，今日食べたレストランよりももっと美味しいレストランが明日見つかれば，需要家は簡単にレストランを変えることができるが，このような分野では，より良いものがあったとしても，スイッチすることが難しいわけである。そこで，少しでも勝った者は，ポジティブループで100％勝つことができるようになるし，わずかでも負けた者は，ネガティブループにつながり，マーケットシェアはどんどん減少することになる。このため，マーケットシェアのわずかな差は，決して安定的ではなく，1つの規格しか生き残れない「独り勝ち」分野となるのである。このことは，1980年代にVHSとベータのマーケットシェアの差がわずかであったにも関わらず，VHSがマーケットを席巻してしまったという事実からも類推できるであろう。

　それでは，どうすれば勝ち馬に乗ることができるのか。優れた技術であれば必ず標準を取ることができるのだろうか。必ずしもそうとは限らない。劣った技術でも，既選択者が多い場合，

「優れた技術と劣った技術の価値の差」＞「劣った技術の既選択者の多さの便益」

とならない限りは，劣った技術が選択される可能性がある。例えば，レコードとCD（コンパクトディスク）のように，格段に技術の優位性に開きがあるような場合は，レコードからCDへの代替はあり得る。しかし，サプライチェーンで用いるようなRFタグの場合には，その規格間にそれほどの技術的優位性の差はないであろう。この場合，ユーザーにとっては，「どの規格が勝ち残るか」を予測して行動することが大切になる。残る規格を選ばずに負ける規格を選んでしまったユーザーは，勝ち残った規格に移行するためのスイッチングコストを負担するか，または勝ち残った規格に互換するためのコストを負担するしかない。しかしながら「勝ち馬」への乗り方

は意外と易しいところもある。現在少しでも勝っている規格を選べば良いという予測可能性が高い面があるからである。このように，規格が選択されていく過程は，必ずしも技術論が支配する世界ではなく，経済論が支配する世界であるといえる。われわれはこの点に十分留意をしておかなければならない。

1.4.2 国際標準の重要性

　企業間取引に用いるRFタグについて，複数の規格が併存したままの状態になった場合，サプライサイドであれ，ユーザーサイドであれ，後に企業，ひいては消費者がコストを負担することになりかねない。われわれは，これを回避したいという考えから，標準化を強く推進している。RFタグの標準化を考える際に最も重要なポイントは，その標準は国際標準でなければ意味がないということである。製造業では海外に輸出をし，流通業では海外から輸入をするなど，我が国企業の多くが国際的な商取引を行っている現状に鑑みれば，輸出入の際に問題が起きるような標準では使えないわけで，日本だけで標準を考えていても意味がないこととなる。だから，企業間取引に用いるRFタグについては，基本的な規格は世界で一本にする必要があるのである。現在，RFタグの標準化について国際的に大きな影響力を持つ組織は，主に国際標準化機構（ISO）とEPCグローバル（旧オートIDセンター）である。したがって，我々としては，両者に働きかけを行い，両団体共通の一本化した国際標準を策定すべく議論を進めている。

　RFタグの互換性を担保するためには，最低限の2つの標準化が必要である。まず，RFタグに記憶させて特定の商品を表すコード（「商品コードと呼ぶ」）が統一されていなければ，場所や業界・企業を問わずに読み取りを行うことが不可能となってしまうため，商品コード体系の標準化が必要である。また，異なるベンダーが製造したRFタグでも読み取りができなければならないという意味で，「RFタグの技術規格」（通信インターフェースや周波数）の標準化が必要であるということの2点である。

2 具体的な施策

三村和也*

2.1 商品コード体系の標準化

　商品コードの標準化については，農業，運輸業，製造業，流通業といった業界の垣根を越え，また，各省庁の所管区域を越えた標準を作らなければならない（業際性）。また，国際的にも共通に通用するものでなければならない（国際性）。さらに，業際性と矛盾する場合があるが，現在既に個々の業界・企業でバーコード等を用いた商品コード体系ができあがってしまっていることに鑑みれば，大きなコスト負担なく既存の体系をRFタグを用いた体系に移し替えることができなければならない。そうでないと，ユーザー企業の投資コスト負担が大きくなってしまうからである（上位互換容易性）。特に問題となるのは，業際性と上位互換容易性をどう矛盾することなくクリアーする標準商品コードをこれら3つの条件をクリアするため，前出の経済産業省が主催し，国土交通省，農林水産省，厚生労働省のユーザー産業所管省が参加した「商品トレーサビリティの向上に関する研究会」は，発番機関コードをあたまに付与することによって，異なる発番機関による異なるコード体系の商品コードであっても共通に読み出しができるようにした。わかりやすく言えば，電話番号に市外局番を付与したようなものである。この企画案は，既存の商品コード体系をもった者にも受け入れやすいものであったため，我が国が2003年5月にISO（国際標準機構）に提案を行うと，欧米からその場で基本的な賛同を得ることができた。この提案をもとに近々にもISO国際標準商品コードが決定されることとなっている。

2.2 技術規格の標準化

　RFタグの普及に向けては，異なるメーカー間で相互に読み取りが可能となるよう，最低限の技術基準（通信インターフェース，周波数等）についても標準化をしておかなければならない。

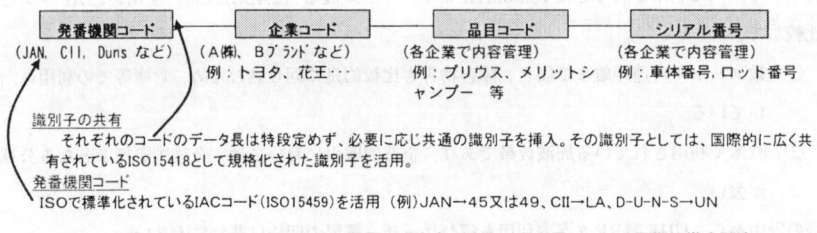

発番機関コード	企業コード	品目コード	シリアル番号
(JAN, CII, Dunsなど)	(A㈱, Bブランドなど)	(各企業で内容管理)	(各企業で内容管理)
	例：トヨタ, 花王…	例：プリウス, メリットシャンプー　等	例：車体番号, ロット番号

識別子の共有
　　それぞれのコードのデータ長は特定せず，必要に応じ共通の識別子を挿入。その識別子としては，国際的に広く共有されているISO15418として規格化された識別子を活用。
発番機関コード
　ISOで標準化されているIACコード(ISO15459)を活用（例）JAN→45又は49、CII→LA、D-U-N-S→UN

　図1　商品トレーサビリティの向上に関する研究会が策定した商品コードの国際標準企画案

---

* Kazuya Mimura　経済産業省　商務情報政策局　情報経済課　係長

RFタグの開発と応用Ⅱ

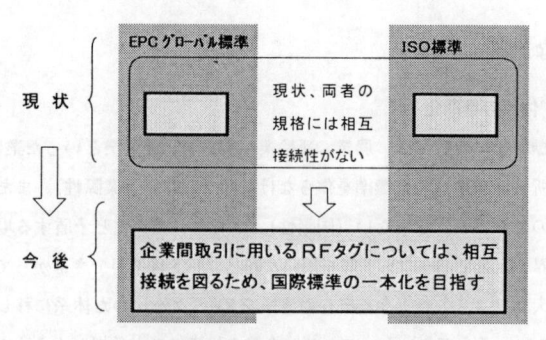

```
         ┌─ ┌──────────────────────────────────┐
         │  │ ┌─EPCグローバル標準─┐  ┌─ISO標準─┐ │
   現状 ─┤  │ │               │  │       │ │
         │  │ │     現状、両者の規格には相互     │ │
         │  │ │     接続性がない              │ │
         └─ │ └───────────────┘  └───────┘ │
            └──────────────────┬───────────────┘
                               ▼
         ┌─ ┌──────────────────────────────────┐
         │  │  企業間取引に用いるRFタグについては、相互    │
   今後 ─┤  │  接続を図るため、国際標準の一本化を目指す    │
         └─ └──────────────────────────────────┘
```

図2　UHF帯RFタグ国際標準の一本化

　この点、前述のように、RFタグが「独り勝ち」分野であるがために、基本的な規格については、国際標準を一本化することが重要である。

　RFタグの標準化に関しては、国際的な標準化組織として、国際標準化機構（ISO）とEPCグローバル（旧オートIDセンター）の2団体が存在し、これらが中心となっての国際的標準化活動が行われている。この両団体は、現在まで異なったRFタグの規格を策定し、かつ、同一団体内の規格についても、相互接続性が確保されていないのが現状である。この両者の対話による国際標準の一本化をサポートするため、経済産業省では、国内外のRFタグベンダーと議論の上、「商品トレーサビリティの向上に関する研究会第2次中間報告」で、国際標準の一本化に向けて必要となる項目を整理し、2004年中に標準の一本化を目指しているところである（図2参照）。

2.3　周波数

　周波数については、RFタグのうち、900MHz帯近辺の周波数を用いる「UHF帯RFタグ」が、従来から国内で利用されてきた13.56MHz帯やマイクロ波帯（2.45GHz帯）を用いたRFタグと比較して、

① 数メートルの遠距離まで届き、障害物等も比較的良く回り込むため、倉庫等での利用に向いている。

② 欧米で利用されている周波数帯であり、企業間取引においては、今後国際標準となる公算が強い。

等の理由から、UHF帯RFタグの利用を望むユーザー業界の期待は非常に大きい。

　我が国では、これまで、900MHz近辺のUHF帯周波数は、主に携帯電話用に割り当てられており、RFタグへの利用は認められていなかった。しかしながら、総務省の「ユビキタスネットワーク時代における電子タグの高度利活用に関する調査研究会」においてUHF帯の周波数のう

第8章　RFタグの普及に向けた課題と政策

表1　5円タグを実現する「響(ひびき)プロジェクト」

◇低コストアンテナ製造技術の開発
◇低コスト実装技術の開発
◇国際標準のUHF帯ICチップの開発
「1つ5円の国際標準RFタグ」の実現を必達目標として，平成16年度からの2カ年計画で実施。

ち950メガヘルツから956メガヘルツをRFタグ用に開放する方向との見解が示された。これを受け，我が国からISOに対し，国際標準の周波数の範囲を従来の860～930メガヘルツから，860～960メガヘルツに拡張すべきとの主張を行い，各国の賛同を得ている。

2.4　コストの低減：5円タグの実現

次に，RFタグのコスト低減の問題である。RFタグの価格が高いことがその普及に大きな障壁となっている。このため，経済産業省では，平成16年度からの2カ年計画で「響(ひびき)」プロジェクトを発足し，「1つ5円の国際標準RFタグを実現する」ことを目標として技術開発を進める（表1参照）。

「響プロジェクト」では，RFタグベンダーや半導体メーカーに加え，ユーザー企業にも参加を促してコンソーシアムを結成し，開発を進めていく。プロジェクトの詳細な内容については今後議論していく必要があるが，大きく分けて3つの内容からなっている。1つは低コストアンテナ製造技術の開発，もう1つが低コスト実装技術の開発，最後が国際標準に準拠した低コストICチップの開発である。これらを実現するためには，これまで研究開発を重ねてきた各企業の協力が不可欠である。同時に，開発成果は幅広く多くの企業で活用されなければ意味がない。このため，開発参加企業の協力を促すインセンティブと開発成果の幅広い活用を同時に担保するための仕組みが必要であると考えている。

2.5　プライバシー

個人情報の保護の問題については，RFタグを用いる場合においても，当然のことながら「個人情報の保護に関する法律」（平成15年法律第57号，以下「個人情報保護法」という）の規制をうけることとなる。しかしながら，個人情報とは，「生存する個人に関する情報であって，当該情報に含まれる氏名，生年月日その他の記述等により特定の個人を識別できるもの（他の情報と容易に照合することができ，それにより特定の個人を識別することができることとなるものを含む）」（同法第2条第1項）であり，特定の個人の識別に結びつかない情報は，個人情報には該当しない。したがって，このような個人情報を取り扱わない場合には同法の規制対象とはならな

い。

　しかし，このような個人情報を取り扱わない場合でも，RFタグには，その固有の特性から生じる論点が想定され得る。すなわち，RFタグに個人情報そのものが記録されていなくとも，消費者がRFタグが商品に装着されている認識なく，これを所持して移動し，所持している商品の属性などの情報が消費者の望まない形で読み取られる恐れが将来的に想定される。

　RFタグに関する個人情報の保護の取り扱いについては，「商品トレーサビリティの向上に関する研究会中間報告」（平成15年4月）において，既に一定の整理を行ったところである。具体的には，個人情報保護法に則ると，個人情報取扱事業者は，個人情報を安全に管理するための安全管理措置を講じる義務を負うため，経済性を重視した安価なRFタグに個人情報を添付することは更なる技術進歩を待った上で行うことが望ましいと結論づけた。しかし，上記の通りRFタグ固有の特性から発生する問題が想定し得る以上，個人情報保護法の対象の外であっても，RFタグ固有の特性から生じるプライバシーの問題に向き合うことが必要である。

　我が国においてはルールを定める場合，およそ全ての詳細な事項についてまでコンセンサスが得られないとルールを定めない場合が多いが，このような対応は，時として問題が発生してから対応を行うという形になり，後手に回りやすいという問題点がある。そこで，RFタグが本格的に普及する前の現段階においても，個人のプライバシーを保護するため，企業間で流通する物品の管理にRFタグを用いる場合であって消費者に物品が手交された後も当該物品にRFタグを装着しておく場合については，関係者のコンセンサスが得られる範囲において，基本的考え方を取りまとめ，ルール化を行うことには意義があるとの考え方に立ち，ガイドラインを策定することとした。「商品トレーサビリティの向上に関する研究会」において2003年12月22日にガイドライン案を取りまとめ，2004年2月21日にはパブリックコメントの付議を終え，修正作業を行っ

表2　ガイドラインの概要

（1）RFタグが装着してあることの表示などの義務付け
　　事業者が消費者に商品を引き渡した後も，RFタグを装着しておく場合には，RFタグが装着されている事実，記憶されている情報の内容などを消費者に対し説明若しくは掲示するか，又は商品・包装上に表示を行う必要がある。
（2）RFタグの読み取りに関する消費者の最終的な選択権の留保
　　消費者がRFタグの性質を理解した上で，商品が引き渡された後において，読み取りをできないようにしたいと望む場合には，その方法をあらかじめ開示する必要がある。
（3）その他
　　①読み取りを停止した場合に社会的利益や消費者利益が損なわれる場合の情報提供
　　②個人情報データベースとRFタグの情報を連係する場合の個人情報保護法の適用
　　③事業実態に応じた事業者の行動
　　　（事業者団体の場における検討，責任者の設置，連絡先についての情報提供）
　　④関係者のコンセンサスが得られれば，ガイドラインを見直していく

第8章　RFタグの普及に向けた課題と政策

て公表することになっている（表2）。今後，このガイドラインをもとに，関係省庁と合同でガイドラインを一本化し，さらに国際的な整合を図るため，ISO等との調整を進めていく。

2.6　実証実験の実施

　RFタグの実際の活用方策については，業界ごと，アプリケーションごとに実証実験を進めていくことで，業界ごとにRFタグの具体的活用方策を明らかにしていくことが必要である。このため，経済産業省では，UHF帯（950メガヘルツ帯）RFタグ実証実験事業を，家電業界，アパレル業界，書籍業界，食品流通業界の4業界団体を事業主体とし，我が国で初めて，実際に利用している製品工場や物流倉庫，店舗などの実際の現場において実際の商品にUHF帯RFタグを装着する実証実験を順次始めている。

　経済産業省の委託事業であるUHF帯RFタグの実証実験は，2段階のフェーズで実施している。第一フェーズとしては，2003年12月4日より，我が国で初めて実験室である電波暗室内におい

表3　実験実施主体及び，検討中の実験場所，実験対象商品

実施主体	実験場所・対象商品（予定）	
財団法人家電製品協会	【店　舗】	デオデオ本社・五日市店（広島県）
	【物流倉庫】	松下ロジスティクス広島商品センター（広島県）
		三洋電機ロジスティクス福岡流通センター（福岡県）
		ソニーサプライチェーンソリューションお台場オペレーションセンター（東京都）
	【工　場　等】	シャープ（液晶テレビ）（奈良県）
		ダイキン工業（ルームエアコン）（滋賀県）
		ソニー（ノートパソコン）（長野県）
		三菱電機（冷蔵庫）（静岡県）
		松下電器産業（プラズマテレビ）（神奈川県）
		松下電工（インバータ照明）（大阪府）
		三洋電機（デジタルカメラ）（兵庫県）
		東芝家電製造（洗濯機）（愛知県）
		日立製作所（液晶プロジェクタ）（神奈川県）
		パイオニア（DVDプレーヤ）（埼玉県）
社団法人日本アパレル産業協会	【店　舗】	2百貨店店舗（東京都）
	【物流倉庫】	オンワード樫山厚木物流センター（神奈川県）
		三陽商会潮見流通センター（東京都）
	【工　　場】	安田縫製青森工場（青森県）
		ウッシカワソーイング飛鳥工場（山形県）
中間法人日本出版インフラセンター	【店　舗】	大手書店店舗（三省堂）（東京都）
	【物流倉庫】	昭和図書越谷物流センター（埼玉県越谷市）
食品流通高度化研究会	【店　舗】	食品スーパー店舗（マルエツ）（東京都）
	【物流倉庫】	菱食白岡物流センター（埼玉県）
		雪印アクセス高崎生鮮MDセンター（群馬県）

て，技術的なデータを取得するための実証実験を行った。取得されたデータについては，現在解析中であるが，日本において開放が検討されている周波数帯（950メガヘルツ帯）の読み取り機械で，米国国内向けに調整されたRFタグ（915メガヘルツ帯）をそのまま読み取っても，米国内での実績にほとんど劣らない高い読み取り精度が得られることが分っている。

2004年3月9日より始まる第二フェーズで本格的実証実験を開始するわけだが，既に免許が得られた㈶家電製品協会の実施するものを皮切りに，4業界の複数の製品工場，物流倉庫，店舗等において，免許が得られたところから，順次実施することとしている。実証実験の内容は，実際の商品やケースにRFタグを貼り付け，実際の製品工場，物流倉庫，店舗等の現場において，UHF帯RFタグが物流の効率化や在庫管理の効率化の面でどのような効果を発揮するのか，従来認められていた周波数帯（13.56メガヘルツ帯など）と比べてどのような特徴を示すのか，についての具体的な検証を行うなど，実用化を目指した本格的なものを予定している（表3参照）。

経済産業省としては，2004年度はさらに，業種・質共に大幅に拡大した実証実験に関係省庁の協力を得て取り組む方針である。

以上，RFタグの普及に向けて政府で取り組んでいる施策についてご紹介した。しかし，冒頭にも述べたように，ユーザー企業が本気になって自らの事業にRFタグを取り入れ，競争力を強化する方策を考え，実行することが不可欠である。政府としては，そのようなユーザー企業における取り組みが効率的に進展し，ユーザー企業の競争力が強化されるよう，最大限サポートしていきたいと考えている。

第9章　ユビキタスネットワークとRFタグ

中村俊介*

1　はじめに

近年，IT戦略本部が2003年7月に決定したe-Japan戦略ⅡにRFタグ※関連事項が盛り込まれる等，RFタグに対する注目が急速に高まっている。ICチップとアンテナから構成されるRFタグは，電波を利用することで，複数のタグを一括して読み取ることや，離れた場所からの読み取りが出来るなど，現在，物流管理等で用いられているバーコードにはない特徴を有している。加えて，薄く，小さく，安価なタグが登場しはじめたことで，あらゆるモノに埋め込むことが可能となり，今後はバーコード機能の代替として業務用で利用されるのみならず，ネットワークとの結びつきを深めつつ，家庭を含む多様な分野・様々な状況で利用される，ユビキタスネットワーク社会の基盤ツールとなることが期待されている。

2　ユビキタスネットワーク社会

「ユビキタス」という用語は，ラテン語の「遍在する（いたるところに存在する）」という意味の言葉から派生した用語であり，ゼロックスの故マーク・ワイザー博士が1988年にユビキタス・コンピューティングという概念を提唱した。この考え方の原点は，「コンピュータが前面に出る世界ではなく，人間が主役となり，背後に隠れたコンピュータが相互に連絡をとりながら，あらゆる面で人間をサポートする環境であって，人間がそれを意識することもないし，システムが人間を強制することもない新しい世界」からうかがい知ることができる。当時は，インターネットが普及する以前であり，コンピュータをどこでも利用可能とするということが目標であった。

その後，インターネットの普及とともに，「ユビキタスネットワーキング」へと概念が変貌を遂げ，近年は，次世代の情報通信技術や情報通信社会のコンセプトを表すキーワードとして注目を集めている。

※電子タグ，ICタグ等さまざまな表現が存在するが，混乱を避けるため，「RFタグ」と統一表記する。

---

*　Shunsuke Nakamura　総務省　情報通信政策局　技術政策課　研究推進室
　　　　　　　　　　　研究推進係長

つまり、「ユビキタスネットワーク社会」とは、パソコンや携帯電話だけでなく、身の回りにある様々なモノに超小型のICチップを付けることにより、あらゆるモノがネットワークにつながる社会、つまりネットワークがすみずみまで行き渡った次世代の情報通信社会を言い、こうした社会において、RFタグが基盤ツールとして活用されることが期待されている。

3 ネットワークによるRFタグの高度利用

RFタグは、バーコード機能の代替として、RFタグの付いている商品が何であるかを参照するだけの利用だけではなく、ネットワークと連動することにより、RFタグを情報への入口として利活用することが可能になり、履歴情報やリアルタイムの情報などの各種の高度な情報を生成・利用する。また異なる組織・業種間で関連情報を連携して利用するなど、新たなビジネスやサービスが形成される可能性がある。

このようなネットワークによるRFタグの高度利活用イメージとしては、図1のとおり様々なものが考えられているが、そのうち具体的な事例として代表的なものを以下に掲げる。

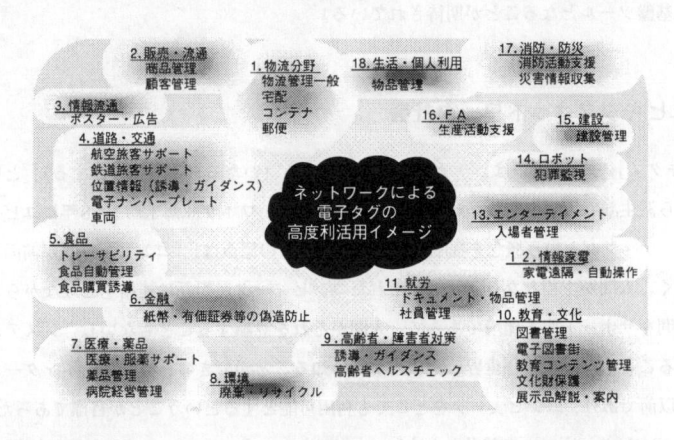

図1

(1) 道路・交通分野

道路・交通分野における位置情報・誘導・ガイダンスのアプリケーションについて図2に示す。ここでは、歩道や地下街等の歩行空間、住所表示板にRFタグを設置し、位置情報を携帯電話等のモバイル端末に提供するシステムや、さらに目的地までの歩行経路を音声でガイド、また遠隔から誘導できるようなシステムが考えられる。

第9章　ユビキタスネットワークとRFタグ

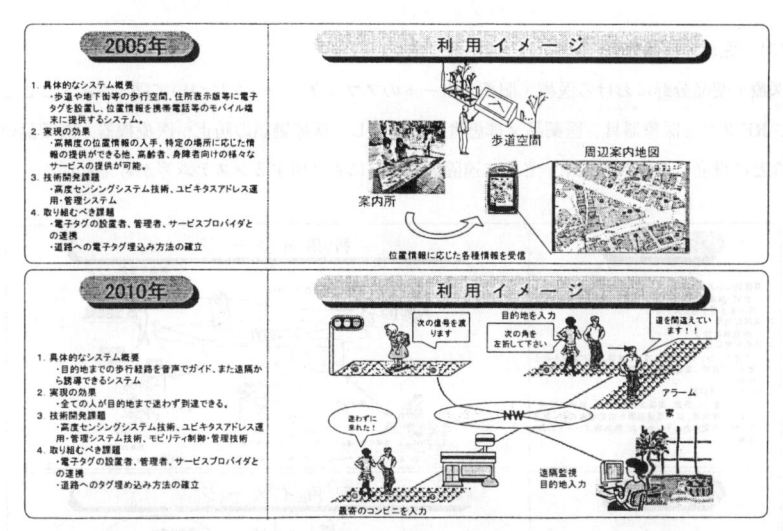

図2　利活用イメージ：道路・交通分野（位置情報・誘導・ガイダンス）

(2) 食品分野

食品分野におけるトレーサビリティのアプリケーションについて図3に示す。ここでは，流通経路や産地・賞味期限などの情報を入れたRFタグを様々な食品に添付し，食品の流通経路を把握するとともに，食品についての情報にアクセスできるシステム等が考えられる。

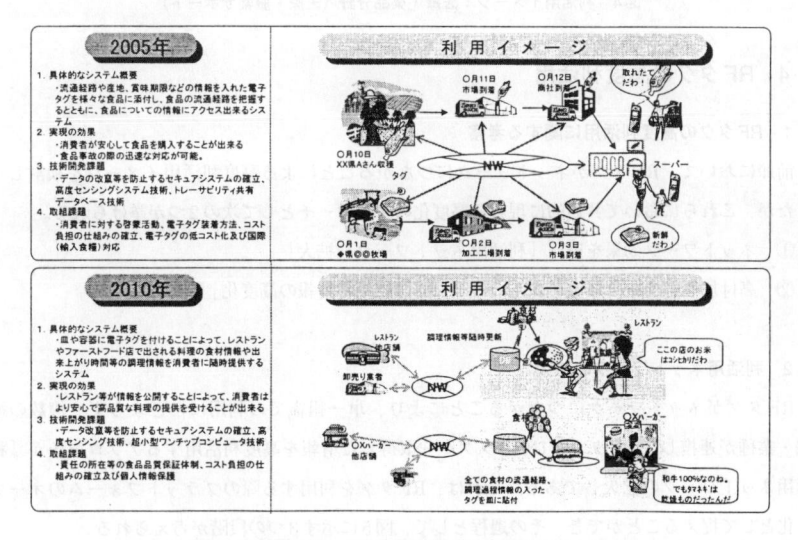

図3　利活用イメージ：食品分野（トレーサビリティ）

(3) 医療・薬品分野

医療・薬品分野における医療・服薬サポートのアプリケーションについて図4に示す。ここでは，RFタグを医療器具，医薬品又は患者等に貼付し，医療過誤の防止，医療機器／医薬品の管理などに役立てるシステムや，さらに遠隔医療などにも活用するシステム等が考えられる。

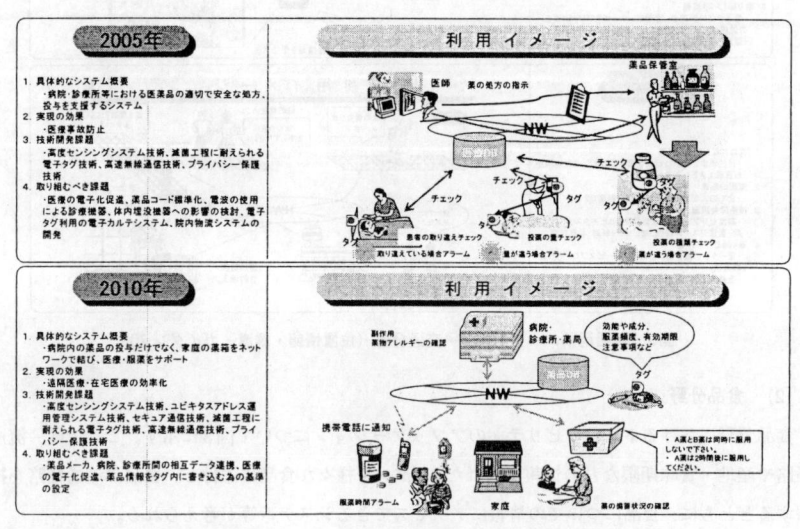

図4 利活用イメージ：医療・薬品分野（医療・服薬サポート）

4 RFタグの高度利活用

4.1 RFタグの高度利活用に関する考察

前節において，RFタグがネットワークにつながることによる高度利活用イメージを検討してきたが，これらにおいて共通的に現れる高度化のアプローチとして次の2つが挙げられる。
① ネットワーク効果を狙う「利活用ネットワークの拡大」
② 高付加価値サービス実現のための「タグに紐付く情報の高度化」

4.2 利活用ネットワークの拡大

RFタグがネットワークにつながることにより，単一組織での利用にとどまらず，複数の組織・業種が連携してRFタグ及びRFタグから取得した情報を高度利活用するアプローチが「利活用ネットワークの拡大」である。これは，RFタグを利用する際のプラットフォームのオープン化として捉えることができ，その過程として，図5に示す3つの段階が考えられる。

第9章　ユビキタスネットワークとRFタグ

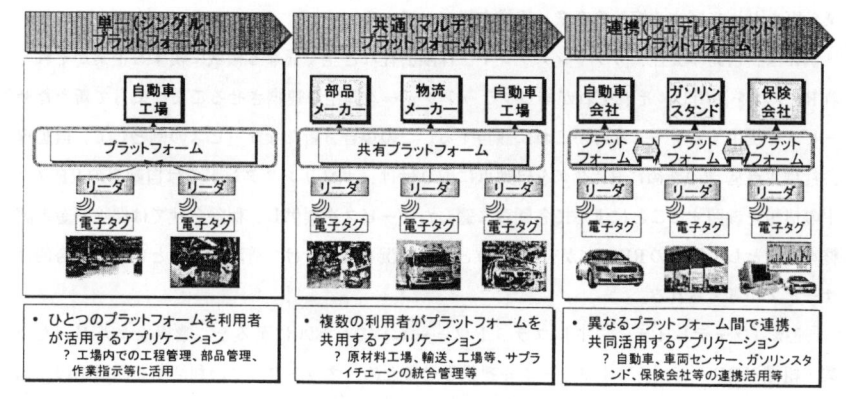

図5　利活用ネットワークの拡大

(1)　単一（シングル）プラットフォーム

　単一のプラットフォームを，単一の利用者（企業・組織など）が活用するケースである。例えば，自動車会社が自社の工場内での工程管理，部品管理，作業指示などを目的として，プラットフォームを構築した場合などがこれに該当する。ひとつの企業・組織内に閉じた状態でプラットフォームを利用するため，ネットワークの活用範囲も限られており，他の企業・組織との融合によるサービス，およびネットワーク効果はこの段階ではまだ期待できない。

(2)　共通（マルチ）プラットフォーム

　単一のプラットフォームを，複数の利用者（企業・組織など）が活用するケースである。ここでの複数利用者とは，類似した分野／領域（産業分野など）に属する複数の企業・組織を想定している。

　例えば，自動車の部品メーカー，物流メーカー，自動車工場など，類似した分野（この場合，自動車産業）に属した複数企業がRFタグを利活用し，サプライチェーンの統合管理などを目的としてプラットフォームを共有する場合などがこれに該当する。類似分野に限定されるものの，複数企業の間でプラットフォームを共有することによって，「シングル・プラットフォーム」と比べるとネットワークの利活用範囲が拡大する。また，プラットフォームの共有を通じて，それぞれの企業がRFタグから取得した情報を共有することによって，業務効率化などさらなる効果が期待できるようになる。

(3)　連携（フェデレイティッド）プラットフォーム

　複数の利用者（企業・組織など）がそれぞれ持つプラットフォームを相互に連携させ，プラットフォームを共同活用するケースである。ここでの複数利用者とは，全く異なる分野／領域（産

業分野など）に属する複数の企業・組織を想定している．

例えば，自動車会社，ガソリンスタンド，保険会社など全く異なる領域に属する企業がそれぞれRFタグを活用し，それぞれが持つプラットフォーム同士を連携させることによって新たなサービスを提供するケースなどがこれに該当する．この場合，新たなサービスの例として，自動車会社は生産管理のためにRFタグを自動車に取り付け，ガソリンスタンドでは自動車のRFタグ中の情報を参照することによって各顧客に適したサービスを提供し，保険会社では保険料金の調整を目的として顧客のRFタグが有するIDと運転状況を関連付けて管理する，といった融合的なサービスが考えられる．

「連携（フェデレイティッド）プラットフォーム」のレベルに至ると，業界をまたがった企業・組織がRFタグプラットフォームを連携させるため，ネットワークの利活用範囲は格段に拡大する．また，他の企業・組織との融合による新規サービスの創出，およびネットワーク効果が大いに期待できると想定される．

5 タグに紐付く情報の高度化

RFタグの高度利活用におけるもうひとつのアプローチとして，高付加価値サービスの実現に向けた「タグに紐付く情報の高度化」が考えられる．RFタグの将来的な利活用アプリケーションを想定した際に，サービスの付加価値が向上するにしたがって，RFタグの属性情報を参照するだけのアプリケーションから，過去の履歴情報やリアルタイムに変化する情報を活用する情報の高度化が進むと考えられる．

「タグに紐付く情報の高度化」の過程として，図6に示す3つの情報を取り扱う段階が想定される．

(1) 静的な情報

RFタグが付与された「モノ」の製品情報や生産国等の属性情報，およびステータス情報（製品などに対する"購買未／購買済"などの状態を表す情報）を参照し，活用するケースである．例えば，ダンボールに付けられたRFタグの情報を読み取り，配送先などを確認するアプリケーションがこれにあたる．

(2) 履歴情報

RFタグが付与された「モノ」がどのような流通経路をたどったのか，などを示す履歴情報，およびステータスの変化に関する情報を活用するケースである．例えば，食肉牛を生産地である牧場から精製工場，店舗へ至るまでトレースし，その情報をRFタグが持つID情報と紐付けて管理することで，食肉の安全性を保証するアプリケーションなどがこれにあたる．「モノ」の属性

第9章　ユビキタスネットワークとRFタグ

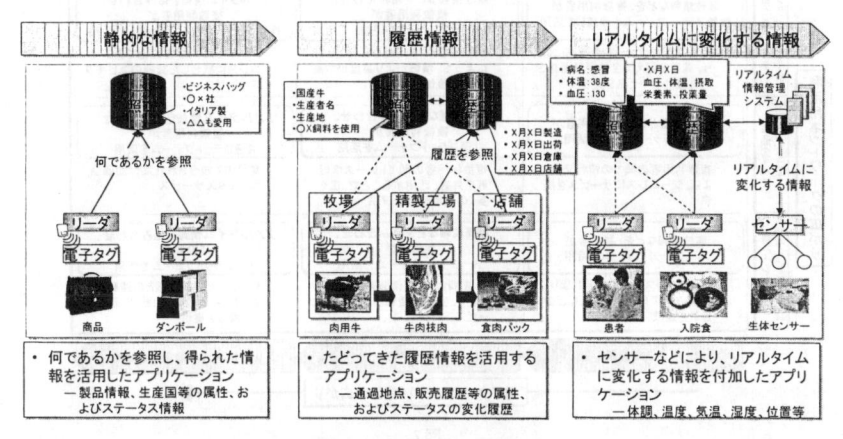

図6　タグに紐づく情報の高度化

情報を参照するだけのアプリケーションと比べると，「履歴情報」を活用することによって提供できるサービスの付加価値は高いものとなる。

(3) リアルタイムに変化する情報

RFタグから取得される情報に加え，センサーなどから取得されるリアルタイム情報を組み合わせて活用するケースである。例えば，病院において患者ごとに異なる入院食の管理をRFタグを用いて行い，あわせて生体センサーによって患者の体調をリアルタイムに把握することで，体調に合わせてその日の入院食のメニューを変更する，などのアプリケーションが考えられる。リアルタイムに変化する情報を活用することで，従来には無い高付加価値なサービスが提供されるようになると想定される。

6　RFタグの利活用高度化マップ

第4節で記述した「利活用ネットワークの拡大」と，第5節で記述した「タグに紐付く情報の高度化」の2つのアプローチが相関して，RFタグを用いたアプリケーションが高度化してゆくと考えられ，これらを縦軸・横軸として組み合わせたものが，図7に示すRFタグの利活用高度化マップ（9象限）である。

RFタグの開発と応用II

凡例
- 各象限の定義
- 各象限におけるメリット

図7: 利活用ネットワークの広がり × 電子タグにひもづく情報の広がり

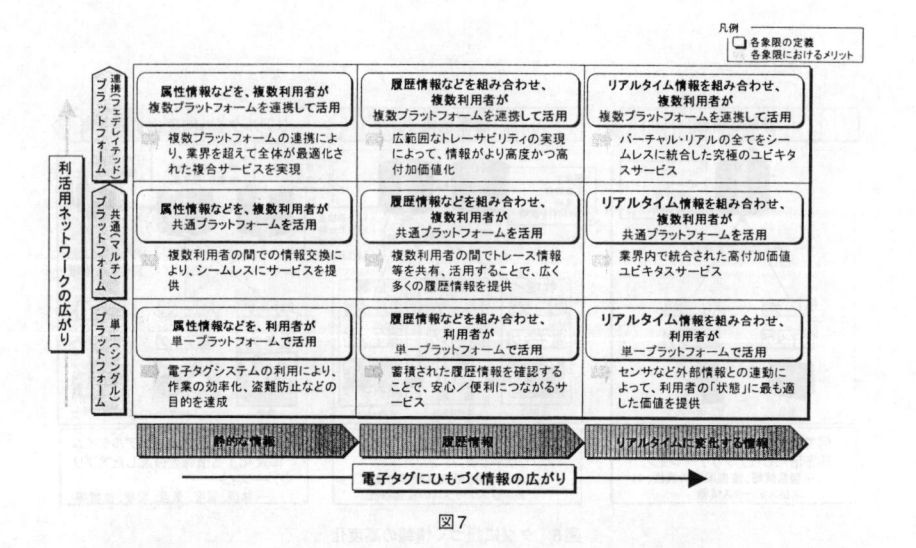

利活用ネットワークの広がり ＼ 情報	静的な情報	履歴情報	リアルタイムに変化する情報
連携（フェデレイテッド）プラットフォーム	属性情報などを、複数利用者が複数プラットフォームを連携して活用／複数プラットフォームの連携により、業界を超えて全体が最適化された複合サービスを実現	履歴情報などを組み合わせ、複数利用者が複数プラットフォームを連携して活用／広範囲なトレーサビリティの実現によって、情報がより高度かつ高付加価値化	リアルタイム情報を組み合わせ、複数利用者が複数プラットフォームを連携して活用／バーチャル・リアルの全てをシームレスに統合した究極のユビキタスサービス
共通（マルチ）プラットフォーム	属性情報などを、複数利用者が共通プラットフォームを活用／複数利用者の間での情報交換により、シームレスにサービスを提供	履歴情報などを組み合わせ、複数利用者が共通プラットフォームを活用／複数利用者の間でトレース情報等を共有、活用することで、広く多くの履歴情報を提供	リアルタイム情報を組み合わせ、複数利用者が共通プラットフォームを活用／業界内で統合された高付加価値ユビキタスサービス
単一（シングル）プラットフォーム	属性情報などを、利用者が単一プラットフォームで活用／電子タグシステムの利用により、作業の効率化、盗難防止などの目的を達成	履歴情報などを組み合わせ、利用者が単一プラットフォームで活用／蓄積された履歴情報を確認することで、安心／便利につながるサービス	リアルタイム情報を組み合わせ、利用者が単一プラットフォームで活用／センサなど外部情報との連動によって、利用者の「状態」に最も適した価値を提供

電子タグにひもづく情報の広がり

図7

さらに，この「利活用ネットワークの広がり」と「RFタグに紐付く情報の高度化」を二軸としたRFタグの利活用高度化マップ（9象限）に対し，前節のRFタグの高度利活用イメージの中に現れるアプリケーションなどから，図8のような各象現毎のアプリケーション例をマッピングすることができる．

図8: 各象限毎のアプリケーション例

利活用ネットワークの拡大 ＼ 情報	静的な情報	履歴情報	リアルタイムに変化する情報
連携（フェデレイテッド）プラットフォーム	統合金融決済・コミュニティーICカード	生涯学習サポート	ユビキタスオフィス
共通（マルチ）プラットフォーム	バリアフリー・共同図書館	統合旅行サポート・サプライチェーン統合	高度ITS・遠隔投薬指示
単一（シングル）プラットフォーム	廃棄物処理・インタラクティブポスター	食品トレース・全自動無人化倉庫	センサーつき洗濯機・ショッピングカート

電子タグに紐づく情報の高度化

図8

7 RFタグの経済波及効果

7.1 経済波及効果の試算額

　総務省におけるRFタグに関する調査研究会「ユビキタスネットワーク時代における電子タグの高度利活用に関する調査研究会」の試算によると，RFタグの経済波及効果について，標準化問題やセキュリティ・プライバシーなどの課題に対する解決の度合い，利活用ネットワークの拡大等が可能かどうかにより大きく異なり，それらが解決されず普及が阻害されてしまった場合には，2010年（平成22年）において9兆円，未解決課題はまだ存在するものの普及のための十分な環境が整った場合には17兆円，そして，タグの低コスト化等の技術課題が解決し，普及が大きく促進された場合には，最大31兆円の経済波及効果が見込まれている（図9参照）。

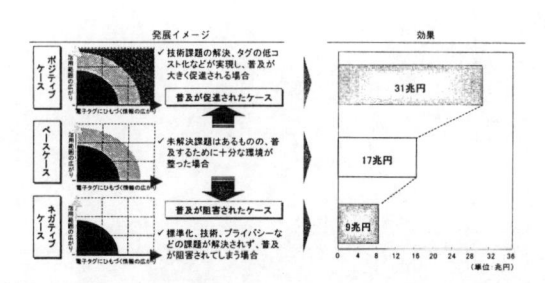

図9　2010年（平成22年）時点の発展イメージ

7.2 経済波及効果の推移

　RFタグの経済波及効果は，図10のように，2007年前後がブレークポイントとなり急速にその効果が拡大していくものと予想されている。また，2010年以降も引き続き成長する方向にあると見込まれており，成長の度合いを黎明期，勃興期，拡張期に分けて分類できる。

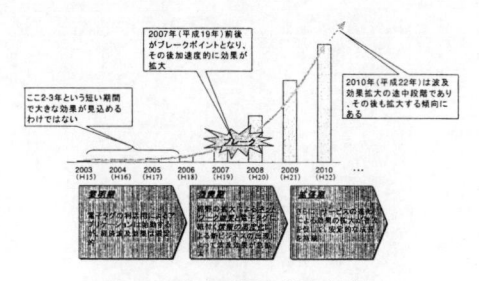

図10　経済波及効果の推移（全体）

8 おわりに

　RFタグは現在，バーコード機能の代替としての物流管理や入退室管理等を中心に利用されているが，それはRFタグを用いた利活用の可能性におけるほんの一部分でしかない。今後は，ネットワークとの結びつきを一層深めつつ，多様な分野での高度利活用が可能なユビキタスネットワーク時代に対応できるRFタグとしての視点が重要となる。RFタグ単体のコストは既に5円程度になる見通しが得られつつあり，今後，RFタグの普及に向けては，ネットワークの高度化，適切なセキュリティ対策等の技術的課題の解決に加え，社会的認知の広まり，モノの情報の取り扱いルールの確立，標準化等の取り組みを強化していくことが求められる。それら技術的，社会的，制度的取り組みの進展に伴って，ユビキタスネットワークとRFタグの真のあり方が明らかになる。

各事業分野での実証試験及び適用検討編

第10章　家電製品への適用とその実証実験について

紀伊智顕*

1　はじめに

　財団法人家電製品協会[註1]では，平成14年度より「家電における商品情報無線タグ連絡会」を立ち上げ，家電製品のライフサイクル全て，すなわち製造から物流，販売，消費者の利用，修理，リサイクルといった全てのフェーズ（図1）において，RFタグをどう利活用していくべきかの検討を行っている。

　さらに，机上での検討だけではなく，平成14年度は家電の動脈物流における物流実証実験，製造現場における読み取り実証実験という2つの実証実験を実施したので，以下にその概要を紹介する。

2　物流実証実験

2.1　実験の概要

　家電メーカーから物流事業者，小売業者までの動脈物流（図2）において，RFタグ導入による期待効果，運用上の課題を調査し，また，バーコードを前提とした現状の物流運用モデルの比較検討を通じてRFタグ運用モデル（図3）を新たに構築するとともに，実証実験によりRFタグ導入の実用性評価，効果測定を行ったものである（写真1）。

　参加メンバーは物流事業者2社，家電量販店2社。125kHz，13.56MHz，2.45GHzの3つの周波数帯のRFタグを，ベンダ2社から提供を受けて実施した（表1）。

註1）　わが国の主要な家電メーカーが参加し，家電製品の安全性の向上，アフターサービスの充実，製造物責任に関する検討，さらには，環境問題と密接なかかわりをもつ使用済み家電製品対策，省エネルギー・省資源対策など，家電製品に共通する諸問題を総合的に捉え，調査・研究と政策の立案，実施を行っている。
http://www.aeha.or.jp/

　　＊　Tomoaki Kii　㈱富士総合研究所　社会経済グループ　経済・福祉研究室　主事研究員

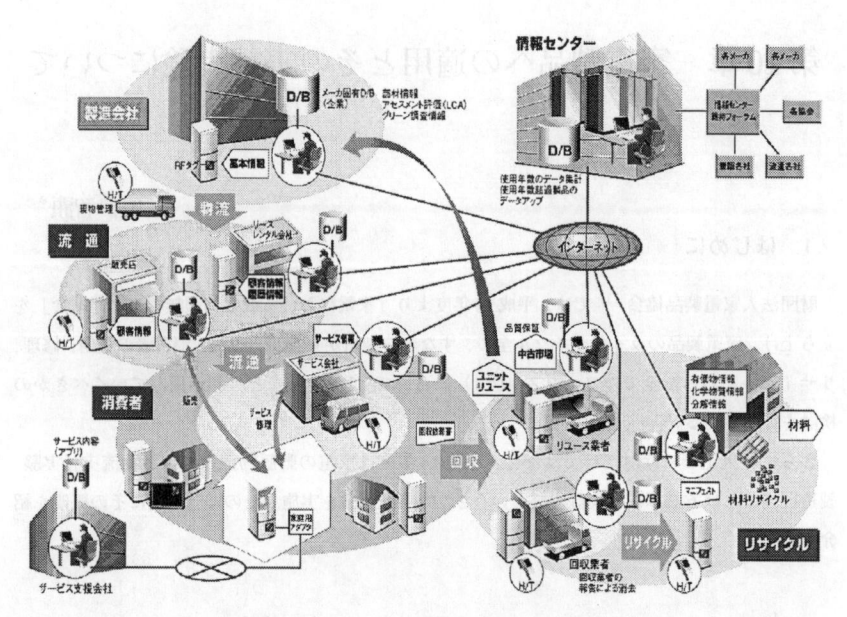

図1　家電製品のライフサイクル全体でのRFタグ利用イメージ

2.2　RFタグ導入による実用性評価

　本実験のポイントとして大きく2つに分けられるが，1つ目としては，現状のRFタグシステムのマルチリードの実力がある程度わかったことである。実験当初，タグの性能限界を試すため，128バイトフルでデータを持たせて30～40個を一気に読ませたが，実際は5～6割程度しか読めなかった。スペック上は0.6秒に1枚読めるとなっていたため，理論上5秒あれば8.3枚読める，6枚アンテナがあれば50個は読めると想定していたが，これまでの使い方は，1個ずつ流れてくる商品を1個のアンテナで読む形だったため，対応できなかった。

　では，どの程度の数なら読めたのかというと，1ダース，12個程度であれば今のシステムでもかなり安定して100％読めるということがわかった。これは今後アンテナの制御や処理ソフトの

図2　家電製品の物流の基本的な流れ

第10章 家電製品への適用とその実証実験について

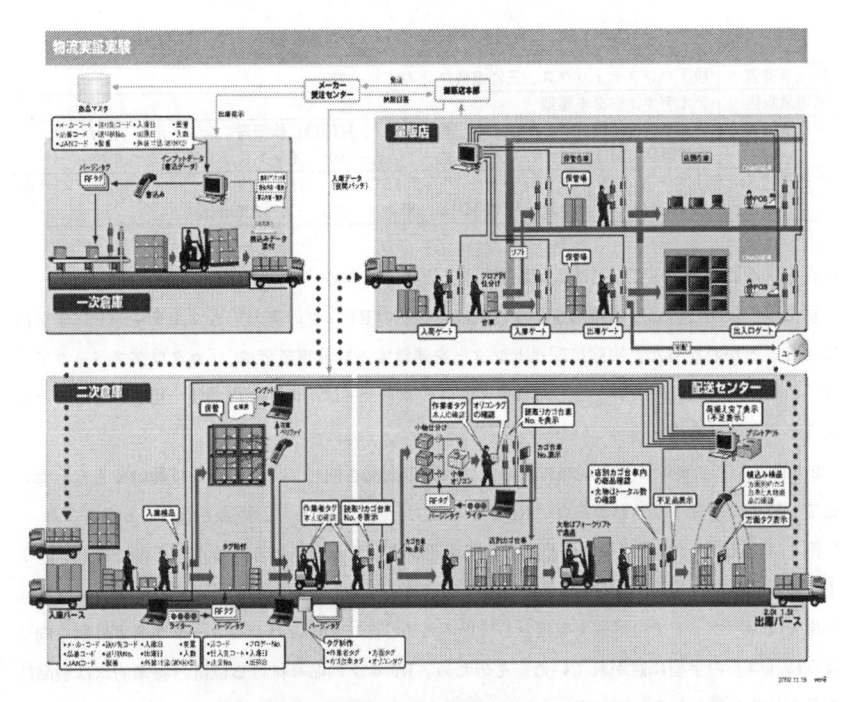

図3 RFタグを導入した場合の事業モデルイメージ

写真1 物流実証実験風景

RFタグの開発と応用 II

表1　物流実験参加メンバーと対象製品

物流事業者	松下ロジスティックス，三洋電機ロジスティックス
家電量販店	デオデオ，ベスト電器
対象家電製品	冷蔵庫，洗濯機，TV，PDPTV，電子レンジ，掃除機，炊飯器，ジャーポット，カーナビ，携帯電話，MDパーソナルプレーヤー，シェーバー，インクリボン等
タグベンダ	日本アールエフソリューション（2.45GHz），日本インフォメーションシステム（2.45GHz），オムロン（13.56MHz），デンソーウェーブ（125kHz）

改善をすることによって，更によい数字となると考えられる。

以上のことから，過度の期待をしなければ，現状のRFタグの実力でもマルチリードは十分にできることがわかった。実際に配送センターを運営する物流事業者は，「カタログスペックではなく，現場での性能の限界がきちんと見えれば，ユーザーはその範囲内で使い道を考えることができる」という感想を述べていた。

2つ目として，実際の物流現場において，実際の商品を使って，現場の人に動いてもらったことで，机上や研究室ではわからないRFタグの実力と課題がきちんと認識されたことがあった。

例えば，RFタグの弱点の1つとして金属を通さないことが挙げられるが，そのためパレット上に多数積載した場合，中に置かれたRFタグは読めないと想定していたが，実験を行った物流現場ではバーコードでの処理を前提としているため，全ての商品はバーコードが必ず外側を向くように「コ」の字型に置かれていた。そのため，RFタグの貼り付ける位置（将来的には製品に内蔵されると思われる）に一定のルールさえ作っておけば，現状の作業の流れの中でも対応できると思われる。

2.3　RFタグ導入により期待される効果

（1）読み取り時間削減等作業効率面での期待効果

RFタグの現在の物流現場での実力について，広く使われているバーコードと比較するため，1次倉庫・2次倉庫における入荷検品作業，配送センターにおける入庫検品作業・小物出荷検品作業・出荷検品について，バーコード・RFタグ両者で比較検討の実験を行った結果が表2である。

実態データと実験データとは単純には比較できないが，従来のバーコードよりも読み込む情報

表2　物流作業におけるバーコードとRFタグの読取時間比較

No.	区分	物流作業	実態データ	実験データ
1	1次倉庫	入荷検品	120～570秒／パレット	19秒／パレット
2	2次倉庫	入荷検品	120～570秒／パレット	27秒／パレット
3	配送センター	スルー入庫検品	15～18秒／個	2～3秒／個
4	配送センター	小物出荷検品	5～18秒／個	2～3秒／個
5	配送センター	出荷検品	1～3秒／個	3秒／個

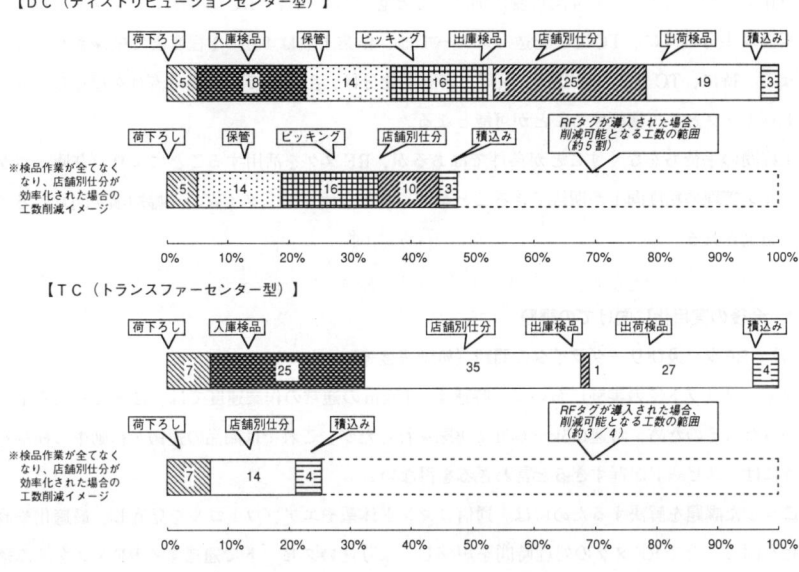

第10章　家電製品への適用とその実証実験について

【DC（ディストリビューションセンター型）】

【TC（トランスファーセンター型）】

図4　配送センター等物流拠点における作業工数削減への期待効果

量がはるかに多い中で、例えば1次倉庫での実態データの中間値と実験データを比較すると実験データの方が約10分の1の時間になっている。このように主体作業そのものの作業時間はRFタグを使用すれば、かなりの効率化が期待できる。

(2)　配送センター等物流拠点における作業工数削減への期待効果

ヒアリングに基づく配送センターにおける作業工数比率をもとに、RFタグを導入した場合の効果を試算した結果を図4に示す。

DC型の配送センターでは、検品作業が全体工数に占める割合は約40％、TC型の配送センターでは、検品作業が全体工数に占める割合は約50％となっている。この検品作業の内、実際に検品する主体作業にかかる時間はわずかで、商品の移動、伝票準備・確認、データインプット等の付帯作業に多くの時間を割いているのが実態である。RFタグを活用したシステムでは、この付帯作業についても、伝票レス化及びデータインプットレス化（自動読込・自動処理）により、商品の移動に関わる作業以外は大幅に削減できると考えられる。また最も時間がかかっている店舗別仕分作業についても、送り先情報を事前に書き込むことができれば、商品移動時間以外について削減が期待できる。

RFタグを利用することによって、配送センター内検品作業は大幅に削減され、かつ、店舗別

109

仕分作業についても，仮に4割程度に削減すると想定した場合，DC型の配送センターでは，作業工数は半分程度に，TC型の配送センターでは，作業工数は4分の1程度まで削減されることとなる。特に，TC型においては，入荷，店舗別仕分け，出荷までの一連の流れを短くし，クロスドッキングとして機能することが可能となる。

工程間の手待ちをなくすことが条件ではあるが，RFタグを活用することにより，在庫・ロケーション管理の精度向上が期待できることを含めると全体リードタイムの大幅短縮が図られることが想定される。

2.4 今後の実用化に向けての課題

(1) RFタグ及びリーダライタの問題（処理速度等）

フォークリフトでの実験において，時速4～10kmの通常の作業速度では，ほとんど読み取れなかった。そのため，時速0.5km程度で実験を行ったが，これでは商品の運搬・移動中に検品を行うには，スピードが遅すぎると言わざるを得ない。

こうした課題を解決するためには，通信コマンド体系やエアプロトコルを見直し，最適化や高速化を図ることでRFタグの処理時間を短縮し，より速いスピードで通過するRFタグを読み落としなく処理を行えるよう処理速度の向上を図ることが重要である。

(2) RFタグシステムの問題（処理を行うソフトウェアの最適化等）

実証実験において使用したソフトは，2度読みを防止するために既存読込データとのチェックを全て行っていた。そのため，読取RFタグ枚数が増えるごとに，チェックに要する時間が長くなり，1パレットに1ダース以上積んだ場合，1ダース目以降のRFタグは読めないケースが生じた。

今後の実用化にあたっては，ソフトウェアに関してはアプリケーションにあわせた最適言語や環境を使用することが必要で，処理時間を短縮するために最適なパラメータの設定や極力シンプルなソフトウェアにすることが必要である。

(3) RFタグを取り巻く環境の課題①：アンテナやRFタグの設置状況や使用場所等

ローラーコンベア上での読取実験で，データの一部が読取できないケースが数度発生した。これはローラーコンベアが金属で作られているため，電波が金属反射した，ローラーが稼働する際にノイズが発生したなどの影響が考えられる。

RFタグの取り付け場所としては，製品内部に組み込まれる，あるいは現状のバーコードシールの内側に貼付するといった2パターンが考えられる。しかし，どちらにおいても，金属を透過せずに反射するといった無線の特性は変わらないため，物流現場での運用を考える際には，RFタグの貼付位置に関しても梱包自体や梱包内部の金属等の影響を極力受けないように検討する必

第10章　家電製品への適用とその実証実験について

要がある。

(4)　RFタグを取り巻く環境の課題②：法規上利用できる周波数が限られている，データ体系等
　本事業に用いた周波数帯は金属を透過せずに反射する特性をもっており、回り込みを期待できない周波数帯である。結果としてコンベアの金属影響のため、RFタグのデータが読み取れないケースが発生した。課題解決のため、現在は電波法上使用できないが、回り込みが期待できるUHF帯RFタグの使用についても検討が必要である。
　また、現在のRFタグシステムは、個々に開発されたシステムごとに、データ体系がバラバラとなっている。そのため、今後、メーカーから物流事業者、小売業者など物流全体で活用していくためには、また家電製品以外の様々な分野においても活用を進めていくためには、RFタグに載せるデータ体系の標準化が不可欠である。

3　読み取り実証実験

3.1　実証実験の概要
　家電製品メーカーの製品設計・研究開発部門や製造部門の実務担当者がRFタグベンダ協力のもと家電製品にRFタグを貼付し、その物理的（読み書き領域・精度等）実証実験を行った。今後、実装化等が行われる場合を想定し、評価・分析をはじめ、適用の可能性と課題を明らかにするとともに、具体的なケーススタディ内容を業界共通の技術指針として蓄積することを目的に実施したものである。
　本実証実験に用いた2.45GHz帯は、短波・長波帯のRFタグに比べて通信距離は格段に得られるものの、金属類や人体、水分等の影響によりその通信が遮断または減衰を受けるという特性を持っている。また、家電製品といっても、洗濯機や冷蔵庫のような大型の商品からパソコン、カメラ、ポータブル機器のように非常に小型・高集積化が重要な商品まであり、製品サイズでの相違、意匠（デザイン）の重要性、貼付面材質の相違があり、製品貼付に関する考慮事項は多岐にわたるものと予想された。したがって、今回、複数の主力家電製品に対して読み取り実証実験を実施することにより事前検証を行うものとした。
　参加家電メーカーは松下電器産業、ソニーなど11社、実験対象家電製品は13品目計17製品。またRFタグは、ベンダ2社から提供を受け実施した（表3）。

3.2　実験結果

(1)　製品への実装・貼付可能位置と適用RFタグ
　冷蔵庫、全自動洗濯機等の大型製品では比較的実装・貼付可能位置が多いが、製品のライフサ

表3　読み取り実証実験参加メンバーと対象商品

RFタグベンダ：(株)日本アールエフソリューション(JRFS)			
参加企業名 (順不同)	検証製品 (商品名)	型式番号	商品図
日本ビクター	デジタルビデオカメラ	GR-DV3500	
日立製作所	液晶プロジェクタ	CP-S225J	
三菱電機	冷蔵庫	MR-YL38D	
シャープ	液晶テレビ	LC-20C3S	
ダイキン工業	ルームエアコン	室内機A 電装品・右側面 F22DTDS-W	
		室内機B 電装品・正面 F22DTRS-W	
		室外機A 前板・樹脂 R22DDS	
		室外機B 前板・板金 2M45CV	
パイオニア	DVDプレーヤ	DV-353-S	

RFタグベンダ：(株)日本インフォメーションシステム(JIS)			
参加企業名 (順不同)	検証製品 (商品名)	型式番号	商品図
松下電器	プラズマテレビ	TH-42PXS10	
松下電工	インバータ照明器具	HA3909ZE	
	施設照明器具	FSA22000F-PH1	
	電動工具	EZ6470NKN-B	
	玄関番	WQS5009W	
東芝	全自動洗濯機	AW-802HVP	
	電気掃除機	VC-R11C	
三洋電機	デジタルスチルカメラ	DSC-MZ3	

イクル管理等の観点からは，製品の本体（故障取替えしない部分）への実装・貼付が必要である。この観点からは，製品裏面の金属以外の部位が有望な実装場所となるが，製品外郭全体が金属で構成されている製品の場合には，金属対応タグの利用が不可欠となる。液晶テレビ，液晶プロジェクタ等の中型製品では外部の材料やデザインにもよるが金属性のものが多く，実装可能位置が制限される。外部素材が金属や電磁波防護コーティングが施されている場合には，金属対応タグの利用が不可欠となる。

デジタルビデオカメラやデジタルスチルカメラなど小型製品では特に外部が金属で覆われている場合は実装可能位置がかなりの程度制限される。小型製品への実装については，デザイン上外部への貼付が困難であり，金属対応タグをメモリカード挿入口等樹脂部に実装するなどの方法がとられたが，場合によっては，製品外部の素材そのものの見直しも必要となってくる（図5）。

第10章 家電製品への適用とその実証実験について

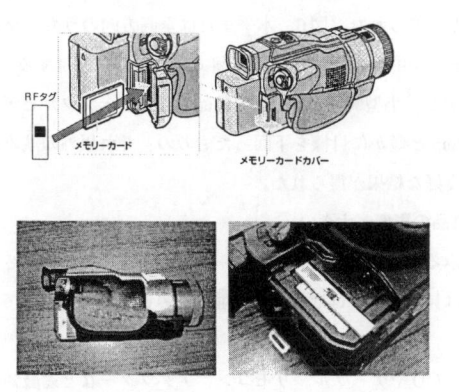

図5 RFタグ取付位置のサンプル（デジタルビデオカメラ）

(2) 製品単体測定ではほぼ全ての製品で目標値をクリア

製品単体実験における製品への貼付実験の結果を総合的に評価すると，実施前の相当程度の減衰があるのではとの推測に反し，現状のRFタグにおいて読み取り，書き込みの距離が十分に確保されている。

大型製品では，貼付位置の選択の自由度が高いことなどにより，最長距離は問題なく当初目標とした，読み取り距離60cm以上，書き込み距離40cm以上がクリアされ，製品によっては単体

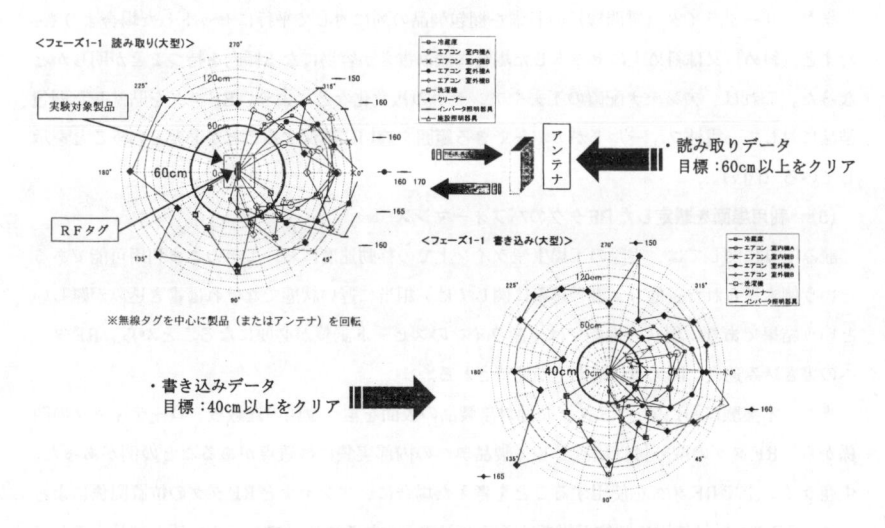

図6 製品単体での実験結果（大型製品の場合）

のRFタグに近い距離が得られた（図6、水平または垂直方向のうち、交信距離の長いいずれか一方の測定結果）。また、中型製品は今回の実験では、外部に貼付する形での実験となったが、全製品で目標をクリアし、小型製品では対象2製品のうち、デジタルビデオカメラにおいて「読み取り距離」のみ59cmと僅かに目標を下回ったものの、それ以外の読み書き距離については全て目標がクリアされ良好な結果が得られた。

(3) 梱包時は付属品の影響が大きい

単品梱包についてみると付属品、帯電防止シート等が製品の外に同梱されない場合、梱包前後において顕著な減衰は見られず、ほぼ製品単品並の読み書き結果となっており、段ボールに関する透過性が確認された。

一方、付属品特に、CDやケーブル、リモコン、アダプターなど遮蔽効果が大きいと言われている物が同梱される場合、RFタグとの相対関係により読み書きが出来ないが、RFタグを製品隅に実装した場合や付属品の梱包位置を変えるなどの対策により、この点をクリアする例も見られた。

(4) 集合梱包では製品隅（肩）への実装が有利

集合梱包実験ではアンテナからRFタグまでの間が、ダンボールや樹脂製シートなど透過性の高い梱包材である場合には、この梱包材を無視した仮想的な見通し領域で読み書きが問題なく可能と言え、単品梱包実験と同様に、RFタグの製品隅への実装が、その読み書き可能性をあげる位置として評価されている。

また、リーダライタ（質問機）の設備を梱包製品の列に対して平行にセットした場合よりも、たすき（斜め）又は斜め上にセットした場合に読み書きが容易になる傾向を持つことが明らかとなった。これは、アンテナ配置の工夫やアンテナの複数化などにより、RFタグを貼付した梱包製品に対して、電波フィールドがカバーできる範囲を適切に確保することが必要ということを示している（図7）。

(5) 利用場面を想定したRFタグのパフォーマンス

読み取りに関しては、実際の工場生産ライン上での移動速度においてそのまま利用可能であるという例も見られた。他方、書き込みに関しては、相当に遅い状態でなければ書き込みが難しいという結果であり、現状の性能では生産ラインのスピード調整が必要になることから、RFタグへの書き込み速度に関する性能向上が期待される。

また、本実験において、RFタグ貼付対象製品の表面を覆う金属の遮蔽板、コーティングの関係から、RFタグの取り付け位置として製品奥への内部実装には難点があるなどの例があった。生産ライン上でRFタグを使用することを考えた場合に、アンテナとRFタグの位置関係によっては、RFタグ貼付位置に制約が出てくることが考えられるため、アンテナ位置と製品、そして

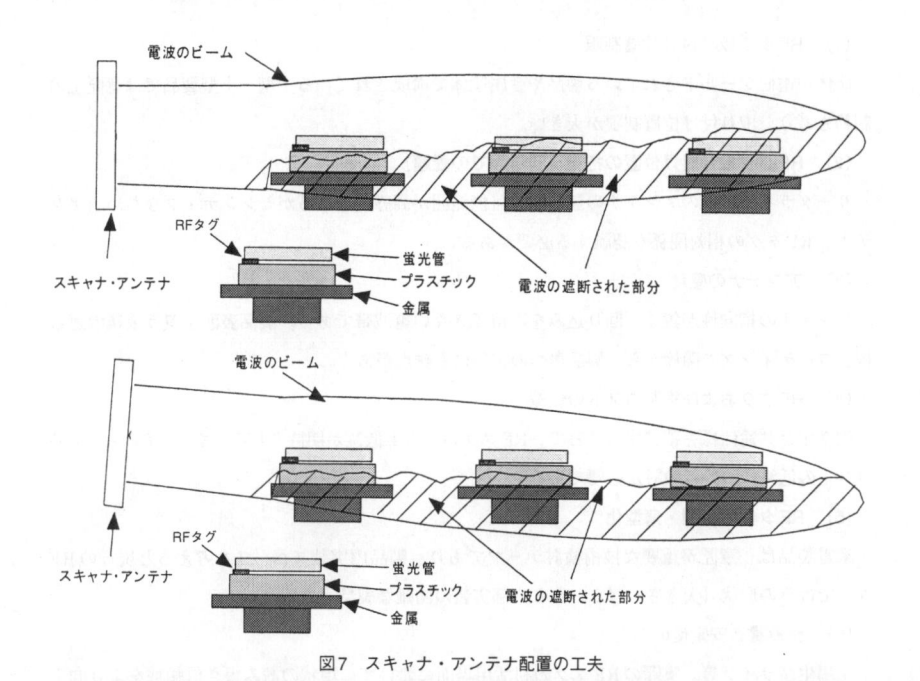

第10章 家電製品への適用とその実証実験について

図7 スキャナ・アンテナ配置の工夫

RFタグの位置関係について十分注意を払う必要がある。実用化に向けて，RFタグの読み書き距離に関する一層の性能向上も期待される。

(6) 効率的な実装方法

現状では，製品への実装はフレーム外部や外部端子等の接続開口部などへの貼付（接着や嵌め込み）を製品組み立て時に行うのが合理的であるとの結論が多くなっているが，製品ライフサイクル管理の観点からはより「製品本体」に近い部分へ実装可能としていくことが求められる。

今後，RFタグサイズのより一層の小型・薄型化と製品内部基盤上への実装について配線や電磁波防護塗装などの制約条件が明らかになれば，効率化の観点からは基盤組み立て時に基盤へ自動装着したり，塗装の一部変更などを検討したいとの意向も見られた。この場合，金属遮蔽板（開口部の大きさ）の影響，フレームの一部や配線等をアンテナとして利用する場合の技術的検討も求められる。

3.3 家電製品への実装に向けた課題

本実証実験で明らかになったRFタグの製品実装化に向けた課題を以下に示す。

(1) RFタグ取り付け位置制限

筐体が電磁シールドされている製品や金属筐体で構成されている中型・小型製品では意匠上の制約もあり，取り付け位置制限が大きい。

(2) RFタグ取り付け位置の把握（利用面での課題）

リーダライタ設備のアンテナの読み取り可能範囲が高感度であるがセンシティブなため，アンテナとRFタグの相対関係を認識する必要がある。

(3) アンテナの感度

アンテナの指向性が鋭く，回り込みを期待できない電波帯である。製品表面を覆う金属の遮蔽板，コーティングの関係から，製品奥への実装にも難点がある。

(4) RFタグおよび実装コストの低減

標準化と共通仕様を蓄積することで，RFタグのコスト低減が期待される。また，RFタグ実装コストの低減について検討が必要である。

(5) RFタグの小型・薄型化

家電製品は，意匠が重要な技術検討テーマであり，製品内実装スペースを考えると現行のRFタグではその形状（大きさ・厚さ）から内部実装の困難な製品もある。

(6) 読み書き安定度の向上

工場生産ライン等，実際のRFタグの利活用場面において，現状の読み書き信頼性をより向上する必要がある。また，製品内実装においても本来のRFタグの性能が十分に発揮できていない。

(7) RFタグのI/Oアクセス時間の短縮化

書き込み時間に関しては現状のRFタグの性能では常時利用が困難，I/Oアクセス時間の短縮化等が求められる。

(8) 複数一括読み書き処理（アンチコリジョン）

パレット上の複数製品の認識等，実用化に向けてRFタグの検出範囲の拡大，安定性と検出信頼性向上で検出個数向上が不可欠である。

4 おわりに

以上の2つ実証実験により，RFタグの物流での活用，家電製品への実装の実現に向けて，様々な課題が明らかになった。平成15年度事業では，課題解決に向け，利用者としてUHF帯のRFタグの検証を行うとともに製品へのRFタグ実装課題の解決を目指す。また，家電製品にRFタグを貼付し流通させた場合の残るテーマとして，家電製品販売店舗でのサービス強化を中心と

第10章 家電製品への適用とその実証実験について

し，防犯機能，業務管理効率化の実証実験を行う予定である。

今後RFタグの家電製品への適用にあたっては，家電製品の各ライフサイクルにおいて，RFタグを用いた場合のビジネスモデルを検討・構築していくことが不可欠となるであろう。

第11章　出版業界への適用とその実証実験

田代信光*

1　はじめに

　出版業界は出版物という媒体を通じて教育・文化の形成を担っている業界であり，かつ再販制並びに委託販売制等の商習慣があることから他の業界とは異なる業界である。それ故に業界としての確固たる地位を築いており，長年景気に大きく左右されず安定して売上高を伸ばしてきた。しかしながら，長引く不況の影響，ITの進展等（携帯電話，インターネット等の普及等）から発行部数の減少により，売上高は年々減少の一途を辿っている。
　また，近年，万引き，不正返品，盗難品流通等課題も多いことから，商品流通管理の適正化・効率化，変化の激しい読者ニーズの把握のための効率的なマーケティング手法の確立，より質の高い出版物の発行等が求められている。
　このような時代背景から，課題解決の1つとしてRFタグが注目されており，現在，全分野が集まって業界へのRFタグ適用の可能性の研究を行っている。

2　出版業界における現状と課題

　出版流通の仕組みは図1のとおりであり，流通ルートが多岐に渡っているが，メインの流れは出版社→取次→書店である。
　発行部数，販売金額は1996年を境に年々減少しており，少子化と相まって読者離れが進んでいる。これは，携帯電話，インターネット等の普及が個々人の読書時間を少なくしていることが主な原因といわれているが，余暇の過ごし方が多様化していることも起因していると思われる。また，最近は社会問題化しつつある万引き問題が書店の経営を圧迫しており，書店1店舗あたり210万円／年もの被害（2002年10月：経済産業省「書店における万引に関するアンケート結果について」より）にあっており，売上げの減少も相まって書店の数が年々減少しているのが実情である。さらには，不正返品，盗難品流通等の課題も抱えており，商品流通管理の適正化が求め

＊　Nobumitsu Tashiro　NTTコミュニケーションズ㈱　ソリューション事業部　情報ビジネス営業部　課長

第11章　出版業界への適用とその実証実験

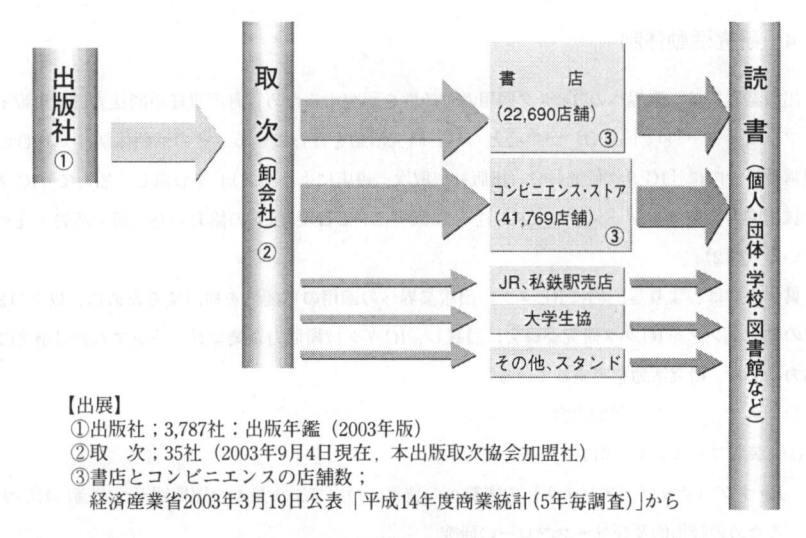

```
出版社①　→　取次（卸会社）②　→　書店（22,690店舗）③　→　読書（個人・団体・学校・図書館など）
　　　　　　　　　　　　　　　　コンビニエンス・ストア（41,769店舗）③
　　　　　　　　　　　　　　　　JR、私鉄駅売店
　　　　　　　　　　　　　　　　大学生協
　　　　　　　　　　　　　　　　その他、スタンド
```

【出展】
①出版社；3,787社：出版年鑑（2003年版）
②取　次；35社（2003年9月4日現在、本出版取次協会加盟社）
③書店とコンビニエンスの店舗数；
　経済産業省2003年3月19日公表「平成14年度商業統計（5年毎調査）」から

図1　出版流通の主な流れ

られている。

このような状況化における課題解決の1つとして，RFタグが注目されており，活用方法によっては，現在出版業界で課題とされる物流や情報流通の適正化などの問題解決のための強力な道具として使用できる可能性がある。出版業界としてはその可能性を研究するために，業界のあらゆる分野が集結して日本出版インフラセンターを中心に，省庁，公的機関並びにコンソーシアム会員企業の支援・協力の基に研究活動を行っている。

3　RFタグ適用による現状改善の可能性

RFタグの出版業界への適用により，以下の効果が期待されると考えられている。
① 書籍の個品管理をすることによる検品作業等の業務の効率化及び精度の向上
② 価値の高いマーケティング情報の取得
③ 市場流通量の適正化，スピード化
④ 盗難品流通，不正返品の阻止
⑤ 店舗における盗難抑止

上記については，現状でも課題解決の取り組みが様々なされているが，RFタグの導入により，より効果が期待されると思われる。

4 研究活動体制

出版業界では，業界へのRFタグ適用の可能性を研究するため，有限責任中間法人日本出版インフラセンター（以下JPO）が中心となり，研究活動を行っている。その活動体制は，JPOの運営委員会内に「ICタグ研究員会（出版社，取次，書店により構成）」を設置し，加えて「ICタグ技術協力企業コンソーシアム（103社：2004年2月2日現在）」の協力の基に研究活動を進めている（図2）。

具体的には，より専門的にRFタグの出版業界への適用の可能性を検討するために，以下の3つのワーキングをICタグ研究委員会に設置し，ICタグ技術協力企業コンソーシアム会員企業の協力により，研究活動を実施している。

1) 各ワーキングの活動内容
① 装着ワーキング（第1ワーキング）

RFタグ（チップ，アンテナ）の書籍への装着について，大量かつ短期間かつ安価に対応するための技術的及びワークフローの研究

② タグ・リーダー／ライターワーキング（第2ワーキング）

RFタグ，リーダー／ライターを出版業界へ導入する際に求められる基本的スペック及び利活用方法等の研究

③ システム・ネットワークワーキング（第3ワーキング）

RFタグを出版業界への適用を想定した場合のシステム及びネットワークのあるべき姿の研究

2) 各ワーキング共通的な研究活動
① 各ワーキング研究内容を主眼においた業界へのRFタグ適用の可能性（適用条件含む）
② RFタグ導入により可能になることもしくは想定される効果（定性的，定量的）
③ 想定されるシステム（仕組み）の概要
④ RFタグ導入に伴う想定される課題及び条件

5 出版業界RFタグ実証実験概要

出版業界では，経済産業省の支援により，「平成15年度無線タグ実証実験（出版）」を行なっており，その概要は以下のとおりである。

1) 実施主体

有限責任中間法人日本出版インフラセンター（設立団体：日本書籍出版協会，日本雑誌協会，

第11章　出版業界への適用とその実証実験

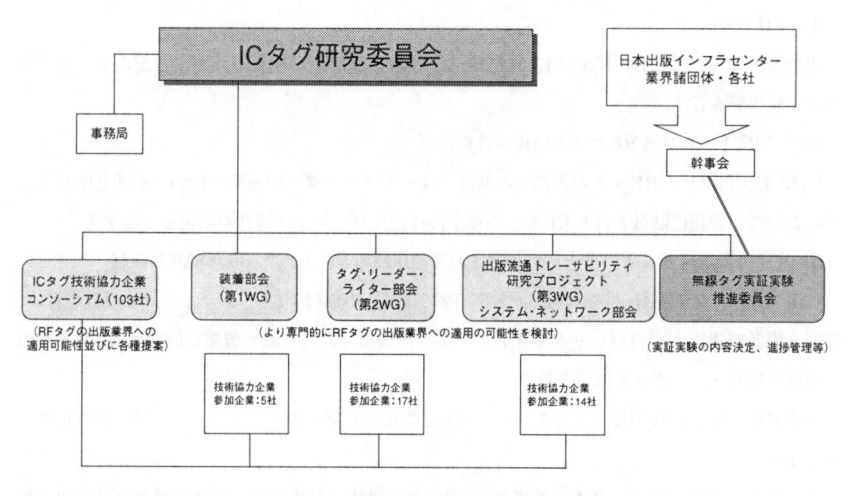

図2　研究活動体制

日本出版取次協会，日本書店商業組合連合会，日本図書館協会）

2）実証実験参加企業

- ・UHF帯（タグ&リーダ／ライタ）　　　：　5社
- ・13.56MHz（タグ&リーダ／ライタ）　：　2社
- ・測定支援　　　　　　　　　　　　　　：　1社
- ・情報管理サーバ　　　　　　　　　　　：　1社
- ・実験支援　　　　　　　　　　　　　　：　4社

（計：13社）

3）目的

JPOでは，出版流通改善の観点からRFタグ適用の可能性の研究活動を進めており，以下の効果が期待できれば，将来的に出版物にRFタグを埋め込むことも想定している。

① 書籍の個品管理をすることによる検品作業等の業務の効率化
② 価値の高いマーケティング情報の取得
③ 市場流通量の適正化，スピード化
④ 不正返品，盗難品流通の阻止

本実証実験は，出版業界へのRFタグ適用のための基礎実験の位置付けとして，主にUHF帯における読み取り精度（距離，複数読み取り等）の実証実験を行い，業界適用の可能性を検証し，今後の研究活動に寄与することを目的としている。

4）実験概要

出版業界におけるUHF帯及び13.56MHz帯のRFタグ活用の検証のため、下記のテーマに基づき実証実験を行う。

a）実環境下におけるRFタグの応用特性の検証

UHF帯を利用したRFタグの書籍への貼付、リーダ／ライターの設置を行い、流通倉庫や書店内において、書籍に貼付されたRFタグの被干渉特性及び、与干渉特性の測定を実施する。

b）流通段階（流通倉庫・書店）で想定される利用時のRFタグ読み取り精度の検証

UHF帯及び13.56MHz帯を利用したRFタグの書籍への貼付、リーダ／ライターの設置を行い、流通倉庫及び書店内でのパレットやダンボール等に積載・梱包された書籍に貼付するRFタグの読み取り精度・レスポンス測定を行う。

流通過程及び店舗販売及び万引き等のシーンを想定し、個々のケースにおける読み取り精度を測定する。

① 書籍（文庫、コミック本（新書判）、四六判）単体に対する読み取り距離及び読み取り角度（指向性）の測定
② 梱包時の複数の書籍に対する同時読み取り冊数の測定（梱包はローラーコンベア上を一定の速度で移動させ、離れた位置においたアンテナで読み取り）（写真1）
③ 梱包時の複数の書籍に対する同時読み取り冊数の測定（カゴつき台車、手押し台車を対象として離れた位置においたアンテナで読み取り測定）
④ 複数の梱包に対する同時読み取り数の測定（写真2）
⑤ 流通倉庫の棚上の書籍単体及び梱包に対する読み取り性能の測定（写真3）
⑥ 書店における書棚上の書籍単体に対する読み取り性能の測定（写真4）

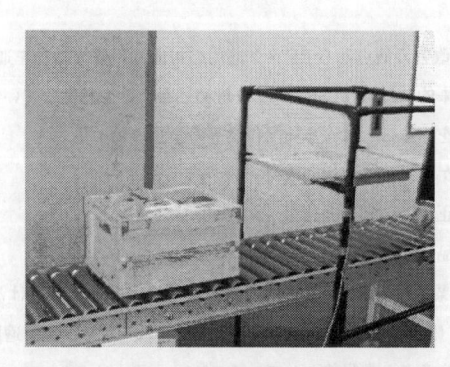

写真1　梱包時の複数の書籍に対する同時読み取り冊数の測定

第11章　出版業界への適用とその実証実験

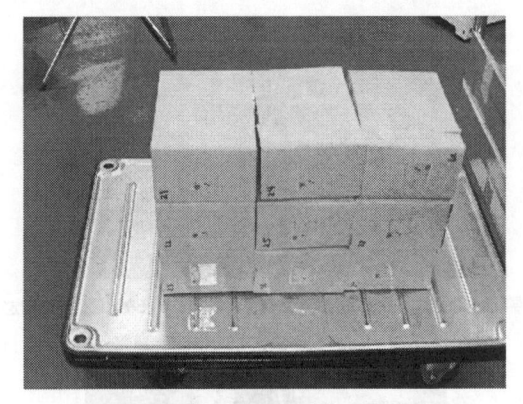

写真2　複数の梱包に対する同時読み取り数の測定

写真3　流通倉庫棚上の書籍単体及び梱包に対する読み取り性能の測定

⑦　書店における防犯対応に関する検証
　読み取り精度の測定結果（距離・移動速度）よりタグの防犯対応に関する検証を行い，今後の無線タグを利用した防犯システムの可能性を検討する。
　c）流通段階（流通倉庫・書店）における実業務ワークフローを用いたRFタグ活用検証
①　流通倉庫や書店における入出荷・検品への適用性検証（写真5）
　13.56MHz帯を利用したRFタグを書籍の適当な位置に貼付し，梱包状態での入出荷や検品に携わる作業を擬似的に行い，RFタグ・リーダーを利用して検証する。
・入出荷時の確認作業（出荷伝票との照合）
・検品時の確認作業（納品伝票との照合）
②　レンタル本識別への適応の可能性の研究
　レンタル専用本のレンタル店への納品・管理モデルの研究。

写真4　書店における書棚上の書籍単体に対する読み取り性能の測定

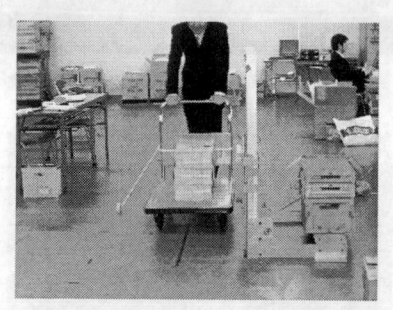

写真5　流通倉庫や書店における入出荷・検品への適用性検証

5) システム構成等

本実証実験では，図3のシステム構成にて行う。

6) 実施スケジュール（予定）

平成16年2月中旬～3月下旬に実施する予定である（表1）。

7) 実験実施場所

以下の2箇所にて実施する予定である。

① 流通倉庫

昭和図書株式会社越谷物流センター

② 書店

株式会社三省堂書店（千代田区神田）

8) 実験結果

実験結果については，執筆時点で終了していないことから，別途報告書にて明らかにすることとする。

第11章　出版業界への適用とその実証実験

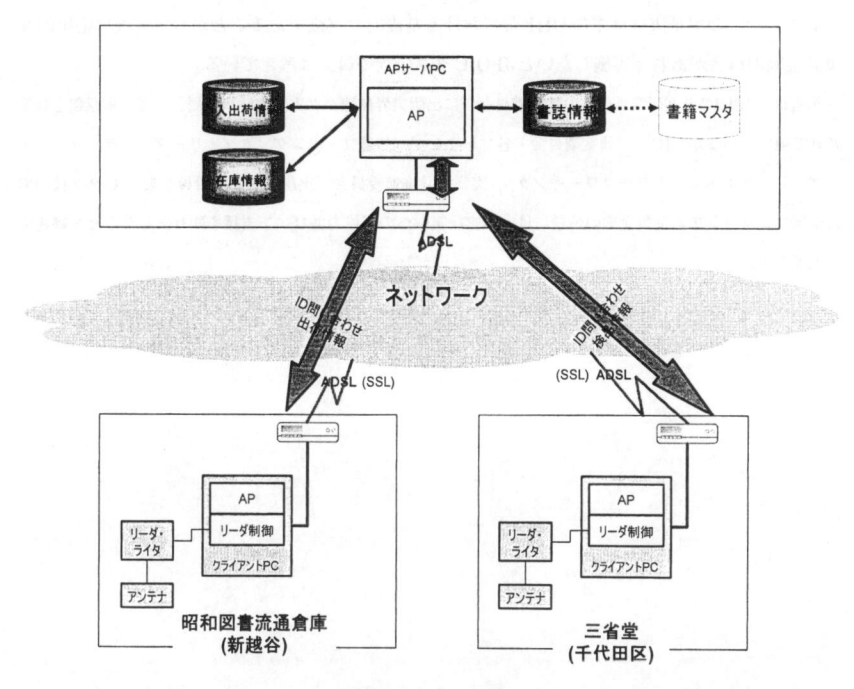

図3　システム構成

表1　出版業界無線タグ実証実験スケジュール（予定）

	企業名	事業所名等	周波数帯	1月	2月	3月
1	昭和図書株式会社	越谷物流センター	UHF帯			←→
			13.56MHz		←→	
2	株式会社三省堂書店	千代田区神田	UHF帯			←→
			13.56MHz		←→	

6　今後の取り組み

　JPOでは，各種研究活動並びに実証実験の結果を踏まえ，出版業界へのRFタグ適用の可能性に関する中間報告書を今春発表する予定となっている。また，各種研究活動並びに実証実験で得られた結果等から，効果の確認・課題の抽出等を行い，更なる研究活動を実施していくこととしている。

なお，今回の実証実験は主に UHF 帯における基礎的な実験であることから，今後は応用的な実証実験の機会があれば実施したいと JPOIC タグ研究委員会は考えている。

筆者は，JPOIC タグ研究委員会の特別委員並びに出版業界無線タグ実証実験事務局として，本原稿を執筆させて頂いているが，IC タグ研究委員会，各ワーキング（装着ワーキング，タグ・リーダー／ライタワーキング，システム・ネットワークワーキング），実証実験推進委員会，実証実験参加会員企業，IC タグ技術協力企業コンソーシアム会員企業の皆様には，本実証実験へのご協力並びにご支援を賜りましたことを御礼申し上げます。

第12章　アパレルへの適用における標準化検討とその実証実験について

高木俊雄*

1　はじめに

　長引く景気不況の中，各企業は色々な対応を模索しているが，相変わらず厳しい状況である。従来からいわれているように日本の流通システムの問題点[1]は，「情報システムの標準化の遅れと，各事業者間での連携の弱さ」にあり，「プロセス」あるいは個々の企業が相互に連携し合った全体の大きな仕組みの効率化と効果の追求，そしてそれを可能とするインフラの整備が日本企業の競争力向上に不可欠であるといわれる様に，SCM（サプライチェーン・マネージメント）の構築が一つの解決策であるといわれて久しい。

　アパレル業界についていえば，アパレル市場[2]は成熟・縮小し，海外との競争も激化している状況の中で，一部の企業ではSCMの構築に動いているが，中小企業を含めた全体としては進んでいるとはいいがたい。また，この様な成熟した市場では顧客ニーズに的確に対応できた企業だけが生き残り，市場ニーズに応じた差別化が要求されている。

　この観点で見ると，従来型業態のアパレルメーカに比べ，SPA（製造小売り）業態のアパレルメーカが伸びて来ているのは，売場で売れている情報を単品別に把握し，短サイクル／少量生産の環境の中で仮説・検証を繰り返し，顧客の要望にマッチした商品を提供することが可能になっているのが大きな理由だと思われる。この顧客要望にマッチした商品の提供，あるいは売り場での販売機会ロスの防止や在庫を減少させるためにも，サプライチェーンの中での商品の状況をリアルタイムでかつ正確に把握することや，更には物流プロセスでの効率化によるコストダウンも必要になってくる。

　この物流プロセスの効率化やマーチャンダイジング（MD）情報収集等のツールとして，現在注目を集めているのがRFIDシステムである。

　後述する様にアパレル業界では比較的早い時期からRFIDシステムの導入を見越し，（社）日本アパレル産業協会を中心として，従来のバーコードに変えてRFIDシステムの導入を想定した検討が進められてきている。この導入は企業個別に行っても効果は限定されるためサプライチェーンの中で，業界全体としての標準化が必要となる。この背景の下，（財）流通システム開発センタ

---

　*　Toshio Takagi　㈱マーステクノサイエンス　システム開発部　副部長

一，(社)日本アパレル産業協会が共同で推進してきた標準化の検討経緯について次節で述べる。

2 アパレル標準化検討の経緯

アパレル業界での標準化の検討は，(財)流通システム開発センターの主催する「RFID研究委員会」でアパレル企業／業界関係団体の協力の下で，平成11年から3年間かけて進められてきた。第1次委員会の検討と並行するように通商産業省(現在の経済産業省)の平成10年度の第3次補正予算で消費者起点サプライチェーン推進開発実証事業(略称SPEED)が行われたが，その事業の一テーマとして「アパレルサプライチェーン間におけるRFIDによる流通管理効率化システム開発と実証実験」が採択された。この事業ではアパレルメーカと百貨店間での実証実験が行われ，その導入効果と課題が明確になった。

次年度以降の研究委員会では，これをベースにしながらより具体的な標準化の検討が進められてきた。

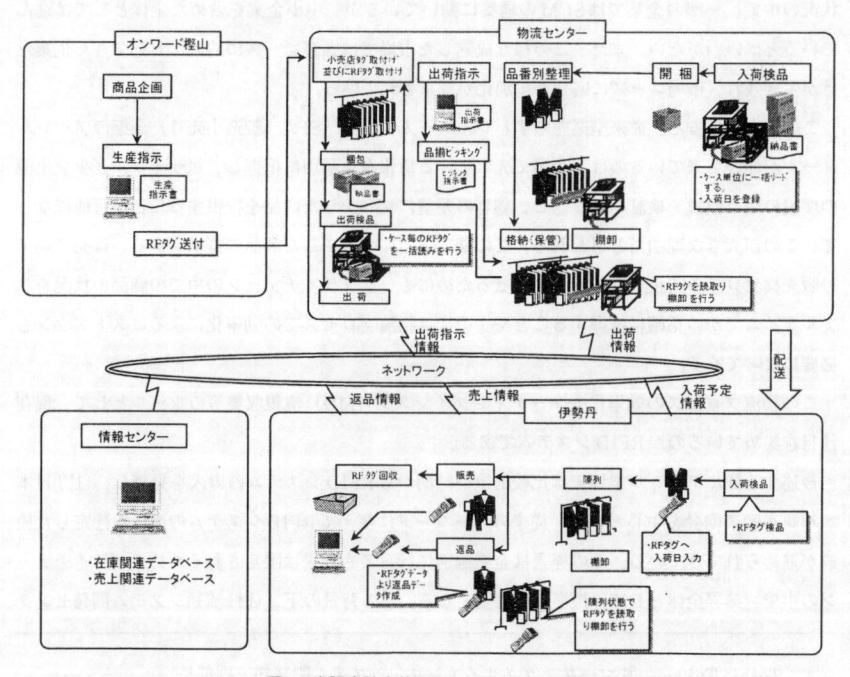

図1 実証実験全体のシステムイメージ図

第12章 アパレルへの適用における標準化検討とその実証実験について

2.1 SPEEDプロジェクトでの実証実験概要

実証実験では長波帯タグ（周波数は125kHzを使用）を用いて行ったが，そのシステム概要図を図1に示す。アパレルメーカの物流センターと百貨店の店頭間で，物流センターの入荷処理・出荷処理・棚卸処理，百貨店での入荷処理・返品処理・棚卸処理を対象とし，扱い商品は季外品（シーズン外の商品を指し物流センター等に一時保管されている）を使用して行った。また，サプライチェーンでの実績データ（在庫，売上）の分析システムについてもその有効性の評価も行われた。

実証実験では比較のために測定されたアパレルメーカの物流センターでの現行業務との処理時間の比較を表1に示すが，例えばバーコードを使用した棚卸処理単独ではケース商品（ダンボール箱等に入れられるセーター，シャツ等の商品をいう）については処理効率が約5倍，ハンガー商品（スーツ等のようなハンガーに吊られ，ハンガーラックにかけられた商品をいう）でも約2倍程度向上しており，RFIDシステムの特徴である一括読取り処理（アンテナの読取り範囲内にあるRFタグを一度に読取る）の効果が大きく出ており，物流プロセスは間違いなく効果があることが分かった。

その一方で，使用するRFタグがバッテリーレスのため駆動する電力が適切に電波で得られないこと等による問題点も明確になった。例えば，

・生活ノイズ（エレベータ等のモーターやインバーター蛍光灯等による），金属が近くにある
　等で読取り精度（一部，読取れないRFタグがある）に影響がでる
・RFタグが複数枚重ね合わさると読取りができないタグが発生する
・RFタグの処理，特に書込み処理が遅くなる

等が挙げられる。

2.2 RFID研究委員会の検討状況

平成11年度から開始されたRFID研究委員会（「アパレル流通におけるRFIDの活用」という

表1　SPEEDプロジェクト測定概算値（長波帯タグ）

検品種別／商品形態	入荷		出荷		棚卸	
	ハンガー	ケース	ハンガー	ケース	ハンガー	ケース
現行検品（バーコード）①	3.2	5.5	5.1	8.3	4.6	9.4
RFID処理②	2.5	1.9	3.1	2.6	2.5	1.9
処理効率%（①／②）	128.0	289.5	164.5	319.2	184.0	494.7

注）RFID処理時間には書き込み時間含む
　　ハンガー商品の処置アンテナであるハンド型アンテナの位置セットに時間がかかるためケース商品よりは効率は低い

テーマで行われた）は次の様に3次に渡る委員会で標準化の検討が行われた。
① 第1次委員会（平成11年〜12年）

委員としては，百貨店／アパレルメーカ（製造のみで百貨店への納入が主の百貨店型）／SIベンダーが参加し，縫製工場〜アパレルメーカ〜百貨店の各場所を検討範囲としたが，機能は広く全般的な議論を行った。検討機能の中心は物流プロセス機能と百貨店店頭でのMD情報収集機能であった。

② 第2次委員会（平成12年〜13年）

委員としては，百貨店／アパレルメーカ／SIベンダーに加え，SPA型アパレルメーカと運輸業者（納品代行業者）も参加し，縫製工場〜アパレルメーカ〜百貨店の各場所を検討範囲とし，機能は物流プロセスに絞って検討を行った。

③ 第3次委員会（平成13年〜14年）

委員としては，アパレルメーカ（百貨店型，SPA型）／運輸業者／SIベンダーに加え，RFIDベンダーも参加し，RFIDシステムの早期導入を目指すために検討範囲は縫製工場〜アパレルメーカ〜運輸業者までに絞った。機能も物流プロセスのみとし，導入に際してのRFIDシステムへの要求仕様も検討対象とした。

参考までにRFIDシステムにより期待される導入効果について，委員会で出された意見を列挙してみる（商品企画，物流プロセス，百貨店店頭等の各場面で）。

・入荷，出荷，返品入荷・出荷，棚卸等の一括読取りによる処理時間の短縮
・バーコードスキャンより処理精度がアップしての商品在庫等の把握の正確性／リアル性向上
・縫製工場，アパレルメーカ，運輸業者の各場所での重複検品作業の廃止
・商品の入荷時期の把握による鮮度管理
・百貨店の商品マスター登録の簡素化
・百貨店店頭でのMD関連情報（試着回数，販売員のアドバイスの有無等）の収集
・返品商品明細情報の把握の簡素化

等々。

3 RFID研究委員会での標準化モデル

第4節以降の次世代物流効率化システム研究開発事業標準モデルのベースともなった第3次委員会でまとめた報告書[3]の中から標準化業務モデルとRFIDシステムへの要求仕様の概要を述べる。

第12章 アパレルへの適用における標準化検討とその実証実験について

3.1 標準化業務モデル

前節で述べた様に，検討範囲は縫製工場～運輸業者までの物流プロセスに絞っており，ここではRFIDシステムの導入時の業務処理についてRFIDシステム処理部分を中心に述べる。

3.1.1 業務モデル

この業務モデルでのRFIDシステム導入時の業務運用上の前提条件は次の通り。

・商品個別につけるRFタグは商品タグと呼称し，ブランドタグ，プライスタグとは別に貼付する（第3のタグと呼称）

・対象商品はシーズン性のあるファッション商品とする（RFタグコストを吸収できる程度の価格の商品）

・基本的に商品タグを読取る場合は，バーコードの様に一品一品読取るのでなく，商品タグの一括読取り処理をベースにした運用とする

商品企画プロセスから縫製工場における一時保管までの業務処理フローを図2に示す。以降の各業務処理での記述されているアンテナは，使用例であり，後述する活用モデルでは多少異なるケースもある。

(1) アパレルメーカでの商品企画プロセス

商品タグ発行は自社内で発行する場合や副資材メーカにEDI等で必要情報をデータ送信する場合でもブランドタグと商品タグを発行する。この発行時に，商品タグへの必要データの書込みと同時に表面に最低限メーカ商品コードを印字する。このプロセスにおいてブランドタグ発行と商品タグ発行とが時間的にズレが生じるが，ブランドタグと商品タグのアソート（1セット化）を行うと縫製工場において貼付作業が効率化できる。

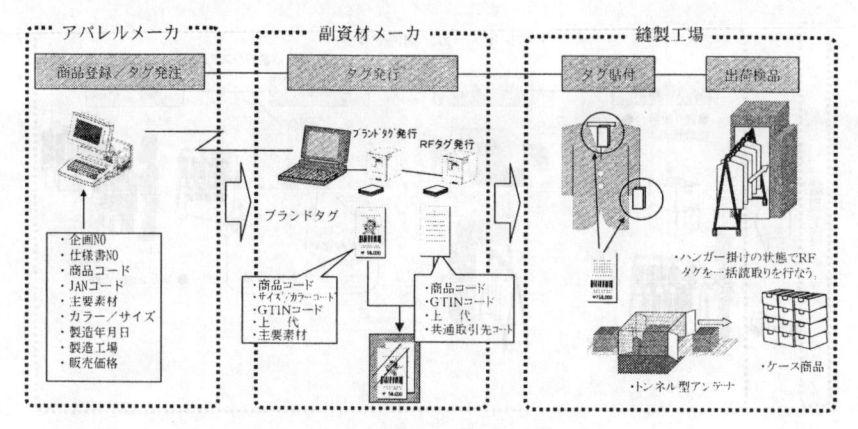

図2 処理イメージ図（商品企画～縫製工場）

(2) 縫製工場

① 商品タグ取付け

縫製工場においては，アパレルメーカからブランドタグおよび商品タグの支給を受け，商品完成時検針機チェックを行った後，ブランドタグ並びに商品タグを商品に取りつける。

② ピッキング／出荷

縫製工場での出荷は自動出荷と一時保管商品に対してアパレルからの出荷指示に基づきピッキングを行い，出荷検品を行う。ハンガー出荷の場合は，Zラック（ハンガーラックの一種類）にかけゲート型アンテナで，商品タグの一括読取りを行う。ケース出荷の場合は，商品をダンボールに梱包した後，トンネル型アンテナで，商品タグの一括読取りを行う。

(3) アパレルメーカ／物流センター

アパレルメーカ／物流センターでの処理は業務処理フローを図3，図4に示す。

① 入荷

アパレルの入荷処理は，縫製工場からの送り状に基づき枚数検品ないしはケースの個数検品を実施し受け入れる。

② 出荷

出荷指示データによりピッキングリストを作成し，このリストに基づき該当商品をピッキングし，ハンガー商品はZラックにかけ，ケース商品はケースに入れる。ピッキング済み商品をゲート型あるいはトンネル型アンテナで，必要なオプション項目データを一点一点の商品タグに書込む。

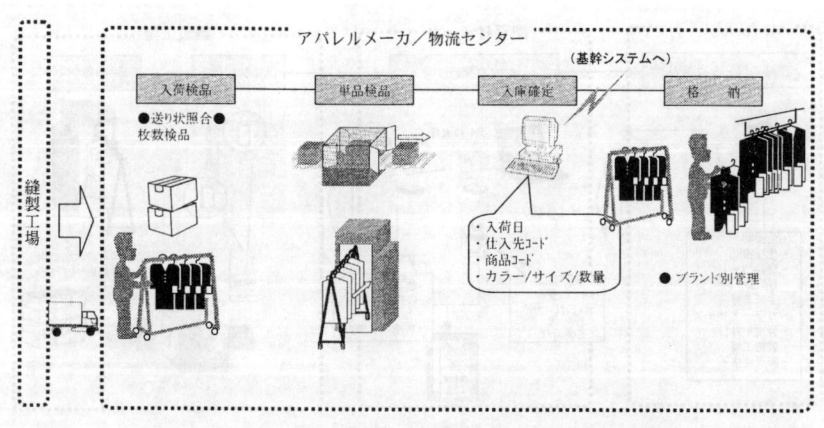

図3　処理イメージ図（アパレルメーカ／物流センター＝入荷・保管＝）

第12章 アパレルへの適用における標準化検討とその実証実験について

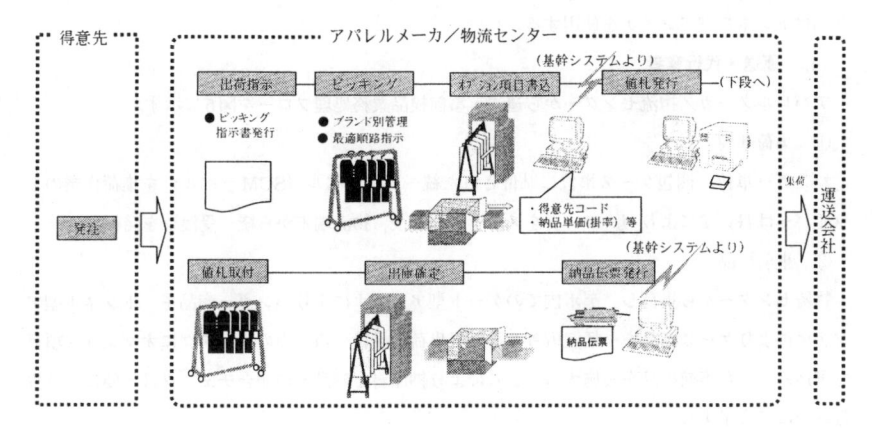

図4 処理イメージ図（アパレルメーカ／物流センター＝出荷＝）

③ 返品入荷

図5のアパレルメーカ／物流センターの入荷業務処理フローと同様に縫製工場からの入荷が百貨店からの返品入荷に変わるだけである。オプション項目が商品タグに書込まれていれば得意先毎の商品明細取り作業並に返品計上処理が迅速化・省力化が図られる。

④ 棚卸

ハンガー商品はハンディアンテナ等にて商品タグを読取ることにより棚卸を実施する。ケース

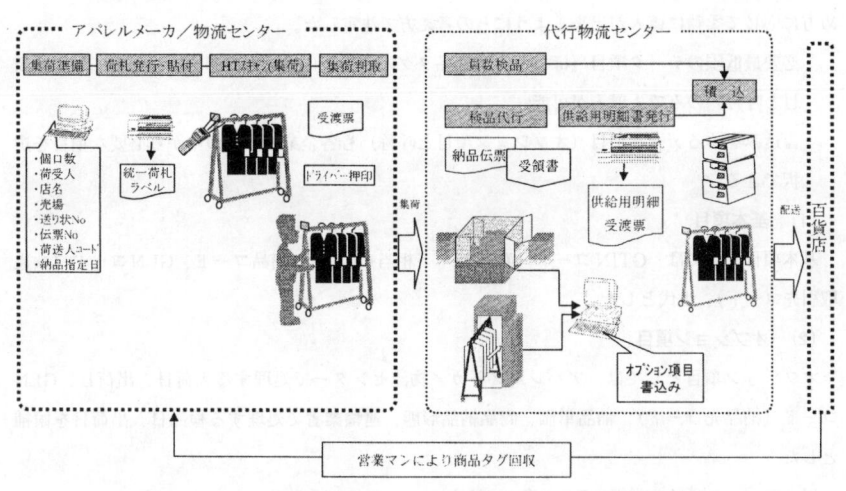

図5 処理イメージ図（アパレルメーカ／物流センター～運送・代行業者）

商品はトンネル型アンテナを使用する。

(4) 運送・代行業者

アパレルメーカ／物流センターから運送・事前検品業務処理フローを図5に示す。

① 集荷準備

ハンガー単位・梱包ケース単位に貼付された統一荷札ラベル（SCMラベル）を集荷作業のドライバーはH／Tによりバーコードをスキャンした後，物流端末から統一受渡票を発行する。

② 事前検品

物流センターから集荷し，デポ内でのゲート型アンテナによりハンガー商品を，トンネル型アンテナによりケース商品を一括読取りを行い，出荷検品後一点一点の商品タグにオプション項目を書込みながら事前検品を実施する。これにより納品書と商品との照合チェックは不要になり枚数確認にて終了する。

(5) 回収運用

図5にある様に百貨店のインショップでの販売時に商品タグを商品からはずし，後日営業マンによりタグを回収し再利用する。これは商品タグに埋め込まれているICチップが使い捨てられることにより環境への汚染の可能性を考慮したものである。本来のあるべき姿としては，アパレル業界において回収の仕組みを構築することが望ましいが，当面各社の営業マンによる回収とする。

3.1.2 RFIDデータ項目

業務処理時に処理するRFIDデータ項目は，一律に決めるのではなく，夫々の企業の導入の進め方に応じて柔軟に導入が出来るようにとの考え方で決定した。

- ・必要最低限のデータ項目（ほとんどが商品タグの発行時に書込む；基本項目あるいは必須項目と呼称）のみでも導入が可能
- ・書込みをするデータ項目（オプション項目と呼称）も各企業で候補の中から必要な項目を選択できる

(1) 基本項目

基本項目としては，GTINコード（JANコード相当），メーカ商品コード，GLNコード（共通取引先コード），上代とした。

(2) オプション項目

オプション項目としては，アパレルメーカ／物流センターで処理する入荷日，出荷日，GLNコード（納品先コード），納品単価，商品納品形態，運輸業者で処理する検品日，出荷日を候補とした。

以上のデータ項目の詳細を表2，表3に示す。

第12章　アパレルへの適用における標準化検討とその実証実験について

表2　商品タグの基本項目

業務プロセス	データ項目	タイプ	桁数(最大)	書込タイミング	項目説明
商品企画プロセス	・メーカー商品コード	X	20	タグ発行時	アパレルの社内商品コードであり，カラー／サイズまで含む
	・GTIN（JAN）コード	N	14	タグ発行時	JANコードを意味するが今後のグローバル取引対応を考慮してGCI（グローバル・コマース・イニシアチブ）に準拠した
	・上　　代	N	11	タグ発行時	メーカー小売希望価格を表す
	・GLN（共通取引先）コード	N	13	タグ発行時	流通システム開発センターから取得するメーカーを特定する企業代表コードである今後のグローバル取引対応を考慮してGCIに準拠した

表3　商品タグのオプション項目

業務プロセス	データ項目	タイプ	桁数(最大)	書込タイミング	項目説明
物流センタープロセス	・入荷日	N	6	入荷時	アパレル物流センターへの商品の入荷日（返品商品も含む）を表す
	・出荷日	N	6	出荷時	アパレル物流センターからの商品出荷日を表す
	・GLNコード	N	13	出荷時	納品先のコードを表す
	・納品単価（率）	N	10	出荷時	商品納入単価ないしは納入掛率を表す
	・商品納品形態	X	1	出荷時	商品の得意先への納入形態（買取，委託，消化）を表す
	・その他	X	10	出荷時	各アパレルにて任意設定の項目
運送プロセス	・検品日	N	6	検品完了日	代行業務にて検品実施日を表す
	・出荷日	N	6	出荷日	代行業者のセンターから商品を出荷した日を表す

3.2　RFIDシステムへの要求仕様

業務処理モデルの標準化と同様にRFIDシステムについても標準モデルを検討し，ガイドラインとしてまとめた。なお，この標準仕様はアパレル製品が世界レベルでの対応が必要と思われるのでISOの標準に準拠することを前提にしているが，ここではISOの仕様にアパレル業界として追加すべき機能を中心に述べる。

3.2.1　要求仕様の概要

この要求仕様はRFIDシステムを利用する立場で，運用の利便性／性能／機能等をまとめたものであるが，商品タグの利用は利用効率から個別に使用するのではなく，複数の業界（アパレル

メーカ，運輸業者，小売業者等）が共同で利用することを前提とした。

① 業務運用がスムーズにできる

RFIDシステム導入の前提が，現状処理をより効率化する，あるいは改善／改革することが主目的のため，いま以上に業務運用が効率的に運用できることが必須になる。

・商品タグの利用環境（荷姿，業務処理―入出荷，ピッキング，棚卸処理等―の対応）に適したアンテナで処理できること

・商品タグデータのデータ項目単位にアクセスが即時にできること

② 商品タグの一括読取り個数は，ケース商品やハンガー商品の荷姿（箱詰め，ハンガーラックにかける等）で処理する場合は50個程度が一括で読取り処理ができること

③ 必要なタグデータ項目に機密保護が設定できる

・タグの共同利用によりデータ項目，特にオプション項目は必要によっては機密保護がセットできること

・リーダ・ライター（以降，R／Wと略記）とRFタグが別ベンダーでも対応できる必要があるため機密保護はパスワードを使用する

④ アプリケーションでのRFタグ処理機能

基本的にはISOのアプリケーションコマンドを利用するが，アパレル業界として次のコマンド機能を追加する。

・スリープモード機能で，複数のアンテナでRFタグを処理する場合，一度読取ったRFタグデータは，再度アプリケーションに渡さない様にする

・一括書込み機能で，商品につけるために商品タグの初期発行を行うが，同一のRFタグデータの書込みをする場合は，アンテナ内にある全てのタグに一括書込みを行う

・パスワードの設定・照合機能機で，機密保護のためデータ項目をアクセスするのにパスワードをセットして照合させる機能を持つこと

3.2.2 要求仕様の実現方法

RFIDシステムへの要求仕様の中でISO仕様に追加する機能の実現方法の概略を述べる。

（1） タグメモリの管理方式

3.2.1項の要求仕様でのデータ項目単位に即時にアクセスできる，データ項目単位に機密保護ができることを満足させるタグメモリの管理方式は，ISOで定義されているディレクトリー方式を使用する必要がある。なお，機密保護については，パスワード方式で実現するとの前提で検討を行った。

このディレクトリー方式は，RFタグメモリのユーザ領域（RFタグのユーザが利用可能なメモリ領域）にデータ項目の情報テーブルを持つことによりメモリ管理を行うものである。

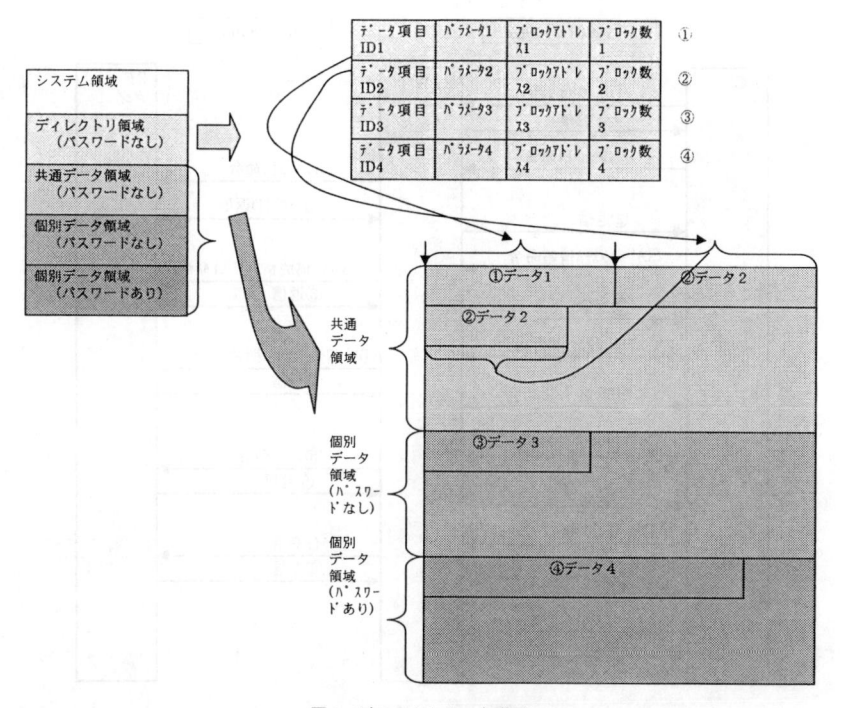

第12章 アパレルへの適用における標準化検討とその実証実験について

データ項目ID	パラメータ	ブロックアドレス	ブロック数	
データ項目ID1	パラメータ1	ブロックアドレス1	ブロック数1	①
データ項目ID2	パラメータ2	ブロックアドレス2	ブロック数2	②
データ項目ID3	パラメータ3	ブロックアドレス3	ブロック数3	③
データ項目ID4	パラメータ4	ブロックアドレス4	ブロック数4	④

システム領域
ディレクトリ領域（パスワードなし）
共通データ領域（パスワードなし）
個別データ領域（パスワードなし）
個別データ領域（パスワードあり）

共通データ領域
　①データ1　②データ2
　②データ2

個別データ領域（パスワードなし）
　③データ3

個別データ領域（パスワードあり）
　④データ4

図6　ディレクトリー方式図

イメージ図を図6に示すが，各テーブル項目の内容は次の通り。

・データ項目IDはデータ項目の識別のためのユニークな番号
・パラメータはデータ項目の属性情報でデータの表現方式と機密保護の方式を定義する
・ブロックアドレスはデータ項目のユーザ領域での開始ブロック（複数バイトを単位に処理するが，その単位をいう）を示す
・ブロック数はデータ項目の使用するブロック数を示す

この方式を使うことにより，ユーザ領域の頭から読まずに処理に必要なデータ項目を直接アクセスすることができる，企業毎に異なったデータ項目を使用しても処理できる，機密保護機能が容易に実現できる等のメリットがある。反面，情報テーブル（検討した方式では1項目に対して4バイトが必要）の領域が必要なためメモリ容量が大きくなるデメリットがある。

(2) データプロトコル

参考までに，機密保護機能としてパスワード方式を採用した場合のアプリケーションコマンド

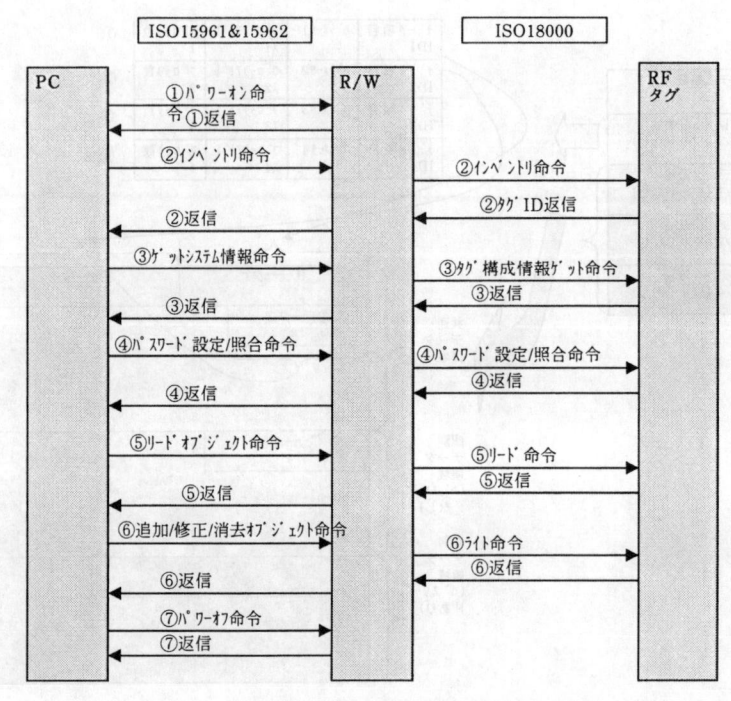

図7 データプロトコル

を追加したデータプロトコルの手順を図7に示す。

4 次世代物流効率化システム研究開発事業での標準化モデル

平成15年度の経済産業省・次世代物流効率化システム研究開発事業に「アパレル業界標準RFIDシステム開発・実証実験」が採用され，前節のRFID研究委員会の標準化モデルをベースにしながらアパレル業界としての標準化業務モデルとRFIDシステム標準仕様の検討を行っている。当開発事業の標準RFID推進委員会（注：標準RFID推進委員会とは，「アパレル業界標準RFIDシステム開発・実証実験」の研究開発事業での最終認証委員会で当事業の参加企業／団体等が参加し，各ワーキンググループより提案された案件を議論・審査を行う組織で，了承された内容がアパレル業界の正式な標準となる）で承認された検討内容についてその概要を述べる。

第12章 アパレルへの適用における標準化検討とその実証実験について

4.1 標準業務モデル

ここでは第3次委員会でまとめられた業務モデルとRFIDデータ項目について検討を行い，アパレル業界の標準を決めた。

4.1.1 業務モデル

RFIDシステムの各処理の利用イメージは第3節にあるので，ここでは業務処理フローとしてまとめられたビジネスモデルと併せて現行業務処理も掲載し，RFID導入時の主な特徴について述べる。

(1) アパレルメーカ（商品企画）〜縫製工場

アパレルメーカ（商品企画）〜副資材メーカ〜縫製工場の活用モデルを図8に示す。

① 副資材メーカ

アパレルメーカからの発注により，副資材メーカでブランドタグ，商品タグの作成が行われ，縫製工場へはブランドタグ，商品タグをアソートして納品する。

② 縫製工場

商品の検針後，アソートされたブランドタグ／商品タグを商品に貼付し，アパレルメーカの出荷指示に基づき一時保管されていた商品のピッキングを行うと共に，出荷指図データと読取った商品タグデータとの突合せを行い確認する。（データとの突合せではなく，ピッキングリストだけで確認を行う場合が大半であるが）ピッキングされた商品の出荷時には，読取った商品タグデータを使用してASN（事前出荷明細）データとしてアパレルメーカ／物流センターに送信する。

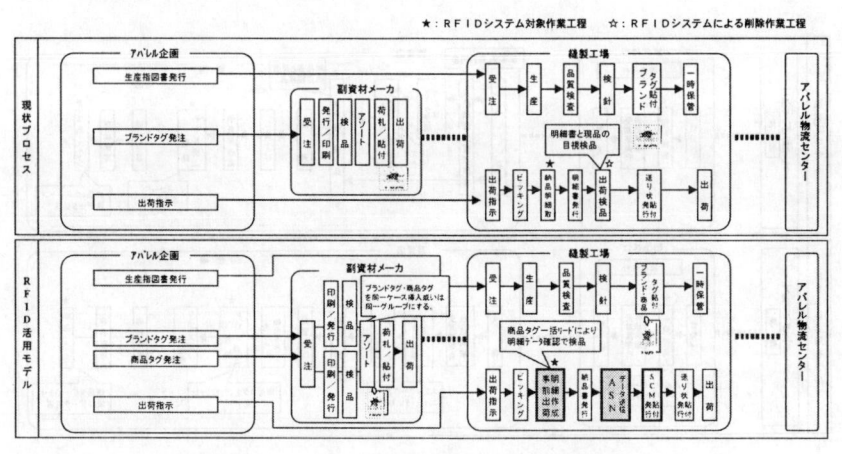

図8 アパレル：タグ発注〜副資材メーカ〜縫製工場

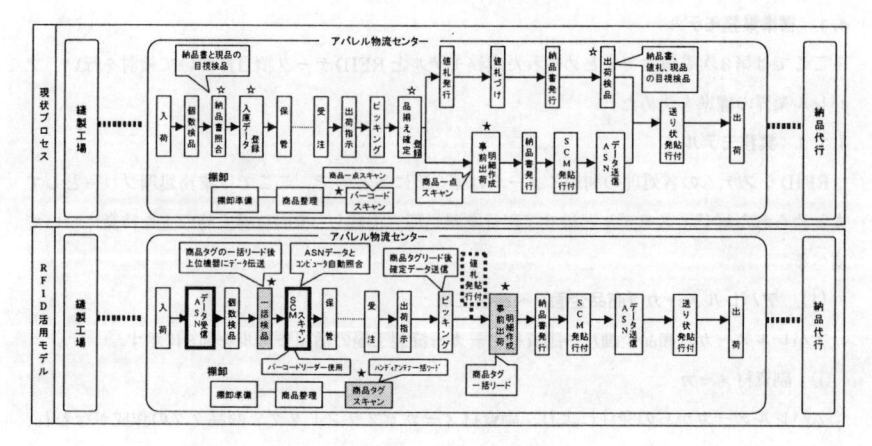

図9 アパレル物流センター：入荷〜出荷

(2) アパレルメーカ／物流センター

アパレルメーカ／物流センターの活用モデルを図9に示す。

入荷処理では荷姿単位の個数検品を行った後，入荷時の商品タグの読取りデータと縫製工場より送信されたASNデータとの突合せにより入荷検品を行う。ピッキング処理では縫製工場と同様に出荷指図データとピッキングした商品タグデータの突合せにより確認を行う。出荷検品時には読取った商品タグデータを使用してASNデータとして百貨店に送信する。

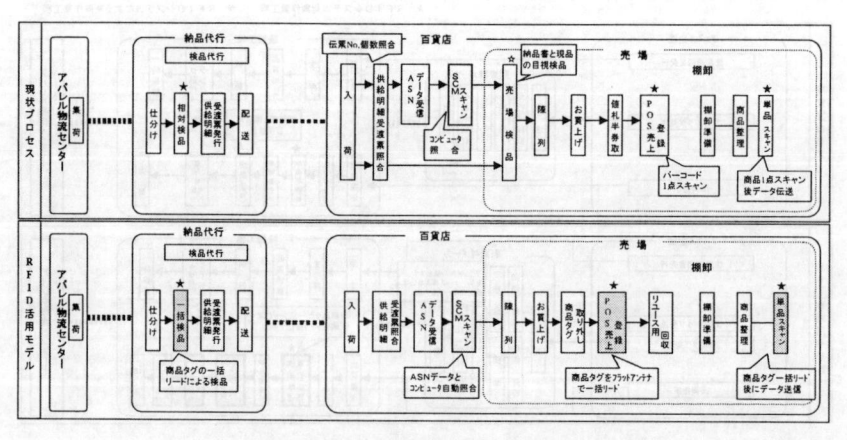

図10 納品代行〜百貨店（売場）（本納品）

第12章 アパレルへの適用における標準化検討とその実証実験について

(3) 運輸業者(納品代行業者)〜百貨店
① 入荷

運輸業者(納品代行業者)〜百貨店の本納品の活用モデルは図10に示す。

入荷処理では商品タグの読取りデータとアパレルメーカ／物流センターより送信されたASNデータとの突合せにより入荷検品を行う。売上登録処理では売上時に商品から商品タグを取り外し，商品タグをPOSのアンテナにより読取りを行う。

② 返品出荷

百貨店〜運輸業者(納品代行業者)への本納返品の活用モデルは図11に示す。

4.1.2 RFIDデータ項目

データ項目については3.2.2項の基本項目については同一内容で決定されたが，オプション項目については，各業界／企業の必要度が異なることもあり，参考項目としての提示にとどまった。なお，データ項目は項目毎に頭に1バイトのデータ項目IDを付加することとした。

4.2 RFIDシステム標準仕様

この研究開発事業ではRFIDシステムの機能面だけではなく，運用上の観点からも標準仕様の検討が行われ，要求仕様が決められた（使用周波数は13.56MHzを前提で）。

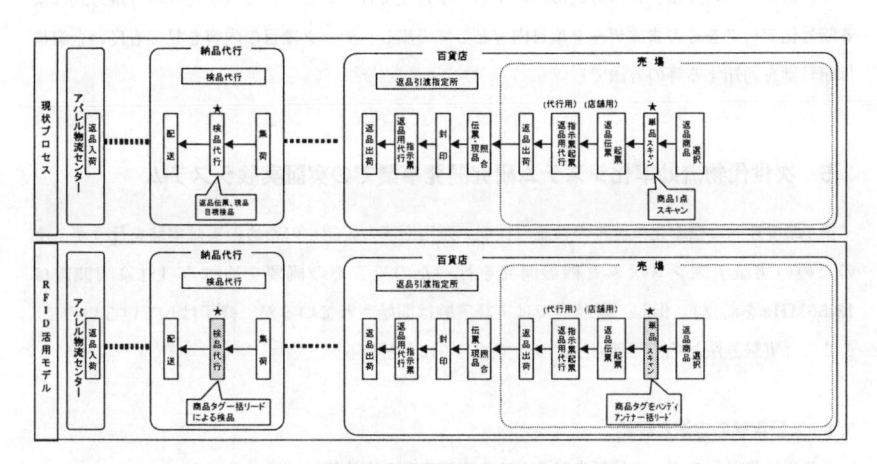

図11 納品代行〜百貨店（売場）（本納返品）

(1) RFID機器への要求
① RFタグ
・同一周波数であればどの機器でも処理できる
・タグの表面には基本項目が印字できる（印字層はリライタブル材を使用）
・メモリ容量は128バイト以上
② アンテナの処理性能
・トンネル型アンテナ（ケース商品対応）での一括読取りは70枚
・ゲート型アンテナ（ハンガー商品対応）での読取り距離が70cm
・ハンディ型アンテナでの1個のRFタグの読取り距離は50cm
・携帯ハンディ型アンテナでの1個のRFタグの読取り距離は10cm
・POS用平台型アンテナでの読取り距離は5cm以内

(2) RFIDシステムへの要求
① アプリケーションコマンドの追加
・タグデータ項目の一括書込み機能
・スリープモード機能
② タグメモリ管理
・128バイト以上はディレクトリー方式とする
③ 機密保護
　この機能については、特に方式は決めずユーザ責任で行うこととした（例えば暗号鍵方式による暗号化データをそのままデータ項目内容として書出し、データ項目の内容を見ても良い企業には暗号鍵を通知する等の方法で）。

5 次世代物流効率化システム研究開発事業での実証実験システム

　第4節で述べた標準化モデルの検証（機能／運用面等の確認）のための実証実験を行うが、そのための実証実験システムと機器開発を行ったので、その概要を述べる（対象周波数は13.56MHzを前提）。但し、現時点では実証実験は開始されているが、終了はしていないので、ここでは実験方法とその評価方法について述べるにとどめる。

5.1 実証実験の方法と評価

　ここでは標準化モデルの検証を行うための実証実験の方法等について述べる。

第12章　アパレルへの適用における標準化検討とその実証実験について

5.1.1　実証実験の目的

　実証実験の目的はアパレル業界におけるサプライチェーン間でのモデル構築を目指し，設定されたビジネスモデルとモデルに対応する標準RFIDシステムが実務上有効であるかを検証することにある。そのために，次の観点で実験結果の評価を行う。なお，実証実験については短波帯とUHF帯（950～956MHz）の両周波数帯で行うことになっているが，現時点ではUHF帯の実証実験については具体的な内容はまとまっていない。

・活用モデルでのRFIDシステムの処理効率と処理精度
・標準RFIDシステムの要求仕様の妥当性

　この評価により，設定されたビジネスモデルと標準RFIDシステムの改善等の洗出しを行い，改善すべき部分の見直しを行い適切なモデルを再検討し確定することになる。

5.1.2　実証実験の方法と評価方法

（1）　実証実験の方法

　設定された活用モデルに基づいた実証実験システムとRFIDシステム関連機器（RFタグ，アンテナ関連機器）を開発し，実環境に近い状況で実証実験を行うと共に現行システム（基本的にはバーコードシステムがベースではあるが，大半の企業では人手での枚数確認処理等が行われている）についても種々の測定を行い，両システムを比較し評価を行う。

（2）　実証実験評価方法

　実証実験の目的で述べた2つの観点でそれぞれ評価を行う。

①　活用モデルでの処理効率と処理精度

　目的はアパレル商品タグが業務に支障なく稼動し，実用レベルにあることを検証することで，方法としては現行業務であるバーコード処理とRFIDシステムによる業務処理について，それぞれでバーコードではブランドタグで，RFIDシステムでは商品タグでの各処理の効率（商品処理枚数と所要時間を測定し算出）と現行業務処理との比較を行う。

②　標準RFIDシステムの要求仕様の妥当性

　目的は標準として設定された内容がRFIDシステムとして提供される技術レベルに対して問題がないかを検証することにある。内容的にはRFタグのデータ項目とRFIDシステムに対する要求仕様が問題なく実現できているか，運用上問題がないかを評価するもので，実証実験の参加者からのインタビューないしはアンケートによって評価する。

5.2　機器開発概要

　実証実験の各場所と処理内容により最適な運用を行うためにもアンテナ系を使い分ける必要があり，各種アンテナの機器の開発／改良を行った。開発機器の詳細仕様については省くが，その

143

RFタグの開発と応用Ⅱ

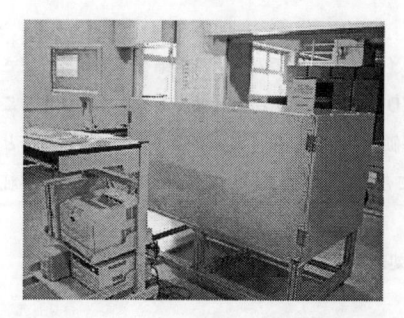

写真1　トンネル型アンテナ

使用方法について述べる。

(1) アンテナ機器の開発

① トンネル型アンテナ

ケース商品の処理を行うアンテナで縫製工場・アパレルメーカ／物流センターでの入荷／出荷処理，一部の棚卸処理に使用される。ダンボール箱ないしは通い箱（プラスティックコンテナ）はこのアンテナにより処理を行うが，RFタグの重ね合せ時でも読取り精度が落ちない様にするため，アンテナ内部では比較的高い出力で読取り処理を行う。この様な状態でもアンテナをシールドすることで，アンテナ外部では電波法の規定範囲に入るようになっている。トンネル型アンテナを写真1に示す。

② ゲート型アンテナ

ハンガー商品の処理を行うアンテナで縫製工場・アパレルメーカ／物流センターでの入荷／出荷処理に使用される。ハンガーをかけた状態のZラックやハンガーシステムでのトロリーをこのアンテナで処理を行うが，商品タグをはさんだ対向のアンテナを同時に動作させ処理を行う構造になっている（電磁誘導方式ではこの方法が一番読取り距離が期待できる）。ゲート型アンテナ

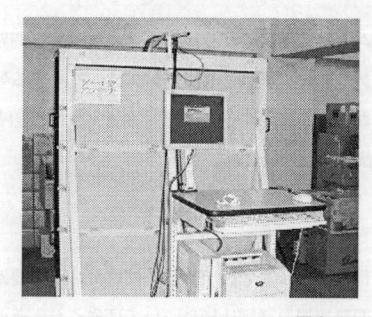

写真2　ゲート型アンテナ

144

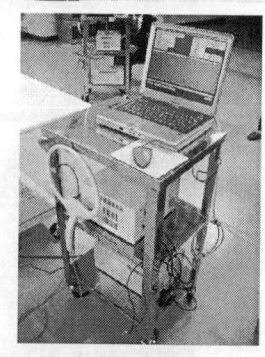

第12章 アパレルへの適用における標準化検討とその実証実験について

写真3 ハンディ型アンテナ

を写真2に示す。

③ ハンディ型アンテナ

基本的にはハンガー商品の処理を行うアンテナで、手に持ち商品に近づけて処理を行うもので、棚卸処理やピッキング処理に使用される。運用する際に、商品の実数を確認しながら出来るので、対象場所によっては入荷処理／出荷処理も使用することもある。ハンディ型アンテナを写真3に示す。

④ 携帯ハンディ型アンテナ

ハンディ型アンテナのバッテリー、R／Wを人が携帯できるレベルに小型化してあり、あまり大きな機器を持ち込めない百貨店の店頭などで使用する。処理としては、百貨店店頭での入荷処理／返品出荷処理、棚卸処理に使用する。携帯ハンディ型アンテナを写真4に示す。

⑤ POS用の平台型アンテナ

POSシステムに接続し、売上商品の商品タグの読取りに使用し、百貨店での売上げ登録処理に使用する。但し、このアンテナは他のアンテナと異なり処理対象以外の商品タグを読まないように処理距離はできるだけ抑えてある。バーコードに代わり、RFIDの全面導入は考えにくいの

145

RFタグの開発と応用Ⅱ

写真4 携帯ハンディ型アンテナ

写真5 POS平台型アンテナ

で，バーコードとRFIDシステムが共存するので，売上登録はバーコードも処理可能にしてある。平台型アンテナを写真5に示す。

(2) 高速アンテナ切替え機の開発

この機器をR／Wとアンテナ間に入れることにより，①トンネル型アンテナと②ゲート型アンテナでは，アンテナに対して商品タグの向きがどの様な方向でも処理が可能な様に複数アンテナを高速に切替えることが可能となる。

(3) その他の開発

実証実験に使用するRFタグは2サイズ，即ちフルサイズ（クレジットカードのサイズ）とハーフサイズ（フルサイズの半分）を開発した。2サイズのRFタグを写真6，写真7に示す。

タグの仕様は次の通り。

・タグアンテナは銅のインレット

・タグの共振周波数の基本は14.5MHzとしたが，タグの重ね合せに強い15.5MHzも開発して評価を行う

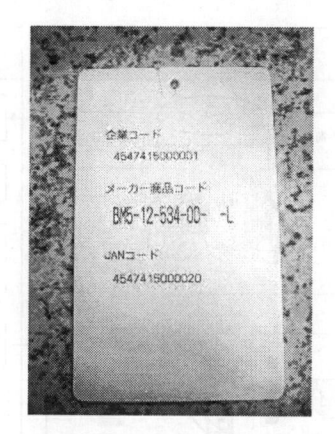

第12章　アパレルへの適用における標準化検討とその実証実験について

写真6　フルサイズタグ

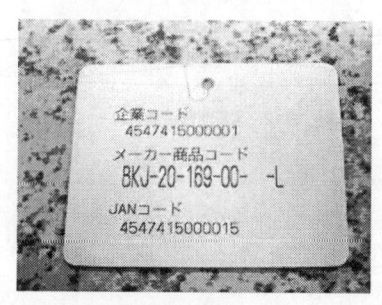

写真7　ハーフサイズタグ

・タグの表面印字層はロイコ型リライタブル材を使用

5.3　実証実験のシステムとその運用

　以上，述べたRFIDシステム機器と実証実験の方法により行われる実証実験システムの概要フローを図12に示す。なお，各処理機能は第3，4節の内容と同じため処理機能名だけを挙げるにとどめる。但し，実証実験については，本来活用モデル通りに，しかも当季品で行うのが望ましいが，一部の処理の商品については季外品で行うことにしている。

　①　縫製工場
　　・出荷検品
　②　アパレルメーカ／物流センター
　　・入荷検品／返品入荷検品

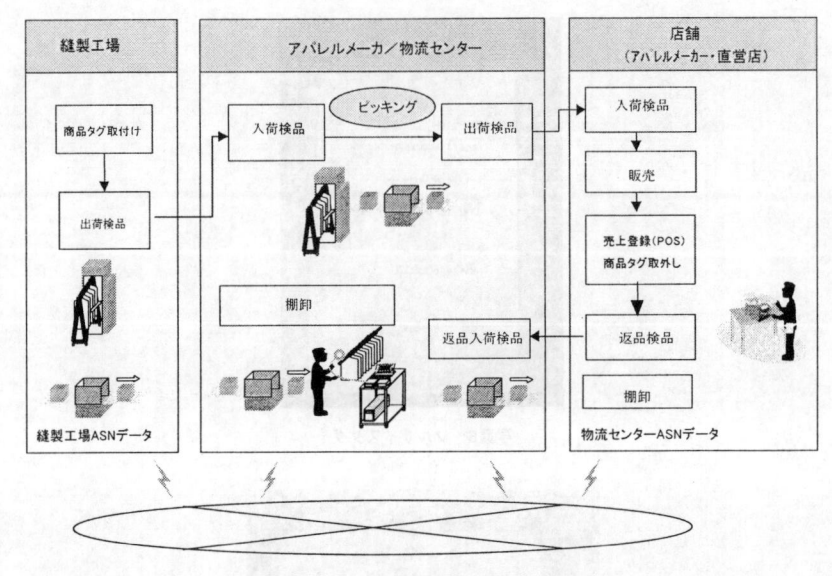

図12 実証実験概要フロー

・ピッキング

・出荷検品

・棚卸

③　百貨店

・入荷検品

・売上登録

・返品検品

・棚卸

　冒頭に述べた様に，説明してきた実証実験は開始されてはいるがまだ終了はしていないこともあり，結果による標準モデルの評価，それに基づくモデルの見直しについては，現時点では言及することはできない。とは言え，今回の様にRFIDシステムの早期導入のために物流プロセス処理に限定はしているが，RFIDシステムを導入する際の導入効果は大きなものが期待されているし，この様に業界をあげて標準化に取組むケースはアパレル業界が初めてではある。

　今後他業界もアパレル業界に続いて積極的に検討を進めることを期待したい。

第12章　アパレルへの適用における標準化検討とその実証実験について

6　おわりに

　今まで述べた様な国内での標準化の活動とは別に，(社)日本アパレル産業協会では，アパレル製品が世界規模で動く製品であることを考慮して，JEITA（Japan Electronics and Information Technology Industries Association；日本電子工業振興協会）のISOの国内委員と共同でISO／SC31／WG4（RFIDについての標準検討ワーキング）に対してアパレル・アプリケーションの観点で世界標準への提案活動も進めているが，平成15年度に英国のエジンバラで開催された際は，日本でのこの取組みを非常に評価し，海外の委員より共同で検討を行いたいとの申入れを受けている。

　また，今回の研究開発事業での標準モデルも第3次委員会のまとめを受けて，早期導入を意識して対象を物流プロセスに絞った形で行われ，主に物流での業務処理効率を追求できると思われる場面を検討対象したが，業界全体を考えた場合はサプライチェーンで必要とされる機能全てにRFIDシステムを活用することが求められている。例えば，小売業の店頭でMD情報等を収集するツールとして使用する，商品企画段階でこのMD情報の活用，あるいはSPA型アパレルの様に販売時の仮説に対して検証データをとりつつ軌道修正を行う等に使用できると思われる。

　実証実験の評価にもよるが，まずは各企業の物流プロセスへの導入が先行することになるが，それと並行して物流プロセス以外についても標準化の検討を進めていきたい。

　今回は実証実験については方法と評価について述べたが，機会があれば今回の実証実験の評価・評価内容と標準モデルの見直しについても報告を考えたい。

文　　献

1) 日本総合研究所著，Japan Research Review，1999年1月号，「ネットワーク時代におけるサプライチェーン・マネジメント視点での情報化政策課題」
2) 野村総合研究所著，知的資産創造，「SCM推進が急がれる繊維・アパレル業界」，2000年3月号
3) (財)流通システム開発センター刊，「アパレル流通におけるRFIDの活用—導入に向けての活用モデル—」

第13章　食品流通への適用とその実証実験について

宮代　透*

1　食品流通へのRFタグの適用

　食品流通業界は，生産者から消費者まで安全で良質な食品を安定的に供給する役割を担っており，消費者にとってもっとも身近な分野の一つである。近年，消費者のニーズや生活スタイルの変化，グローバル調達などによる供給構造変化に対応して，効率化や高度化などの構造改革を迫られている。これに対して，物流効率の最適化を図るサプライ・チェーン・マネジメント（SCM）やコラボレーティブ・プランニング・フォーキャスティング・アンド・レプレニッシュメント（CPFR）の取り組みが活発になってきている。CPFRとは，製造業者と小売業者が協力（コラボレーティブ）して，製品計画（プランニング），需要予測（フォーキャスティング）そして商品補充（レプレニッシュメント）を行うプロセスである。例えば，小売業者は品切れを防ぐため多めに発注する一方で，製造業者は突然の発注にも対処できるよう多めに生産する傾向があり，常に必要以上の中間在庫が発生するという問題がある。CPFRでは，売上実績や販促計画，在庫状況，生産計画などの情報を製造業者と小売業者で共有し，最適な発注量や在庫量を決定することで機会損失を防ぎ，在庫回転率を向上させることを目標としている。

　このような中，この分野でのRFタグ活用については，バーコードに代わる次世代商品管理を実現するデバイスとして期待が高まっている。バーコードと比較すると，RFタグには複数一括読み取りや遠隔読み取りが可能という特徴があるため，RFタグを商品やケースに貼付した場合，次のような効果が期待されている。

・荷物を載せたフォークリフトがゲートを通過するだけで入荷処理完了
・複数種類の商品が梱包されたオリコンを開けることなく検品
・店舗レジで買い物カゴを台に載せるだけで精算が完了

　また，ネットワーク接続を前提とした利用が想定されており，RFタグの流れ，すなわちそれを貼付した商品の流れに関連する膨大な情報を蓄積することが可能である。その情報を複数のプレイヤで共有することにより，次のような効果も期待されている。

・商品に関する生産情報や通過履歴情報を共有

---

*　Toru Miyashiro　㈱NTTデータ　ビジネス開発事業本部

第13章　食品流通への適用とその実証実験について

・遠隔地点の商品在庫状況をリアルタイムに把握し，適正発注を実現
・販売状況をリアルタイムに把握し，生産計画や商品開発に活用

　特に海外では，物流の効率化を目的とした活用が検討されており，米国の大手小売業者でも本格導入を発表している。米国では流通過程における誤配や欠配による機会損失が数十パーセントあるともいわれており，RFタグによる商品管理やCPFRの導入により，機会損失を防ぐ目的がある。

　一方，日本においては，中間物流業者の努力によりすでに流通過程における効率化は一定のレベルを達成しているため，物流の効率化という面ではRFタグを導入しても限定的な効果しか望めない。それゆえ，RFタグの活用に関しては，効率化の効果だけでなく，利便性向上や情報提供による付加価値についての検討が重要であり，バリュー・チェーン（価値の連鎖）を構築することが必要である。

　バリュー・チェーンとは，製造業者，卸売業者，小売業者が一体となって消費者ニーズを捉え，生産計画や販促計画に反映することで消費者ニーズに応えていくプロセスである。SCMやCPFRとの違いは，バリュー・チェーンには企業間のコラボレーション（共同作業）だけでなく，消費者と企業のコラボレーションも含まれるということである（図1）。日本の消費者ニーズは多様化しており，また絶えず変化している。「安全・安心な食品を提供してほしい」「食品の旬やおいしい食べ方についての情報がほしい」「欲しいものを欲しいときに提供してほしい」。これらのニーズに対し，継続的に対応するためには，消費者を巻き込んだ情報共有とコラボレーションにより価値創造を行っていく仕組みが必要なのである。

　食品流通は，取扱商品数が多い，中間流通業者が多い，商品単価が安いという理由で，RFタグの導入がもっとも遅くなるだろうといわれている分野の一つである。確かに，単にバーコードの置き換えとしての導入という意味においては，十分にコストが低減され，環境も整備されてからでないと，実現は困難であろう。しかし，バリュー・チェーン構築により，参加する各プレイ

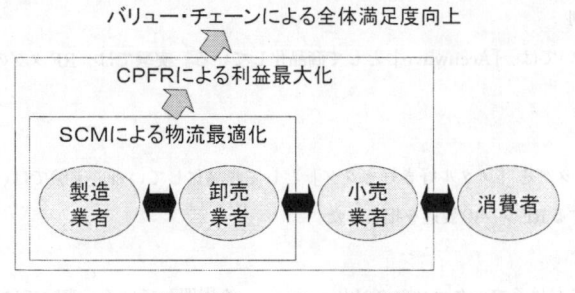

図1　バリュー・チェーンの構築

ヤが付加価値，すなわちメリットを享受できる仕組みが実現できれば，その導入時期はもっと近い将来になると思われる。

2 食品流通RFID実証実験について

このように，食品流通分野におけるRFタグの活用に対して期待は大きいのだが，実際の運用に向けてはまだまだ課題も多いとされている。そこで，この分野全体の効率化による競争力強化と商品トレーサビリティに対するニーズに応えるべく，㈱NTTデータ，丸紅㈱と㈱マルエツの3社により実証実験が企画され，食品のライフサイクル管理におけるRFタグの有効性および課題を検証することになった。実施にあたっては，大日本印刷㈱，王子製紙㈱，マイティカード㈱および日本NCR㈱といった有志企業が協力した。各社の目的と役割については，次のとおりである。

・マルエツ

お客様のレジ待ち時間の短縮によるサービス改善および自社の物流効率化を検討中であり，また，店頭におけるお客様への積極的な安心・安全の情報提供に取り組む。実験では，実験店舗を提供した。

・NTTデータ

来るべきユビキタス社会に備えて，様々な情報に安全にアクセスするためのユビキタス・サービス・プラットフォーム構築に取り組む。実験では，NTT研究所の協力のもと，情報センタの構築・運営を担当し，バリュー・チェーン実現のための各種機能を提供した。

・丸紅・マイティカード

総合商社としての総合物流ノウハウを強化するため，事業会社が推進するRFタグを利用した高付加価値な物流ソリューションの基盤体制構築を行っている。実験では，ICチップの提供，技術サポートを実施した。

・大日本印刷

RFタグについては，「Accuwave」として商品化している。実験では，RFタグの製造を担当した。

・王子製紙

金属対応RFタグを「メタル好き好きタグ」として商品化している。実験では，金属素材パッケージに対応するRFタグの製造を担当した。

・日本NCR

インストアにおけるマーケティングソリューションを展開している。実験では，RFタグ対応

第13章　食品流通への適用とその実証実験について

の情報表示端末を提供した。

　この実証実験の特徴は，その目的がRFタグそのものの有効性や作業効率化のための活用を検証するだけではなく，バリュー・チェーン構築を検証することにある点である。これまでRFタグは特定の倉庫や店舗の中で閉じた形で利用されることはあったが，この実験のように，一つ一つの商品が生産者や食品メーカから物流センタ，店舗を経て消費者の手に渡るまでの流れにおいて，RFタグの利用について検証したのは初めてのことである。そのため，ケースやパレットという箱単位にだけでなく商品の一つ一つにRFタグを貼付し，管理した。

　これはただ単に，技術面だけでの有効性検証だけではなく，運用面での様々な問題を検証することがより重点的な目的であった。そして，既に活発化していたコード体系や通信方式に関する標準化の動きを補完し，共にRFタグの普及を後押ししていくことを目標とした。特に，RFタグの導入にあたって新たに発生する費用を回収できる仕組みづくりが課題とされていた中で，その回答を模索する活動となった。

　プロジェクトは2003年1月に発足し，検証項目や実施方法についての検討を進めた。具体的には，運用面からの様々な実施項目を挙げた上で，技術的な予備実験を実施し，より具体的な実施方法を考察するというプロセスを何度か繰り返しながら，最終的に以下の項目について実施することになった。

① 消費者受容性の検証
　・情報表示端末で商品の安全性やこだわりの製法，調理方法やレシピなどおいしく食べる方法などを提供する
　・消費者モニタへのアンケートを実施し，消費者の反応を調査する

② 物流効率化・店舗生産性向上の検証
　・目視確認やバーコード読み取り，重量確認に依存していた入出荷検品や小分け検品，賞味期限管理などの作業を効率化する方法を検証する
　・棚卸作業に依らないリアルタイム在庫管理への利用を検証する
　・レジでの一括精算への活用について検討する

③ 情報活用の検証
　・特定の商品について，通過履歴，現在所在を確認する方法を検証する
　・リアルタイムな在庫，販売データの提供により，需要予測および生産計画，配送計画への活用を検討する

3 実証実験の概要

実証実験は，2003年9月24日より11月23日までの約2ヶ月間に2つのフェーズに分けて実施された。フェーズ1では㈱菱食と㈱雪印アクセスに協力いただき，物流センタにおいて商品やケース，パレットにRFタグを貼り付け，入出荷検品や在庫管理などへの活用を検証した。また，フェーズ2では，食品メーカ，卸売り24社（味の素ゼネラルフーヅ，エスビー食品，エバラ食品工業，オタフクソース，三友小網，永谷園，船昌，ミツカン，明治屋，雪印アクセス，菱食，キッコーマン，国分，サッポロビール，東京青果，西野商事，日清フーヅ，白鶴酒造，丸紅畜産，明治乳業，ヤマキ，ヤマサ醤油，UCC上島珈琲，他1社）が参加して，対象商品にRFタグを貼付して出荷した。ここでは主に，これらRFタグ付き商品が物流ルートを通過するときの情報の登録・活用についての検証，店舗における商品陳列や棚卸，消費者へのサービス提供などへの活用についての検証を実施した。

商品やケースに貼り付けられたタグは，電磁誘導方式（13.56MHz）であるインフィニオン製「my-d」とフィリップス製「I-Code SLI」の2種類の製品で，期間中，合わせて4万3,766枚を利用した。タグの大きさは，大（85.6×54mm），中（50×50mm）そして小（32×16mm）の3種類を用意し，商品やケースの形状，パッケージの材質に合わせて，ラベルやカード，金属対応シールに加工して使用した。

使用した読み取り装置は，フェイグ製のパネル型リーダライタとハンドヘルド型リーダライタの2種類である。店頭に設置する消費者への情報提供装置として，NCR製の情報表示端末にパネル型リーダライタを組み込んで使用した。また，ラベル型RFタグへの書き込み処理と印字処理を行うため，寺岡精工製のラベルプリンタを用いた。読み取り情報の制御は，ノート型コンピ

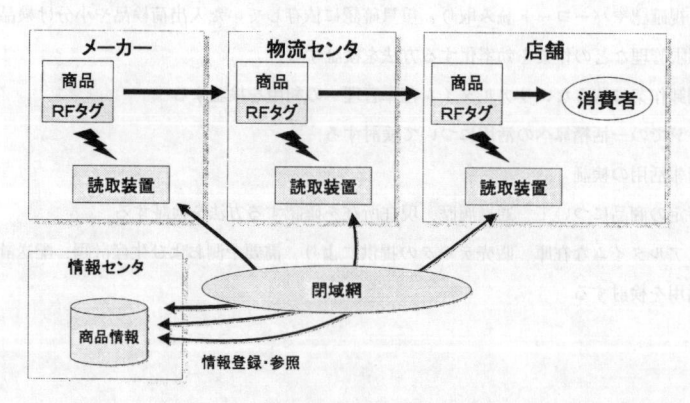

図2 実証実験の概要

第13章　食品流通への適用とその実証実験について

写真1　マルエツ潮見店

ュータにて行った。

　フェーズ2の概要を図2に示す。実施期間中，フィールドとなったマルエツ潮見店（東京都江東区，写真1）には，RFタグが付いた生鮮食品や加工食品，日配品などの商品がおよそ100アイテム並んだ。生産者や食品メーカから出荷される商品の一つ一つにRFタグが付与され，物流ルートを経由し，店頭で消費者の手に渡るまでの流れが検証された。RFタグには個別IDのみを付与し，その他の属性情報については閉域網で接続された情報センタで一元的に管理する方式を採用した。また，商品が流通していく中で追加される通過履歴などの情報も情報センタに蓄積された。蓄積された情報については，バリュー・チェーンに関わる各プレイヤへの有効な提供・活用についても検討が行われた。

　工場で生産されたRFタグは，情報センタで商品ID（商品名と通し番号）の書き込み処理を行い，生産者や食品メーカなどに送られ，商品への貼り付け作業が行われる。生産者や食品メーカでは，商品にRFタグを貼付後，賞味期限や生産ロット番号などの商品情報を登録した上で，物流センタに送付する。物流センタでは，商品ごとの登録情報を確認し，入荷受け入れ処理を行い，店舗からの発注情報に基づき出荷情報を記録して出荷する。店舗でも同様に入荷受け入れ処理を行った上で棚に陳列される。

4　消費者の受容性

　実験店舗においては，このプロジェクトは「情報満載シールキャンペーン」として告知され，消費者は情報満載シール（写真2）として表示されたRFタグの付いた対象商品を店内にある4台の情報表示端末（写真3）の台の上に載せることで，商品に関する様々な情報を得ることができる仕組みを提供した。例えば，キャンペーンシールのついたキャベツを情報表示端末に載せる

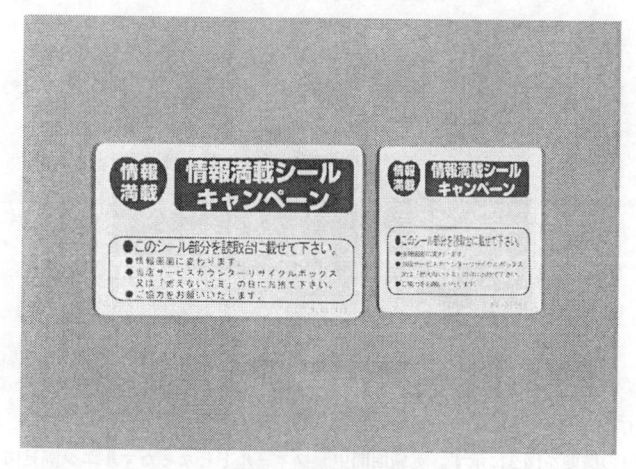

写真2　情報満載シール

写真3　青果売場の情報表示端末

と，画面には実際にそのキャベツを作った農家の方の画像や生産者情報などの商品の紹介文とともに，「賞味期限」「産地・製法」「安全性」など9項目のボタンが表示され，消費者は興味のある項目を自由に選び，情報を得ることができるようになっている。

7週間の実験期間中に，情報表示端末の利用はのべ1万675回に上った。消費者に対して鮮度の高い情報を提供するために，情報更新を定期的に行った結果，1日あたり200回を超える利用

第13章 食品流通への適用とその実証実験について

を得ることができた。全体のアクセス傾向としては，特に「産地・製法」「安全性」「環境・企業」といった項目が注目されており，消費者は食の安全性に関して非常に敏感で，かつ商品のパッケージや価格，成分表示では得ることができない情報を求めていることがうかがわれる。また，実証実験終了後，モニタとして協力いただいた消費者の方々から様々な意見が寄せられた。

(モニタの意見の例)
・提供された商品情報を見て，いつもは買わないブランドの商品を試してみた
・生産者の情報を含め，商品や価格に対する理解が深まり満足度が高まった
・買い物をするその場で情報を得られることにメリットを感じた
・レシピなどの情報提供が魅力で，毎日参考にした
・使用している農薬や添加物など，より踏み込んだ詳細なレベルの情報を得たい
・毎日使うものにこそ情報がほしいし，対象商品をもっと増やしてほしかった

このような声からも，今回の取り組みが店舗における新しい情報提供ツールとして消費者に受け入れられたと考えている。一方で，「対象商品数が少ない」「情報が少ない」といった指摘もあり，本格的な導入に向けての課題といえる。

プライバシーの観点については，今回の実験モニタなどからは特段，不安を訴える声は出てこなかったが，今後このような仕組みの実用化にあたっては，十分に配慮した仕組みづくりを検討していく必要がある。

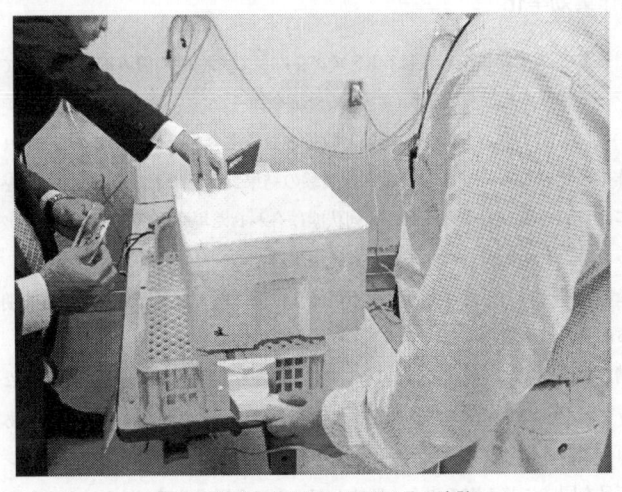

写真4　物流センタにおける読み取り実験

5 作業効率化

物流における作業効率化については、ケース単位でのRFタグの読み取りについて、輸送温度帯の違い（常温、低温、冷凍）やケースの材質の違い（クレート、ダンボール、発泡スチロール、木箱など）、ケース内に入っている商品パッケージの種類（金属、ビニール、紙など）、水分量の違い（乾物、水物など）がどのような影響を及ぼすのかという点について調査した（写真4）。その結果、金属成分を含むケースや商品パッケージの場合は、やはり読み取り精度等に影響が出たが、基本的に、温度帯や材質の違いは読み取り距離および精度には影響しないことがわかった。商品がアルミニウムなどの金属パッケージの場合については、金属対応加工をしたタグを使用することで読み取りは可能であるが、読み取り距離は短くなる傾向がある。また、本実験では既製品のRFタグを用いたので、実際の物流環境においては耐久性、動作について保証範囲外という前提である。実用化に向けては、用途に応じたRFタグや読み取り装置の開発が必要であり、本実験の結果だけでなく、今後さらに検証が必要になってくる。

また、パレットにケースが積載されている場合の積載物一括読み取りや、ケースの中に商品が小分けされて梱包されている場合の梱包商品一括読み取りについても検証を行ったが、本実験で採用した電磁誘導方式では、期待される効果を達成できなかった。これについては、今後、新たなオペレーションの工夫や別の方式による再検証が必要となる。

6 店舗作業効率化

店舗における作業効率化については、RFタグを貼付した商品の読み取りにおいて、商品陳列や棚卸、レジ一括精算の場面での利用について検証を行った。

棚卸については、陳列された商品の種類と数量の読み取り作業にかかる時間について調査し、現状の目視作業と比較した（写真5）。数回の実験の結果、商品におけるRFタグを貼る位置、読み取り装置による読み取り方向を商品の陳列状態に合わせた場合に、目視作業に比較して飛躍的な効果を得られることがわかった。また、賞味期限などの商品情報を確認する場合、特に、商品が陳列された状態で一見しただけでは目視不可能な位置（例えば裏面など）に賞味期限情報が記載されている商品の読み取りにおいては、さらに大きな効果を得ることができた。

レジ一括精算については、現状の技術レベルではかなり挑戦的な課題となった。なぜなら、金属成分でパッケージされた商品が当初想定していたよりもはるかに多かったからである。そのような商品を単体で読み取るには金属対応RFタグを添付することで対応できるが、レジ一括精算など複数の商品を同時に読み取る場合、買物かごの中に金属成分でパッケージされた商品が入っ

第13章　食品流通への適用とその実証実験について

写真5　店舗における棚卸への活用実験

てしまうと、その周辺にあるRFタグすべてに影響をおよぼしてしまい、読み取れなくなってしまう場合があった。しかしながら、買物かごに入っている商品の数量が比較的少なく、商品それぞれが密着しない程度の距離を保ち、かつタグの貼り付け位置や読み取り方法をある一定の条件で担保した場合は効果が見込めることがわかった。

いずれの利用場面においても、RFタグや読み取り装置の特性や指向性を十分考慮の上、特定の条件を満たす場合にのみ良好な結果が得られており、実用化に向けては、更なる技術革新や機器開発が必要となるだろう。

7　実験の結果を受けて

本実験では、現状の運用作業を極力変更することなくRFタグ導入を実行したため、実際には行わないような作業が発生してしまった。まず、RFタグの貼り付けについては、今回は人海戦術でRFタグの貼り付けを行ったが、現実の商品生産場面では生産から出荷に至るまでほとんどの作業が自動化されている状態であり、今回のような運用は不可能に近いだろう。また、RFタグの読み取りについても、今回はハンディ型の読み取り機器を利用した人手を介した作業となったが、現実にはこちらも自動化が求められる。今回の実験で、実際に作業を行っていただいた方々からは、「自動でRFタグを貼る装置が必要」「生産ライン上での読み取りやケースと商品の結びつけなどテスト検討が必要」という声が上がってきている。今後は、包装材自体へのRFタ

グ埋め込み，コンベア装置や陳列什器へのRFタグ読み取り機器の組み込みなど，周辺機器も含めた全体での導入検討が必要になるであろう。

　また，技術的な課題も少なくない。読み取り距離や精度の向上，金属の影響に対する対応などいくつもの課題について改善が必要である。もちろん今回の実験で採用した電磁誘導方式そのものが抱える限界という部分もあるため，他の方式との使い分け，とりわけUHFと呼ばれる周波数帯の電波を用いた方式について期待が集まっている。しかし，他方式を採用したり，技術革新が進行したりしても，運用面での課題は残る。技術面か運用面のどちらかのみで課題を解決しようとするのではなく，むしろその両面からのアプローチを実施することがRFタグ早期普及へのポイントではないだろうか。

　食品流通分野は，物流過程では複数の温度帯域が存在し管理技術が難しく，しかも物流ルートも複雑である。このような困難な条件をクリアできない限り，RFタグの本格的な普及はありえない。今後さらなる検証・検討を継続していくことにより，普及に立ちはだかる困難を着実に克服し，本格導入につなげていくことが必要といえる。

第14章　空港手荷物の利用と実証実験について

山内康英[*1]，泉田裕彦[*2]，福田　朗[*3]

1　はじめに

　RFタグの利用については，小売業での商品管理や物品管理，手荷物や貨物の物流管理，食品のトレーサビリティなどとならんで，航空手荷物のハンドリングや空港保安の分野での実用化が進んでいる。日本では，新東京国際空港公団，航空事業者および国土交通省などが中心となって，平成15年8月に「次世代空港システム技術研究組合」を設立し，平成16年3月からRFタグ（「e-タグ」）を用いた「手ぶら旅行」の実証実験を開始した（注1）。

　次世代空港システム技術研究組合は，国土交通大臣認可による鉱工業技術研究組合で，組合の定款によれば，その業務として「空港において移動体識別技術を応用することによって，陸空一貫した手荷物搬送の効率化と利便性向上を目指し，また高度な空港の保安を担保することにより，今後ますます多様化，高度化する情報社会に適応できる航空手荷物等次世代空港システムの基盤技術の確立を目的とする」ことになっている（注2）。

　本稿では，この研究組合の活動を中心に，RFIDの空港手荷物への利用と「手ぶら旅行」の実証実験について紹介したい。なお，現在の会員企業のリストを表1に掲げた（注3）。

2　次世代空港システムとRFタグ：導入の経緯

　今回の次世代空港システムのRFタグ実証実験に関しては，次のような3つの背景があった。まず第一に，従来のバーコードを用いた空港手荷物の仕分けを一層効率化するための技術検討で，

[*1] Yasuhide Yamanouchi　多摩大学　情報社会学研究所　教授
[*2] Hirohiko Izumida　岐阜県新産業労働局長；前国土交通省　貨物流通システム高度化推進調整官
[*3] Akira Fukuda　次世代空港システム技術研究組合　専務理事

　本稿の執筆にあたっては以下の3氏から貴重なご意見と資料を戴いた。
　村山憲治（新東京国際空港公団情報業務部調査役），吉村俊次郎（国際大学GLOCOM主幹研究員），森本圭資（日本環境技研㈱研究員）

RFタグの開発と応用Ⅱ

表1 次世代空港システム技術研究組合参加組合員

(平成16年3月現在)

新東京国際空港公団	沖電気工業㈱	三機工業㈱
㈱エヌ・ティ・ティ・データ	マイティカード㈱	川崎重工業㈱
オムロン㈱	共同印刷㈱	㈱インヴィジョンジャパン
佐川印刷㈱	学校法人国際大学	川鉄商事㈱
佐川急便㈱	小林記録紙㈱	三菱重工業㈱
㈱JALエービーシー	㈱日立国際電気	㈱グリーンポート・エージェンシー
新東京旅客サービス㈱	㈱日立情報システムズ	関西国際空港㈱
全日本空輸㈱	丸紅㈱	中部国際空港㈱
大日本印刷㈱	富士電機システムズ㈱	日本空港ビルディング㈱
㈱デンソーウェーブ	トーヨーカネツソリューションズ㈱	㈶空港保安事業センター
トッパン・フォームズ㈱	キャノンファインテック㈱	㈱エックスキューブ
日本アイ・ビー・エム㈱	リンテック㈱	㈱エヌ・ティ・ティ・ドコモ
日本航空㈱	モバイルキャスト㈱	㈱エルテックス
日本信号㈱	日本環境技研㈱	鎌滝運輸㈱
日本ユニシス㈱	旭電化工業㈱	豊田通商㈱
福山通運㈱	誠和サービス㈱	日本電気㈱
富士通㈱	国際ビルサービス㈱	日本フィリップス㈱
松下電器産業㈱	㈱エージーピー	■特別組合員
サン・マイクロシステムズ㈱	新日鉄ソリューションズ㈱	千葉県
㈱損害保険ジャパン	東レインターナショナル㈱	■協賛会員
東京海上火災保険㈱	㈱ビーエフ	㈱倉本産業
㈱日立製作所	日本アールエフソリューション㈱	新東京空港事業㈱
マイクロソフト㈱	㈱サトー	日本テキサス・インスツルメンツ㈱
(以上,理事会社)	伊藤忠商事㈱	日本ベリサイン㈱
王子製紙㈱	空港情報通信㈱	ヤマト運輸㈱

これに関連して1994年にIATA(注4)は,Joint Automated Baggage Handling Working Groupを設置して,RFIDを使った手荷物管理システムの検討を始めていた(注5)。二番目の背景として,同じくIATAなどの主導によって,出入国審査の簡素化の技術検討と実証実験が進んでおり,これはSimplifying Passenger Travel (SPT) と呼ばれている。三番目としては,米国運輸省運輸保安庁(US Department of Transportation, Transportation Security Agency ; TSA)が実施している爆発物検知装置(Explosive Detection System ; EDS)を用いた空港利用者のスクリーニングに関する空港保安の取り組みがある。

2.1 手荷物管理システムとRFID

航空機を利用する旅客の手荷物は,搭乗機の貨物室で預かる「受託手荷物(checked baggage)」と,「機内持ち込み手荷物(carry-on baggage)」に分かれる。航空会社は,チェックイン・カウンターで受け取った受託手荷物に,バゲージID (手荷物番号),旅程,搭乗者の氏名,航空会社名などを記載したタグを取り付けてベルトコンベアに投入する。1990年代に入って,タグの印

第14章　空港手荷物の利用と実証実験について

刷が空港のカウンターでできるようになり，手荷物仕分けの自動化が始まった。

自動仕分けに用いる10桁のバーコード（バゲージID）は，IATAの標準化で世界共通になっており，航空会社および空港内のデータベースと組み合わせて航空会社，便名，経由地，目的地の情報が取得できる。バゲージID（バーコード表示部）の内容は以下の通りである。

0	123	123456
認識番号	航空会社コード	シリアルNo.

空港では，手荷物搬送システム（BHS：Baggage Handling System）を使って，受託手荷物の航空機便ごとの仕分けを行っている。BHSの流れは以下のようになっている。

手荷物投入 ─→ チェックインライン ─→ メインソータ ─→ メイクアップコンベア

バーコード方式によるチェックイン・カウンターから航空機への受託手荷物搭載までのデータの流れを，もう少し詳しく述べれば以下のようになる。まず，手荷物受託の際に，チェックイン端末から航空会社のDCS（Departure Control System）に対して航空手荷物タグの発券をリクエストする。DCSのホストコンピュータは，手荷物情報BSM（Baggage Source Message）を作成し，手荷物タグの番号を割り振ってカウンターに返信する。カウンターでは，この情報を使ってタグを印刷するとともに，空港のBHSコンピュータにBSMを送信する。BHSコンピュータは，手荷物の割付テーブルを作成し，コンベア上を流れるタグのバーコードから読み取った情報と照合して手荷物を仕分けする（注6）。メイクアップコンベアと積み付け場では，作業員が手荷物をコンテナに積み込んで貨物室に搭載する。出発地のDCSは乗り継ぎ地のDCSに旅客情報を送信するが，同時にこの情報は保安等の理由から積み付け場所で保持し，万一，搭乗ゲートに旅客が現れない場合には受託手荷物を取り下ろすために利用する。なお，BHSコンピュータのインターフェースは，CUTE（Common Use Terminal Equipment）とよばれるもので，空港を利用する航空会社共通になっている。成田空港では，第一旅客ターミナルのBHSが，この「バーコード方式」になっている（注7）。

2.1.1 ロストバゲッジ対策

IATAの統計によれば，世界全体で年間約750万個の航空手荷物の所在が一時不明になっている（注8）。手荷物の紛失は，乗り継ぎ便や空港ごとの管理体制に起因するところが大きく，厳密な手荷物管理を実施する成田空港など日本の各空港での発生件数はきわめて低い。他方，タグが手荷物の下敷きになることや，ベルトコンベアの壁に接触して印刷が不鮮明になることなどから，航空手荷物タグのバーコードの平均認識率は70％程度にとどまるとの研究がある。今後，コードシェア便が増加することなどを考えれば，バーコードによる既存のBHSのインターフェースにRFIDを導入するのは自然な技術的推移である。RFIDの導入に際して，最大の障害にな

るのはタグの価格であって，採算点は1枚あたり約10セント程度と言われている。なおIATAは，1999年に航空手荷物タグ用の周波数規格を13.56MHzとするRP（Recommended Practice）を決議したが，その後，2.45GHz，900MHzなど，他の周波数利用についてもRFWGで研究を継続することになった（注9）。

2.1.2 試行運用実験

RFIDを使った海外の事例としては，1999年に英国航空が参加してヒースロー空港で行った試行運用実験がある（注10）。この実験はマンチェスター・ミュンヘンとヒースローの空路を使ったもので，Texas Instruments社がタグを提供して平均読み取り率は97％と発表されている。また2000年にシンガポール航空が参加した事例では，ニュージーランド（オークランド），ドイツ（フランクフルト），シンガポール（チャンギ），タイ（バンコク）の各空港のBHSにアンテナを設置して試行実験を行った。この事例ではフィリップス社がタグを提供して，平均読み取り率は98.8％となっている。日本では国土交通省の事業として，日本航空が参加して2001年10月に成田空港と海外空港（香港，シンガポール，サンフランシスコ，バンクーバ）との間で手荷物タグの読み取り，書き込み実験を実施した。この実験では13.56MHzのチップとして，ISO18000-3/Mode1（フィリップス社）とMode2（マゼラン社）の2つの仕様を利用したほか，Mode1では航空手荷物タグにRFIDタグを直接印刷して低コスト化をはかった。この実験に続いて，成田空港に搬送設備の模擬ラインを設置し，2002年3月に基礎実験を行っている。この実験施設は，手荷物にタグを取り付けて模擬搬送ライン上を周回させるもので，測定回数10万回で読み取り／書き込み率99.99％となっている。

2.2 出入国審査の簡素化

EUの統合や企業の多国籍化によって，欧州と米国で海外旅行の頻度の高い航空旅客が増えたために，空港の繰り返し利用回数が多く，また個人的なバックグラウンドについて情報提供に協力的な利用者に対しては，出入国審査の簡素化の面から便宜を図る空港サービスの検討が始まった。SPTはIATAが事務局となり，ICAO（注11），航空会社，空港当局，機器メーカーなどが協力して進めている国際的なコンソーシアムで，自動チェックイン機やバイオメトリクスを利用した実証試験を各国で実施している。成田空港では，2003年12月から2004年3月にかけて，バイオメトリクス認証（虹彩情報と顔情報の2種類）を用いた実証試験を行っている。これはIT戦略本部の策定した国際空港の高度IT化（「e-エアポート構想」）として，e-チェックイン，e-ナビ，e-インフォメーション，e-タグなどといった新しい空港サービスの一環となるものである（注12）。

第14章　空港手荷物の利用と実証実験について

2.3　空港保安とRFID：米国の取り組み

　1988年のパンナム航空機爆破や2001年の9・11事件など、航空機を利用した国際テロに対処するために、米国は空港保安の強化に努めている。その具体化のなかで、受託手荷物積み込み後に乗客の不搭乗が明らかになった場合、その手荷物を取り下ろすために、手荷物と搭乗旅客の迅速な照合（bag matching）が技術的課題となった。米国は受託手荷物の探索を目的とする実証実験を2.45GHzのRFタグで開始したが、UHF帯ではアンテナとタグの通信距離が飛躍的に伸びることが明らかになったために、2001年以降は周波数を915MHzに移して実証実験を進めている。

　米国空港での先行事例としては、デルタ航空が参加してJacksonvilleとAtlantaの間で行った実証実験がある。これは乗客の中の「selectee」を対象にしたもので、SCS Corporation社とMatrics社の2製品（ともにUHF）を試験し、タグ単価は約30 centだった。TSAは現在、San Francisco空港で同趣旨の実験を行っている。

2.3.1　サンフランシスコ空港のUHF実験

　以上のように米国のUHF帯を利用したRFタグの実験は、selecteeを対象としたテロ事件犯の特定と危険な手荷物の迅速な除去を目的としたものである。selecteeとは、空港利用者の高リスク層を指す言葉で、TSAなどが運用するComputer Assisted Passenger Pre-Screening System（CAPPS）と呼ばれる大規模なデータベースによって、搭乗券を受け取る際にカウンターで航空会社が情報を取得する仕組みになっている（注13）。サンフランシスコ空港のUHF実験で使用

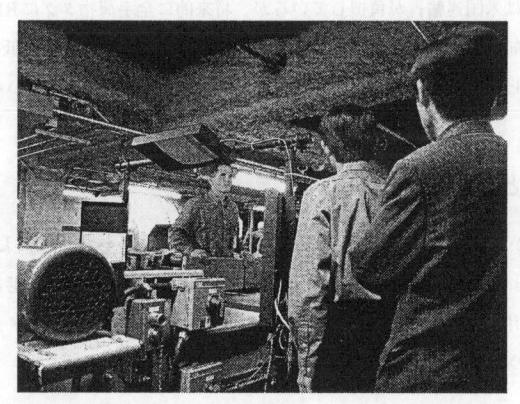

写真1　ベルトコンベアに設置したAlian社タグReader

このRFIDの読み取り装置は、X線CT（Computer Tomography：断層撮影）を使ったEDSの直前に置かれており、selecteeの旅行手荷物バーコードタグに付けられたICタグに反応して内容物をスキャンする。その結果、追加検査が必要と判断された手荷物は、化学物質のトレース探知に回される。この例ではUHF帯のアンテナを上下および左右の4箇所に置いている。

RFタグの開発と応用Ⅱ

写真2　化学物質のトレース探知（質料分析法）による検査
Ion Track Instruments社のItemiserによって，nytrogen explosivesおよび
plastic explosivesを検知する仕組み。画面には手荷物の不審な内容物が映っている。

するRFタグは，Alian社とMatirics社が提供するもので，読み取り率は2003年10月の段階で99.5％となっていた（注14）。RFIDのReader／Writerは，アンテナや配線を含めて1台1万ドル程度であり，バーコード方式で用いる複雑な光学レーザ読み取り機に比べて価格面ではかなりの優位となっている。サンフランシスコ空港UHF実験のタグは，EPC global標準に準拠したもので，2万5,000枚の発注で1枚当たり22centとなっていた。米国の空港での実証実験はTSAによるもので，経費は米国運輸省が負担しているが，将来的に全手荷物タグにRFIDを付加するようになった段階で航空会社などの負担に移行する見込みであり，タグ単価の低廉化とRFID利用を通じた各種サービスとの組み合わせなど顧客満足度の向上が急務になっている。

3　実証実験とシステム

平成16年3月から成田空港第2旅客ターミナルで，日本航空（JAL）および全日本空輸（ANA）の参加による実証実験が始まった。この実験では海外の6箇所の空港と連携して，①手ぶら旅行の試行運用，②e-タグ認識技術検証試験，③UHF帯を利用したRFタグの日米相互運用検証試験の3つの実証実験を行うことになっている。

3.1　手ぶら旅行の試行運用

手ぶら旅行は，従来の空港宅配サービスを高度化したもので，利用者が事前に宅配会社に手荷物を預託し，成田空港で手荷物に触れることなく搭乗した後，目的地の空港のターンテーブル

第14章 空港手荷物の利用と実証実験について

で手荷物を受け取るというものである。この手ぶら旅行によって、これまで個別に運用されていた宅配会社による陸運輸送と、航空会社による航空輸送がe-タグを介して連携することになる。

手ぶら旅行の実証実験では、陸運輸送の過程で、e-タグを内蔵した宅配送付状（e-タグ送付状）、またはカード（e-タグカード）を手荷物に取り付ける。試行運用でのサービスの流れは以下の通りである。

① 成田発の国際線（JAL便およびANA便）で手ぶら旅行を希望する旅行者は、空港宅配会社（JALエービーシーまたはNPSスカイポーター（新東京旅客サービス））に手ぶら旅行の利用を申込む。

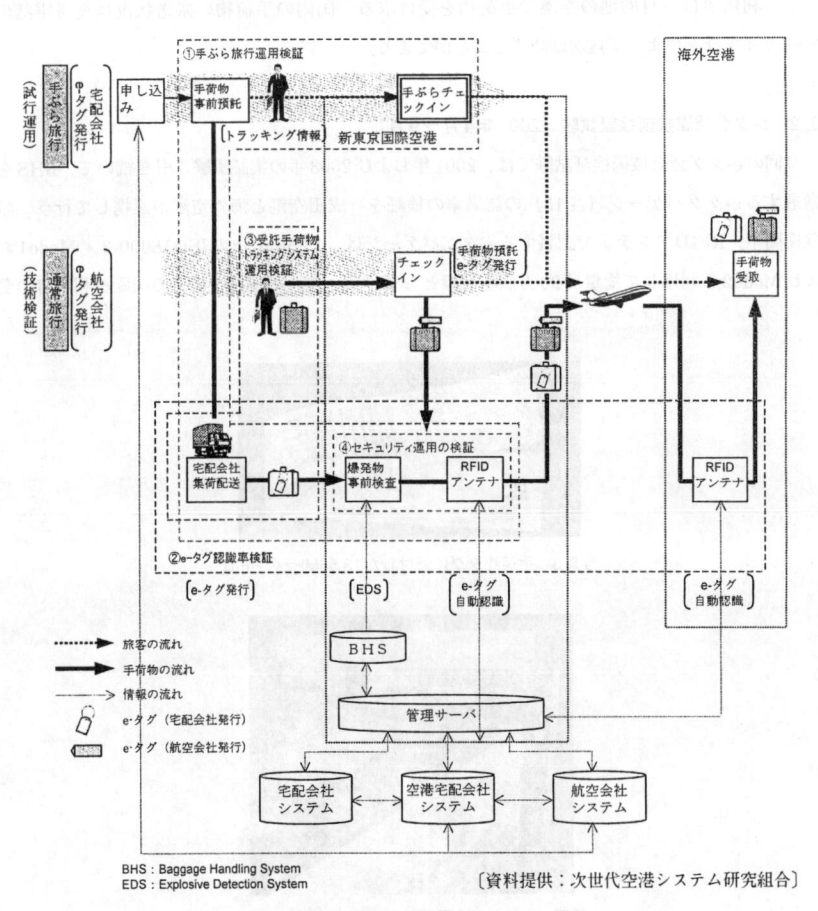

BHS : Baggage Handling System
EDS : Explosive Detection System

〔資料提供：次世代空港システム研究組合〕

図1　03年モデル試行運用全体イメージ図

② 宅配会社（福山通運および佐川急便）が，利用者の自宅やオフィスで手荷物を受け取り成田空港に搬送する。手荷物には航空手荷物のRFタグを添付する。

③ 成田空港に搬送した手荷物に対しては，すべてEDSを使ったセキュリティ検査を実施して，利用者の出発当日まで一時保管する。

④ 出発当日，利用者は"手ぶら"で成田空港に赴き，搭乗手続き（チェックイン）を行う。この際，利用者はカウンターで受託手荷物について報告を受ける。またセキュリティ検査で疑義のあった手荷物はカウンターで開披検査を実施する。搭乗手続の終了後，一時保管していた手荷物を航空機に搬送して搭載する。

⑤ 利用者は，目的地の空港で手荷物を受け取る。国内の手荷物の搬送状況は携帯電話のWebサイトなどによって遂次確認することができる。

3.2 e-タグ認識技術検証試験（2004年4月〜9月）

今回のe-タグ認識技術検証試験では，2001年および2003年の実証実験に引き続いて，BHSを通過するe-タグバゲージ（注15）の認識率の検証を，成田空港と海外空港が連携して行う。試験期間中，RFIDアンテナで認識するe-タグバゲージは，13.56MHzのISO18000-3／Mode1およびMode2を利用して総量は20万個を目標としている。なお，連携空港との国際線利用者の受

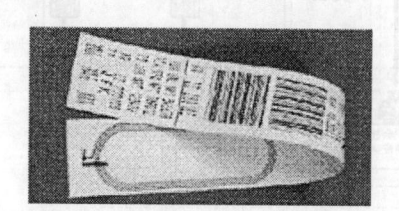

写真3　手荷物タグに添付した13.56MHzのRFID

写真4　BHSに設置した13.56MHzのアンテナ

第14章　空港手荷物の利用と実証実験について

託手荷物にはe-タグを取り付けるが，搭乗手続きなどは通常と全く同じである（写真3および写真4）。

3.3 UHF帯を利用したRFタグの日米相互運用検証試験

UHF帯を利用した日米相互運用検証では，RFタグの日米相互読み取り実験（成田〜ホノルル）を予定している。使用する帯域は両国の周波数免許の関係から日本側が950MHz，米国側が915MHzとなっている。実証実験の内容としては，成田空港のチェックイン・カウンターでRFタグを添付した航空手荷物タグを発行するが，既述のように日本側のRFタグの書き込みには950MHzを利用する。この航空手荷物タグは，ホノルル空港に設置したアンテナ（915MHz対応）で読み取って認識率を検証する。米国で発行するRFタグは，これが逆（915MHzで書き込み，950MHzのアンテナで読み取り）になっている（注16）。利用するRFタグの枚数は，合計5万枚を予定している。なおUHF実験の参加は全量ANA便となっている。

4　今後の展開

以上のように，空港手荷物のRFタグの利用は，空港手荷物の仕分けや出入国管理と関連した空港保安など複数の観点から進んでいる。ここ1，2年の動向として重要なのは，MITのAuto-IDセンター（現EPC global）などが主導するUHF帯のRFタグが，バーコードの代替技術とし

写真5 　　　　　　　　　　写真6

平成16年3月に実験局免許を取得して次世代空港システム技術研究組合が模擬搬送ラインで実施したUHFタグ実験。写真5はUHFアンテナ，写真6は周回コンベアシステムの様子。

169

RFタグの開発と応用Ⅱ

て商品管理や物流に広く利用される見通しが立ったことと，これに連動してRFタグ用のICチップの大量生産が始まり，価格が10セントを切って普及が始まるとの予想が具体化しつつあることである。

　13.56MHzを利用した90年代の空港での実証実験では，十分な読み取り率を達成したものの，タグの単価が障害となっており，他分野での大量生産によって価格が下がれば，航空手荷物での応用が本格化するであろう。他方，空港内の受託手荷物の仕分けや，ロストバゲッジの対応だけでは，タグの価格を吸収することが困難であるため，付加価値の高い一般サービスとの連携が必要になっていた。この点については，空港保安の観点から導入を進めている米国でも同様であろう。Auto-IDセンターなどの構想では，インターネットを通じた企業や業種間のデータベースの連携が新しいビジネスソリューションを提供することになっている。次世代空港システムのインターモーダルな物流システムの構築は，このような指向とも合致するものである。

(注1) 本組合の活動は，「e-エアポート構想」の一環であることから，RFタグをe-タグと呼称することが多い。本稿では両者を同じ意味で用いている。なお，肩書および組織の名称はすべて平成16年3月現在のものである。
(注2) http://www.mlit.go.jp/kisha/kisha03/01/010418_2_.html
(注3) Advanced Airport Systems Technology Research Consortium（ASTREC）http://www.astrec.jp/
(注4) IATA: International Air Transport Association／国際航空運送協会
(注5) 本ワーキング・グループは，Passenger Service Committeeの中に設置されている。
(注6) この経緯をもう少し詳述すれば，BHSに設置したバーコードリーダは，読み取ったデータをDCSに問い合わせ，DCSは当該手荷物の旅程をBHSに返す。なお旅客情報を含めた情報をあらかじめBHSに送信する仕組みになっている空港もある。
(注7) 平成16年度に実証実験を行う第2旅客ターミナルは「ポジショントラッキング方式」になっている。この方式は，カウンターの情報を直接，BHSの位置情報として利用するためにバーコードの読み取りは行わない。バーコードの読み取り率の問題から，ポジショントラッキング方式の方が仕分け結果の誤りは低いと言われているが，情報が空港単位でしか利用できない，乗り継ぎ荷物のために再入力が必要である，などの問題がある。
(注8) 1998年の公表データによれば，紛失の割合は1,000人あたり5.83個，手荷物が完全に紛失した場合の保証の費用は350米ドルとなっている。なお，世界の手荷物需要は年間約15億個である。
(注9) 1999年および2000年のIAEA/ATA Joint Passenger Services Conference（IAEA/ATA JPSC）の決議。1999年にIAEA/ATA JPSCが決議したRFID航空手荷物タグ用の標準は，PR1740c/ATA30.39＝ISO/IEC15693-2＝ISO/IEC18000-3で，13.56MHz（短波）を利用し，通信速度は最大26Kbit/sec，アンテナとタグ間の目標通信距離は70cmなどとなっている。
(注10) RFIDを利用した世界最初の実験は，1995年11月から98年にかけてフランクフルト空港が実施したもので，この実験にはドイツ・エアロスペース社が125Khzのタグを提供した。
(注11) ICAO: International Civil Aviation Organization／国際民間航空機関
(注12) 「e-インフォメーション」は，フライト情報と連動した空港へのアクセス公共交通情報を携帯電話などに提供する。「e-チェックイン」は，航空券や鉄道のチケットをインターネットで購入し，個人情報を二次元バーコードやICチップに格納して，ボーディングまでの個人認証を行う。「e-ナビ」は，空港内の施設や地域地図情報を外国人に提供するほか，空港でモバイル端末を貸し出して観光情報や交通情報，音声認識機能を持った翻訳ソフトなどを利用するサービスである。
(注13) TSAの以下のウェブに情報を参照。
　http://transportationsec.com/ar/security_airline_test_passenger/index.htm　なお，人権団体のウェブ（http://www.epic.org/privacy/airtravel/foia/watchlist_foia_analysis.html）やHotwiredの以下の記事

第14章　空港手荷物の利用と実証実験について

（「航空機乗客の危険度をランク付け，対テロ用強力個人データベース・システム登場」）も参照：
http://www.hotwired.co.jp/news/news/culture/story/20020919201.html
　　　米国運輸保安局は2002年12月31日から，受託手荷物の開披検査を実施している。このために航空各社は日本からの渡航に際して米国行および米国内便での受託手荷物には旋錠しないよう通知している。
(注14)　現地の担当者によれば最終的には99.9％を目標としている。これに対して2.45GHzの実験では最大96％であった。また，13.56Mhzに比べてアンテナ設置に要する改修等が簡便であるなどの利点が認められた。
(注15)　バーコードなどを印刷した航空手荷物タグにe-タグ（RFID）を貼り付けたタグを取り付けた受託手荷物を本実証実験では「e-タグバゲージ」という。
(注16)　パッシブタイプのRFタグは受信した周波数で応答するので周波数認可の問題は生じない。

第15章　家電リサイクル実証試験

寺浦信之*

1　はじめに

2000年より経済産業省のミレニアムプロジェクトとして，社団法人日本自動認識システム協会及びデンソーウェーブなどその会員会社3社では，リユース，リサイクルに用いる金属対応のRFタグを開発し，そのRFタグを用いてリユース，リサイクルの実証試験を実施した。

実証試験は，静脈物流管理を効率的に行う家電リサイクル券の電子帳票化の実証試験（静脈物流実証試験）と，再商品化施設（リサイクル工場）での手分解工程を支援することによるリサイクル率向上を目的とする実証試験（手分解工程支援実証試験）とを実施した。

以下に，静脈物流実証試験と手分解工程支援実証試験について，個別に節を設けて述べる。

2　製品のライフサイクル管理

まず初めに，上記の2つの実証試験の位置付けを明確にするために，家電製品のライフサイクル管理について述べる。

RFタグが家電製品にメーカーの製造工程で貼付され，必要なデータがRFタグに書き込まれると，貼付された家電製品のライフサイクル管理が可能となる。従来，RFタグなどのデータ媒体を生産管理などの製造工程や配送などの動脈物流などライフサイクルの中の一部の，分断された工程で利用されてきており，全体としての利用がなされてきていなかった。それに対して，ライフサイクル管理では，1つのRFタグを用いて製造工程からリサイクル工程までの全体に渡って管理するものであり，同一のRFタグを用いる「物」の効率利用の側面と，その中のデータ，いわゆるコンテンツを共同利用する「情報」の効率利用の側面がある。

完全な製品のライフサイクル管理を行うためには，RFタグの記憶領域の業界間の標準化，個々の製品に関するデータを記憶するデータベース，そしてデータの発生場所や必要な場所とデータベースを接続するネットワークシステムが必要である（図1）。そして，従来分断されていたライフサイクルの各工程が，ネットワークとデータベースにより，接続され，統合されること

---

*　Nobuyuki Teraura　㈳日本自動認識システム協会　RFID部会　部会長

第15章　家電リサイクル実証試験

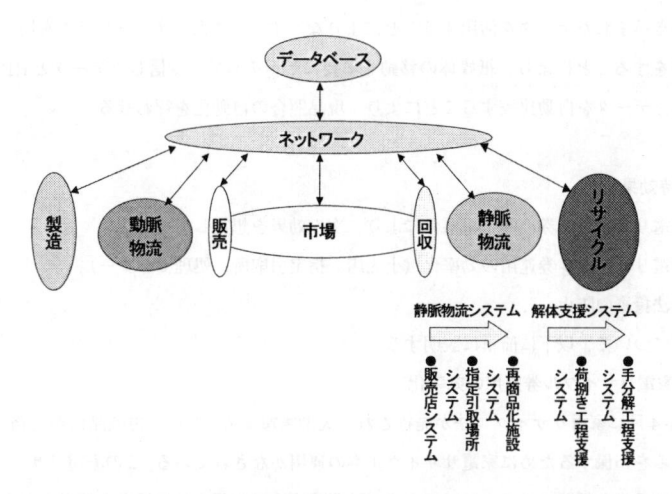

図1　製品のライフサイクル管理

になる。

　この製品のライフサイクル管理の中のサブシステムの1つとして，静脈物流システムと解体支援システムがあり，これらのシステムはネットワークとデータベースにより，上流の工程のデータを受け継ぎ，その有効利用を図るものである。

3　静脈物流実証試験

3.1　構想

　静脈物流管理システムで用いる電子帳票システムは，家電製品のライフサイクル管理の中で，同一のRFタグを用いて，製造，販売段階の時点のデータを上手く共通利用する仕組みである。

　現状の家電リサイクル券のシステムが，
① 排出品に関するデータ担体としてリサイクル券
② 排出品の収受の確認のためのリサイクル券の送付と回付

から成り立っている。これを，
① RFタグというディジタルデータ担体
② ネットワークシステムによるデータ送受信

によって，紙媒体によるリサイクル券システムの持つシステム上の煩雑さを解決するものである。すなわち，リサイクル券を起票し，書くという行為を，予め製造時に書き込まれたデータ，販売

時点で書き込まれたデータを活用することによりなくする。また，ネットワークを用いてデータの送受信をすることにより，紙媒体の移動を不要にし，そして，受信したデータとRFタグから読み出したデータを自動比較することにより，現品照合の自動化を行わせる。

3.2 期待効果

この家電リサイクル券の電子帳票化により，次の効果を想定している。

① 家電リサイクル券運用の効率化（小売店，指定引取所，処理センター）

② 不法投棄の防止

これらについて，以下に簡単に説明する。

3.2.1 家電リサイクル券運用の効率化

2001年4月に家電リサイクル法が施行され，大型家電4品について再商品化が義務づけられ，その仕組みを担保するために家電リサイクル券の運用がなされている。この家電リサイクル券は，基本的には手書き帳票であるため，これらの大型家電4品の販売数に見合う数量の引き取り品について1台ずつ作成しており，膨大な帳票の処理が必要となっている。これらの処理は家電量販店などでは，その工数が無視できない程度になってきている。そこで，RFタグを用いて，確実及び効率的な処理を行おうとするものである。

また，指定引取所でのリサイクル券と現品の確認をRFタグを読み取らせることにより，自動的に行うことが可能となるので，煩雑な確認作業をなくすことが可能となる。そして，処理センターの事務を，コンピュータの内部処理で完結させることが可能となり，システム運用の大幅な効率化が可能となる。

3.2.2 不法投棄の防止

個人情報の保護の観点からRFタグに購入者に関するデータが直接記憶されることはないが，データベースから間接的に購入者が知れる可能性があり，購入者が正規の手段以外で排出した場合には，例えば道端に放置した場合には，その氏名などが知れると購入者が考えるために，抑止力として働くことが期待できる。

3.3 現在の仕組み

現在運用されているリサイクル券の処理の流れを表1に示す。この表を用いて，簡単にリサイクル券の運用について説明する。

まず回収された家電品について，小売店では，お問合せ管理票番号，小売業者店名・所在地が予め記載されている家電リサイクル券を起票する（処理1）。ここでは，

① 排出者氏名又は名称，電話番号を記入

第15章　家電リサイクル実証試験

表1　家電リサイクル券システム

	処理番号	現行の仕組み	電子帳票の仕組み
販売店	1	リサイクル券記入	RFタグの読み込み 管理番号：割り当て番号を自動生成
	2	リサイクル券貼付	RFタグに書き込み
	3	リサイクル券消費者控え渡す	管理番号等をレジで印刷して消費者に渡す
	4	リサイクル券販売店控え保管	販売店控えデータをパソコンに保管
	5	リサイクル管理票を引取所に提出	指定引取場所へデータを送信
指定引取所	6	リサイクル券に，押印，引取日記入	データを自動照合，生成
	7	リサイクル券引取所控えを保管	引取場所控えデータをパソコンに保管
	8	リサイクル券管理票を販売店に回付	販売店へデータを送信
	9	引取実績をセンターに報告	サーバーへデータを送信

② 品目欄をチェック

③ 製造業者の記入（主要製造業者の場合はチェック）

④ 収集・運搬業者名欄の記入

⑤ 再商品化等料金，収集・運搬料金欄の記入またはチェック

を行う．その後，リサイクル券を現品に貼付する（処理2）．そして，リサイクル料金の領収書として，消費者控えを消費者に手渡し（処理3），販売店控えを保管する（処理4）．そして，リサイクル管理票を指定引取所に提出する（処理5）．

以上が，販売店の処理である．次に，指定引取所の処理について説明する．

指定引取所では，排出品が到着すると，送付され，また排出品に貼付されたリサイクル券について，目視による現品確認を行い，その結果，リサイクル管理票に受領の押印をし，引き取り日を記入する（処理6）．そして，指定引取場所控えを保管し（処理7），リサイクル管理票の小売業者回付片を小売業者に返送する（処理8）．また，指定引取場所では，引取実績に基づき，処理センターに費用請求を行う（処理9）．

3.4 電子帳票システムの仕組み

次に，電子帳票化する実証試験の処理の流れを説明する．システムの構成を，図2に示す．また，必要なデータがデータ発生者において，書き込まれていると想定されている．

さて，リサイクル券の記入については，排出品に貼付されているRFタグに格納されているデータをハンディ型読取り装置により読み出し，一旦読取り装置に記憶する（処理1）．そして，管理番号を自動生成して，RFタグに書き戻す（処理2）．この処理1と処理2は1回の操作で行われるものであり，例えば1秒間でRFタグの内容を読み出し，そして必要なデータを書き込ませる．その後，ハンディ型読取り装置から無線機能によって，POSシステムにデータを送信す

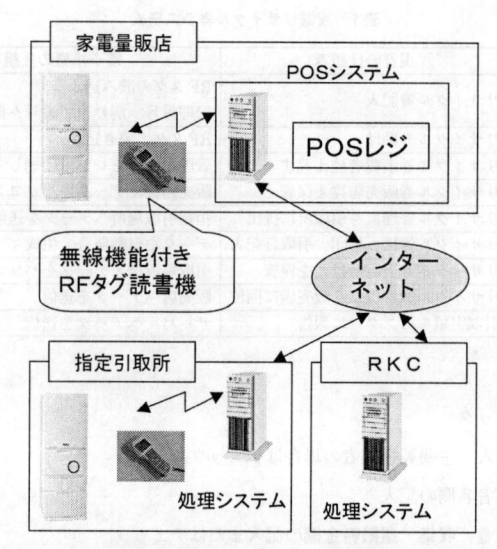

図2 電子帳票システムの構成

る．そして，これらのデータから消費者控えを，例えば料金を収受し領収書を発行するPOSシステムのプリンターから打ち出し，消費者に手渡する（処理3）．そして，当該データは小売店のパソコン等の記憶装置に記憶され，保管される（処理4）とともに，指定引取所にインターネットを介して送荷データとして送信される（処理5）．

指定引取所では，排出品に貼付されたRFタグに記憶されたデータをハンディ型読取り装置で読み出し，そのデータを無線機能によりパソコンに送信し，パソコンで予め販売店から受信した送荷データと照合する．照合は管理番号について行わせ，一致すれば受信した管理番号の排出品が確かに届いたとして，そのデータを指定引取所のパソコンに記憶し（処理6，7），当該管理番号のデータを小売店に送信する（処理8）．小売店では，指定引取所から送信されてきた管理番号の排出品について確かに指定引取所に送付されたとして，処理センターに当該排出品に関するデータを送信し（処理9），処理を終了する．

3.5 実証試験

実証試験は，以下の2つのフェイズから構成される．
① 排出品の集積とRFタグの貼付
② 電子帳票システムのシミュレーション

第15章 家電リサイクル実証試験

　第一のフェイズでは，小売店から中古冷蔵庫を購入し，それらにRFタグを貼付し，あたかも製造時にRFタグが貼付され，製品名，製造者などの必要なデータが書き込まれており，また小売店において購入者に関するデータが書き込まれていることをシミュレーションして，当該データをRFタグに書き込む。
　そして第二のフェイズでは，これらの排出品（三菱製冷蔵庫）を上記で説明したリサイクル券の電子帳票の実証試験の販売店での処理を実施させた。そして，指定引取所においても所定の実証試験の処理を行った。

3.5.1　排出品の集積とRFタグの貼付

　販売店が回収した中古冷蔵庫を，一旦，再商品化施設（東日本リサイクルシステムズ）に搬送した。そして，再商品化施設において，中古冷蔵庫にRFタグを貼付し，当該冷蔵庫に対応するデータをRFタグに書き込んだ（写真1，2）。

写真1　搬送された冷蔵庫

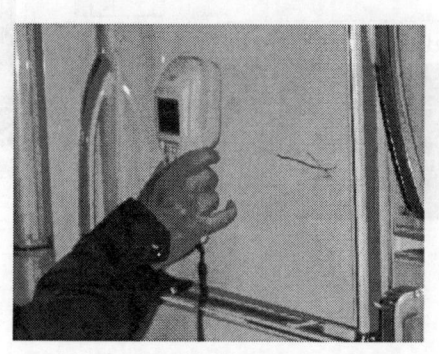

写真2　データの書込み

177

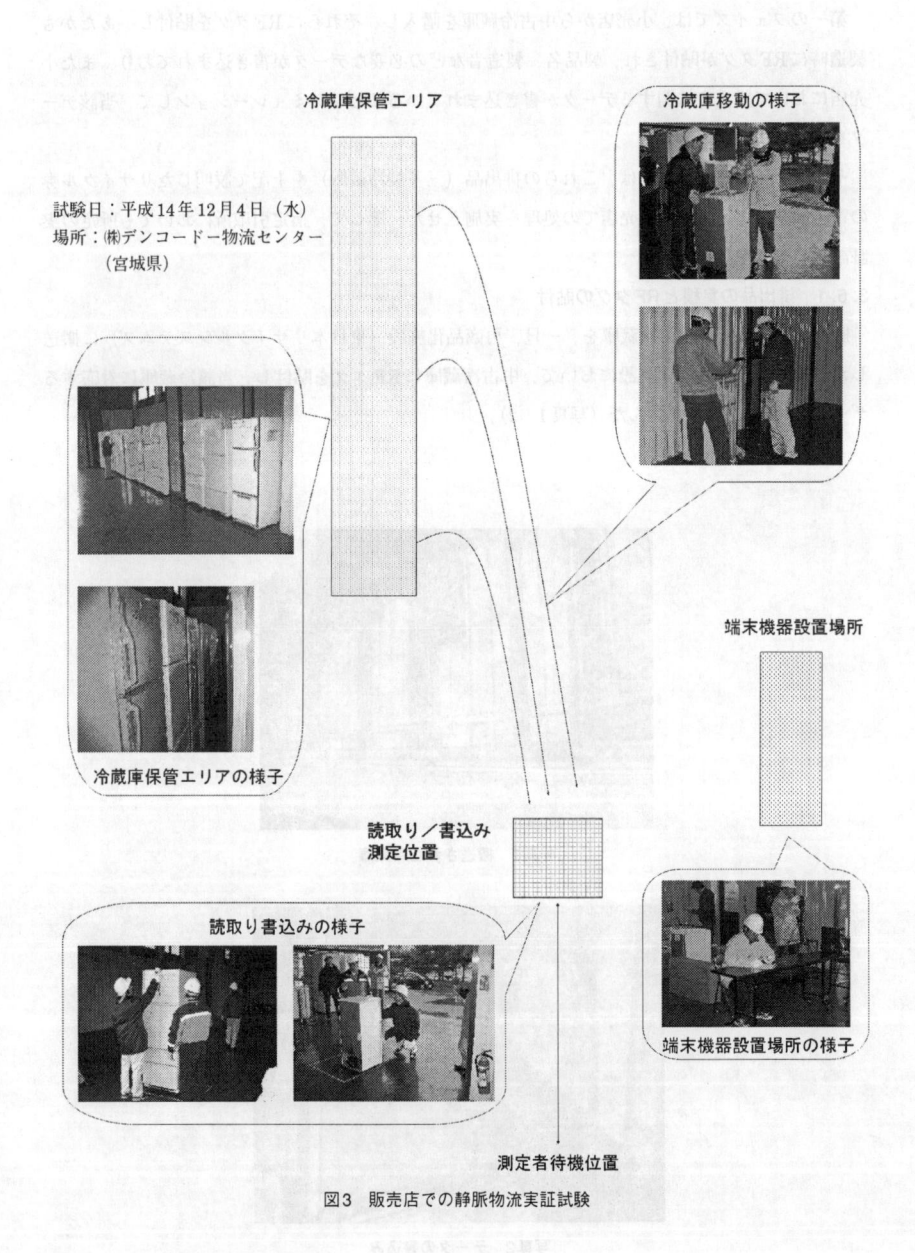

RFタグの開発と応用 II

試験日：平成14年12月4日（水）
場所：㈱デンコードー物流センター
　　　（宮城県）

冷蔵庫保管エリア

冷蔵庫移動の様子

冷蔵庫保管エリアの様子

端末機器設置場所

読取り／書込み
測定位置

読取り書込みの様子

端末機器設置場所の様子

測定者待機位置

図3　販売店での静脈物流実証試験

178

第15章　家電リサイクル実証試験

3.5.2　電子帳票システムのシミュレーション

静脈物流実証試験は，2002年12月2日から6日まで5日間実施された。販売店での実証試験はデンコードー物流センターにおいて，指定引取所の実証試験は白石倉庫において，それぞれ実施した。販売店での電子帳票システムの実証試験の様子を図3に示す。

3.6　実験結果

静脈物流実証試験の目的は，現状の家電リサイクル券運用の効率化である。そこで，2002年8月の家電量販店デンコードーでの作業工数を調査した。その調査結果を表2に示す。この結果，冷蔵庫1台あたり，販売店での作業工数は5分36秒であった。これらの処理が，RFタグを用いた電子帳票システムでは約6秒と大幅に削減できる結果が得られた。家電リサイクル法で規定されている家電4品では，年間1,000万台以上が排出されているので，全体として5,000万分以上の販売店での工数削減が見込めることとなる。指定引取所での現状の工数は明らかではないが，電子帳票システムでは約4秒となる結果が得られた（表3）。

4　手分解工程支援実証試験

本節では，手分解支援実証試験について説明する。この実証試験は，静脈物流管理を経て，再商品化施設に搬入された使用済み冷蔵庫について，破砕した後の分別工程で分別できない材料等を，破砕前の手分解工程で当該冷蔵庫の材料データを作業者に提供することにより，分別可能と

表2　リサイクル券の処理にかかる時間

	内　容	処理時間
1	リサイクル券管理台帳の作成	約30秒
2	リサイクル券の配送担当者への受け渡し	約40秒
3	リサイクル券への諸項目記入	約40秒
4	お客様宅での引き取り時の記入作業	約80秒
5	センターでの荷降ろし時のチェック	約40秒
6	リサイクル券及びリサイクル品の一次保管管理	約20秒
7	日通さんへの引渡し時のチェック	約20秒
8	指定引取り場所からの返却分と控えとの付け合わせチェック	約30秒
9	リサイクル券管理台帳への記入チェック	約40秒
	合　計	約340秒

表3　実証試験の効果

	現行の時間	試験の結果
販売店	5分36秒	約6秒
指定引取場所	—	約4秒

図3 手分解工程

し，もってリサイクル率の向上をはかることを目的として実施された（写真3）。

4.1 構想

現在の日本の多くの再商品化施設（リサイクル工場）では，
① 手分解工程
② 破砕
③ 分別

の各工程により，家電品を処理し，材料リサイクルを実現している。しかし，破砕工程で破砕され，分別工程で分別できない樹脂材料などでは，資源として再利用ができないため，廃プラダストとして，埋め立て等の処理がなされている。これを再資源化するためには，破砕する前の段階で分別する他ない。そこで，手分解工程での取り外し及び分別が可能であれば，これら樹脂の再資源化が可能となる。

そこで，製造段階で製品にRFタグを貼付し，RFタグに以下のデータを設計データとして記憶させる。

① 再資源化させる部品の名称，材料，取り付け位置
② 環境負荷物質の名称，使用部品，取り付け位置
③ 有価物の名称，使用部品，取り付け位置

そして，これらのデータを再商品化施設において，読み出し，手分解工程の作業者に大型ディスプレイ等を用いて作業指示を行わせる。これにより，従来不可能であった樹脂などのリサイクル

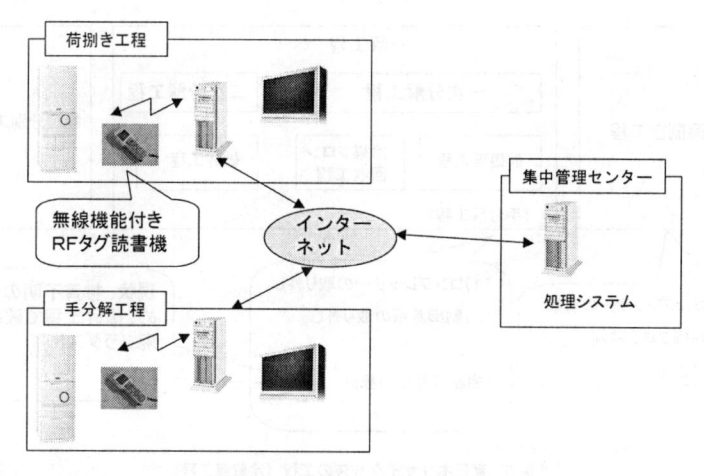

第15章　家電リサイクル実証試験

図4　解体支援システム構成図

を可能とするとともに，作業指示を行わせることにより，作業の効率化を計る。

4.2　期待効果

手作業工程の支援により，次の効果が期待できる。

① 分解工程の工数低減
② 未熟練者の作業従事
③ リサイクル率の向上

これらについて，以下に説明する。

4.2.1　手分解工程の工数低減

現在，手作業工程の工数は，対象製品について作業の対象である物がどこにあるのかを探す工数と，それらを実際に取り外す工数からなっている。これらのうち，探す工数については，作業者の熟練度に大きく依存する。しかし，ここではこれらの作業者は未熟練者を想定しており，誰でも熟練者と同じ効率で作業を行えるようにすることを目的の1つにしている。そこで，それらの工数を削減することが可能となる。

4.2.2　リサイクル率の向上

現在，再資源化されていない樹脂材料や基板材料などを再資源化することが可能となり，リサイクル率を向上させることが可能になる。作業者にとって，初めて対応する製品が工程に入ってきた場合，予め定められた作業しかできず，リサイクル可能な材料も処置されてこなかった。そ

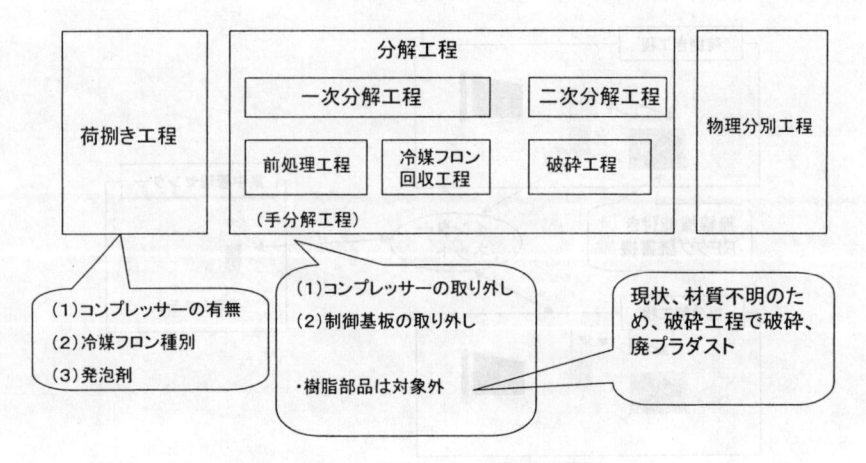

図5 東日本リサイクルズの工程（冷蔵庫工程）

れに対して，ここでは具体的に作業指示を行うので，可能な限りリサイクル可能材料を手分解工程で取り外すことが可能となり，リサイクル率向上に大きく寄与できると考えられる。

4.3 現状の工程

実証試験を行う再資源化施設は，東日本リサイクルシステムズである。この施設の解体工程を図5に示す。

工程は，大きく分けて次の3つの工程からなる。

① 捌き工程
② 分解工程
③ 分別工程

この中で，荷捌き工程では，

① コンプレッサーの有無
② 冷媒の種類
③ 発泡材の種類

により，後工程が異なってくるので，対象品の荷捌きを行っている。

また，分解工程は，

① 一次分解工程（手分解工程）
② 二次分解工程（破砕工程）

からなる。また，手分解工程では，

第15章　家電リサイクル実証試験

① コンプレッサーの取り外し
② 制御基板の取り外し

を実施している。

4.4　実証試験

今回実施する実証試験は，以下の2つのフェイズから構成される。

① 排出品の集積とRFタグの貼付
② 手作業支援

また，再商品化施設での手作業支援としては，次の2つを行わせる。

① 荷捌き工程
② 手分解工程

4.4.1　排出品の集積とRFタグの貼付

実証試験に用いる冷蔵庫は三菱電機製の新古品を200台調達し用いた。それらにRFタグを貼付し，あたかも製造時にRFタグが貼付され，品目コードや型式などの必要なデータが書き込まれていることをシミュレーションして，当該データをRFタグに書き込む。

これらのデータには，

① 荷捌き工程
② 手分解工程

で用いるデータがあり，荷捌き工程に用いるデータとして，

① コンプレッサーの有無
② 冷媒の種類

があり，手分解工程に用いるデータとして，

① 樹脂部品の種類（野菜室，玉子棚等）と位置
② コンプレサーの位置
③ 制御基板など手分解工程で取り外すその他部品の位置

を記憶させる。

4.4.2　荷捌き工程支援

荷捌き工程支援では，工程に搬入された冷蔵庫について，それに貼付されたRFタグをハンディ型読取り装置によって，そこに記憶されたデータを読取り，その内容を大型ディスプレイに表示させ，作業指示を行わせる。表示例を図6に示す。

4.4.3　手分解工程支援

手分解工程支援では，同じく工程に搬入された冷蔵庫について，それに貼付されたRFタグを

対象品	コンプレッサー	冷媒フロン種別	発泡剤
冷蔵庫	有	R12	R11
三菱	無	R134A	シクロペタン
			真空断熱材
		その他	その他

図6 荷捌き工程表示画面

手持ち式読取り装置によって，そこに記憶されたデータを読取り，その内容を大型ディスプレイに表示させ，作業指示を行わせる。表示例を図7に示す。

表示部は，2つの部分からなり，左側のデータ部と右側の画像部である。データ部は，対象製品が有し，手分解工程で取り外す部品の一覧とそれぞれの部品の材料データである。また，右側は対象製品の写真であり，必要に応じて内部の写真などを表示する。そして，これらのデータと写真を結合し，たとえばコンプレッサーの位置を指示する。ここで表示する写真データについては，データ量が大きいために，RFタグに内蔵させることが不可能であり，サーバーに格納してネットワークを介して読み出し表示をさせる。

4.5 実証試験の実施とその結果

実証試験は，2004年12月16日から20日までの5日間，東日本リサイクルシステムズにおいて実施された。実証試験に用いた冷蔵庫の各試験のロット内容を図8に示す。ここで示されているように，RFタグを貼付した冷蔵庫と貼付しない冷蔵庫について，それぞれ実験を行い効果を

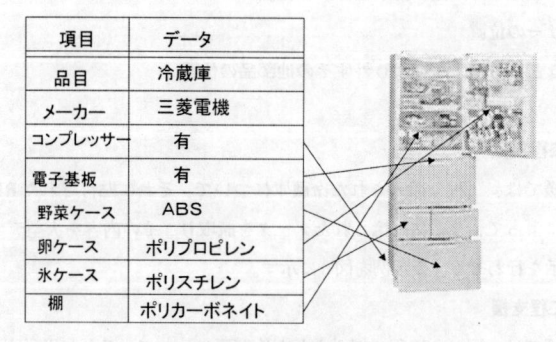

項目	データ
品目	冷蔵庫
メーカー	三菱電機
コンプレッサー	有
電子基板	有
野菜ケース	ABS
卵ケース	ポリプロピレン
氷ケース	ポリスチレン
棚	ポリカーボネイト

図7 手分解工程表示画面

第15章　家電リサイクル実証試験

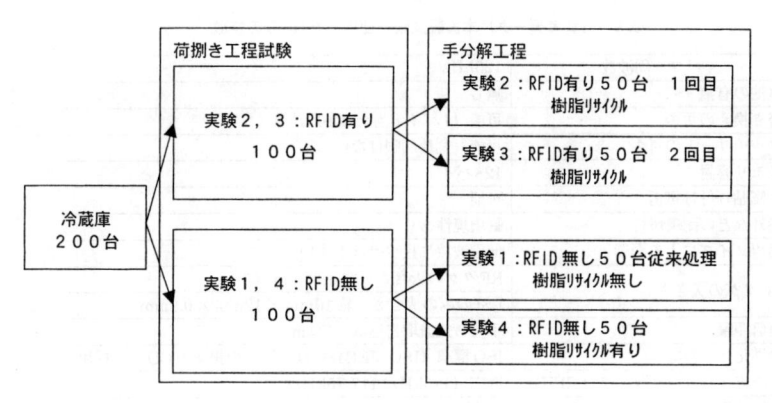

図8　試験ロット内容

測定した。

　分解工程での回収物の測定結果を表4に示す。この測定値は，冷蔵庫を分解した後，それぞれの材料等について重量を測定した結果である。重量を測定したのは，リサイクル率が重量で定義されているからである。この結果，RFタグを用いて樹脂の分別を行わせると，約8％リサイク

表4　分解工程での回収物測定結果

	実験1 RFID無し プラリサイクル無し	実験2 RFID有り1回目 プラリサイクル有り	実験3 RFID有り2回目 プラリサイクル有り	実験4 RFID無し プラリサイクル有り	合計
総重量（kg）	4,448	4,415	4,312	4,314	17,489
単体平均重量（kg）	88.96	88.30	86.24	86.28	350
PS重量（kg）	0	245	243	225	713
PS回収率（％）	0.00	5.55	5.64	5.22	4.1
PP重量（kg）	0	102	102	93	297
PP回収率（％）	0.00	2.31	2.37	2.16	1.7
電源コード重量（kg）	6.35	6.35	6.55	6.45	26
電源コード回収率（％）	0.14	0.14	0.15	0.15	0.1
パッキン重量（kg）	70	71	67	69	277
パッキン回収率（％）	1.57	1.61	1.55	1.60	1.6
電子基板重量（kg）	0	34.1	34.3	33.8	102
電子基板回収率（％）	0.00	0.77	0.80	0.78	0.6
素材不明重量（kg）	45.25	88	85	130	348
素材不明重量比（％）	1.02	1.99	1.97	3.01	2.0
ゴミ重量（kg）	5.15	3.25	4.55	3.85	17
ゴミ重量比（％）	0.12	0.07	0.11	0.09	0.1
リサイクル率アップ率（ポイント）	0.00	7.86	8.00	7.37	

表5 （参考データ）本実証試験に使用したRFIDの特徴

パワー周波数	125kHz
電池の有無	無し
書き換えの可否	可能（1バイト当たり10万回）
マルチリードの可否	可能、個数制限はない
メモリ容量	128バイト
金属貼り付け可否	可能
屋外などの耐環境性	耐環境性あり
周辺ノイズによる影響	他周波数に比べ受けやすい
RFタグの大きさ	RFタグの大きさ　約φ30mm×5mm
	LSIのみの大きさ　約10mm×12mm×0.9mm
通信距離	手持ち式読取書込機で数cm
標準化への対応	ISO標準（ISO/IEC18000-2）への提案とCDへの採用
伝送方式（リーダライタ→RFID）	FSK（125kHz/117.75kHz）
通信速度（リーダライタ→RFID）	3.9kbps
返信時サブキャリア周波数	62.5kHz
伝送方式（RFID→リーダライタ）	D-BPSK
通信速度（RFID→リーダライタ）	3.9kbps

ル率が向上することが明らかになった。

本実証試験の成果として，家電リサイクル工場においてRFタグを使用すると，以下の効果が得られる事がわかった。

① 荷捌き工程において，従来作業では冷媒フロンや発泡剤の種別が判別できず適切に荷捌きができない場合が数％（本実験では4％）あったが，RFタグにより100％のものが判別可能となった。また，本実験では新古品を処理したため比較的判別しやすかったとみられ，通常の使用済み品の場合は判別不能の割合が増加する事が容易に予想される。

② 手分解工程において，従来作業では部品を見ただけでは樹脂の種別が判別できない場合も多く，樹脂リサイクルを実施していなかったが，RFタグにより全ての樹脂が判別可能となり，樹脂リサイクルが可能となった。

③ 樹脂リサイクルを実施する事により，作業時間は大幅に増加するものの，リサイクル率については本実験において約8％向上する事がわかった。なお，この8％とは冷蔵庫の本体全重量に対する比率であり，従来の手分解工程における処理可能な樹脂部品を100％分別回収できる様になった，と言い換える事ができる。

④ RFタグによって樹脂が確実に種別されると，回収材料としての純度を高める事が可能となり，材料の価値が高まる。

⑤ RFタグの有無による作業時間の差は少なく，さらに2回目のRFID有り作業では，作業時間がかなり短縮される事から，このシステムは作業者にとって習熟度が高く，使いやすいシステムである事がわかった。

第15章 家電リサイクル実証試験

表6 (参考データ) RFIDのデータコンテンツ

	番号	データ発生者	データ内容	サイズ(Bit)
基本データ	1	製造業者	品目コード	8
	2		型式	80
	3		製造業者名コード	8
	4		製造番号	80
	5		製造日	24
			小計	200 Bit (= 25 Byte)

	番号	データ発生者	データ内容	サイズ(Bit)
静脈物流適用	6	小売業者(販売時)	購入者電話番号	40
	7		販売店コード	8
	8		販売日	24
	9	小売業者(回収時)	管理票番号	48
	10		回収日	24
	11	引取所	引取日	24
	12	再商品化施設	搬入日	24
			小計	192 Bit (= 24 Byte)

	番号		データ内容	サイズ(Bit)
荷捌き工程支援	13		コンプレッサ有/無	8
	14		電子基板有/無	8
	15		冷媒フロン種別コード	8
	16		発泡剤種別コード	8
			小計	32 Bit (= 4 Byte)

	番号		データ内容	サイズ(Bit)
解体工程支援	17		部品数	8
	18	部品1	部品名称コード	8
	19		リサイクル種別	4
	20		取り付け位置コード	4
	21		使用部品コード	8
	22	部品2	部品名称コード	8
	23		リサイクル種別	4
	24		取り付け位置コード	4
	25		使用部品コード	8
	26	部品3	部品名称コード	8
	27		リサイクル種別	4
	28		取り付け位置コード	4
	29		使用部品コード	8
	…			
	74	部品15	部品名称コード	8
	75		リサイクル種別	4
	76		取り付け位置コード	4
	77		使用部品コード	8
			小計	368 Bit (= 46 Byte)
			合計	792 Bit (= 99 Byte)

5 おわりに

　21世紀になった現在,もっとも大きな付加価値の1つとして環境保全,資源保護が挙げられる。これらを実現する一歩として家電リサイクル法が施行され,使用者がそのリサイクル費用を負担することが制度化された。このリサイクルの率を向上させ,効率的に実施するためにRFタグが利用された場合,当然ながら製造段階で製品に貼付されることとなる。従って,製品のライフサ

イクルの最初に貼付され，最後に利用されることになる．この間，貼付されたRFタグを利用しないのは宝の持ち腐れである．RFタグの費用負担をすることなく活用できるからである．このような観点から，第11章で述べられているように，財団法人家電製品協会でもRFタグの製造段階，流通段階での活用が検討され，実証試験が実施されている．

RFタグが近い将来，家電製品のライフサイクル全体の管理のために貼付されるようになった場合，今回実施した静脈物流実証試験及び手分解工程支援実証試験は，その実現のための第一歩と評価していただけると考えている．また，本実証試験について，RFタグを用いたライフサイクル管理の典型例を示すものとして各方面から注目していただき，引用をして頂いているのは，光栄の至りである．

本実証試験は，経済産業省のミレニアムプロジェクトとして，財団法人製造科学技術センターが実施した「電子・電機機器のリユース，リサイクルの技術開発」について，そのテーマの1つとして社団法人日本自動認識システム協会等が受託して実施したものである．

文　　献

1) 財団法人製造科学技術センター，電子・電機製品の部品等再利用技術開発成果報告書（2001.3）
2) 財団法人製造科学技術センター，電子・電機製品の部品等再利用技術開発成果報告書（2002.3）
3) 財団法人製造科学技術センター，電子・電機製品の部品等再利用技術開発成果報告書（2003.3）
4) 寺浦，物品のライフサイクル管理と標準化，月刊バーコード, Vol.14, No.11（2001.9）
5) 寺浦，自動認識の最新技術と将来展望，日本機械学会講習会教材（No.01-89）（2002.2）
6) 寺浦他，RFIDを用いたリサイクルシステム，デンソーテクニカルレビュー, Vol.7, No.1（2002）
7) 社団法人電子情報技術産業協会，資源循環社会におけるネットワークセンシング調査研究報告書2（2002.3）
8) 安藤，資源循環社会実現のためのネットワークセンシング技術，計測と制御, Vol.40, No.1（2001）
9) 三菱総合研究所，特定家庭用機器廃棄物管理票に係る電子化システムの開発, IPA 1-4-18（2000）
10) 日経エコロジー，2001年12月号, p.138
11) 日経エコロジー，2004年1月号, p.42

第15章 家電リサイクル実証試験

11) マテリアルフロー,2003年2月号
12) 日経バイト,2003年3月号

第16章　医療分野へのRFタグの適応
―トレーサビリティと事故防止―

秋山昌範[*]

1　はじめに

　今日の社会では工業化，情報化が進み，遺伝子工学や医療技術の高度化により社会も変化してきた。特に，環境権，知る権利，プライバシーの権利などの「新しい人権」が登場した。また，個人の生き方や生活の仕方について自由で自律的な決定を尊重すべきであるという自己決定権も提唱されている。そこで，医療の高度化，専門分化が進む中で，質の高い医療従事者の養成や，質の高い医療提供の環境整備を図っていくとともに，患者・国民の適切な選択によって良質な医療が提供されるよう，情報の積極的な提供を図る必要がある。同時に，医療の質の確保ということでは，近年続発している医療事故について，患者の安全を守るという観点から，行政や医療機関がともに総合的に取り組むことが求められる。患者に信頼されるためには，危険性も含めた十分なインフォームドコンセントや診療情報提供が大切であることは当然であるが，病院情報システムの導入・更新時に，情報システムによる医療過誤対策を考慮することも重要と考えられる。

　医療過誤の対策として，厚生労働省も医療安全対策会議を設置し，医療安全対策に重点を置いてきた。1999年度の厚生科学研究班（主任研究者：川村治子）「医療のリスクマネジメントシステム構築に関する研究」[1)]によると，収集総数1万1,148事例を，看護業務を患者の療養上の世話と医師の診療の補助業務に大別した場合，前者は患者側要因の関与も大きいが，後者のエラーはほとんどが医療提供者側の要因によって発生していた。療養上の世話業務に関連する事例が全体の約3割で，その半分が転倒転落事例であった。一方，医師の診療の補助業務に関連する事例は全体の6割であった。うち内服と注射（点滴・IVHを含む）の与薬関連事例が合わせてその3/4を占めていた。特に注射事例は約3,500事例と全体の3割を占めており，その多くは与薬業務に関する事例であったと報告されている。したがって，医療過誤対策の中心は，与薬業務におくべきと考えられている。

　2003年12月24日には「厚生労働大臣医療事故対策緊急アピール」[2)]が発出され，その中で，医薬品・医療機器等の「もの」に関する対策として，二次元コードやRFタグを使った医薬品の管理や名称・外観の類似性評価のためのデータベースの整備，オーダリングシステムの活用や点

---

　　* Masanori Akiyama　国立国際医療センター　内科・情報システム部　部長

滴の集中管理，患者がバーコードリーダを所持して薬や検査時に自らが確認を行うなど，ITを活用した安全対策の推進が盛り込まれている。

2 米国医学院の報告

一方，1999年11月に米国医学院は，"To err is human"というセンセーショナルなタイトルの報告書を出版した。「人間は本来あやまちを犯すものである」というタイトルもセンセーショナルであった上に，これまでにない新しい考え方を提案した内容であったことから，報告書は当時のクリントン大統領をはじめとする各界に衝撃を与えた。従来，医療の質や医療事故は個人の責任と考えられており，安全工学の発展によりシステムやインタラクションにも目が向けられたとはいえ，あくまで責任の範囲は医療施設やグループに限定して考えられてきた。この報告書で注目すべき点は，医療の質を「安全性」「根拠に基づく医療」「顧客満足」の3段階に分け，安全性に関しては政府による規制や統制が重要であるとしたことである。更に注目すべき点として，従来は医療訴訟を防ぐという観点からリスクマネジメントの概念が中心であったのに対して，航空業界をはじめとする他産業を参考に，医療サービスのセイフティマネジメントに主眼をおいたことである。特に航空業界のようなハイリスクの組織であるHRO（High Risk Organization）では，事故を防ぐためにそれぞれ厳格な規則を遵守している。そこでは常にリスクがあることを意識しており，どこにリスクがあるのか，それを回避する手段などを常に考えている。そのためのトレーニングやチームワークの必要性なども指摘されている。更に，情報システムによる対策を講じている機関もある。

米国には，情報システムを利用した医療過誤対策を行っている病院もある。BostonにあるBrigham & Women's Hospital（以下，BWH）である[3]。情報システムを活用したBWHでは，1993年に導入以来，2年で医療過誤は55％に減少し，患者への過誤は17％減少したとのことである。そして，その後システムの改良を行い，10年前に比較して医療過誤は86％減少したと報告されている。今日，こうした情報システムを導入している病院は全米の5％ということである。そのうち，医療過誤の5分の1は，薬による合併症と考えられており，量の多すぎ，少なすぎ，薬の相互作用，副作用，アレルギーによるものが多い。前述したように我が国における川村班報告においても，与薬業務が医療過誤の最多であった。更に，BWHによると，コンピュータ化されたオーダリングシステムにより医療過誤防止の可能性があるとされている。費用面においても，BWHでは，コンピュータ化されたオーダリングシステムにより，医療の改善作業が行われ，600万円の嘔吐抑制剤の削減，余分な検査の時間換算で69％の減少，腹部X線撮影の3分の1が不用または変更となったということである。

3 我が国の状況

旧厚生省は2000年8月8日の医療審議会総会に，医療安全対策の推進方策に関する検討議題を提示した。これを受けて医療審議会は，今後医療事故予防対策をめぐる本格的な議論を始める予定である。その内容は，

1. インシデント事例の収集・分析システムの確立
    ① 医療現場からの自主的なインシデント情報の収集とデータベース（共有）化
    ② 収集された情報の分析，マニュアルなど効果的な対策立案および効果の評価
2. 医療機関内の安全確保のための院内情報システム化
3. 医療安全確保のための調査研究の推進
4. 医療現場における医療安全担当者などの人材養成
5. 医療安全性に関する教育・研修の強化
6. 医療現場における安全性の確保
7. 事故防止に配慮した医療機器や医薬品の生産と促進

とされている。

その中でも，看護職員は24時間患者の最前線に存在し，医師と並んで，医療サービスの最終的な提供者であることが多いことから，医療システム上の問題を反映しやすい。前述した医療のリスクマネジメントシステム構築に関する研究班報告によると，医療過誤対策の中心は，与薬業務におくべきと考えられており，注射や服薬時における誤薬投与対策が最も重要と考えられる。米国での様々な提案を参考に，日本でも「医療のリスクマネジメント構築に関する研究」と題して，2000年3月に厚生科学研究報告書[1]がまとめられた。その指摘によると，医療事故の予防は「間違い」「損傷」「訴訟」の概念に分けられており，3つの概念それぞれが部分的に重なり合

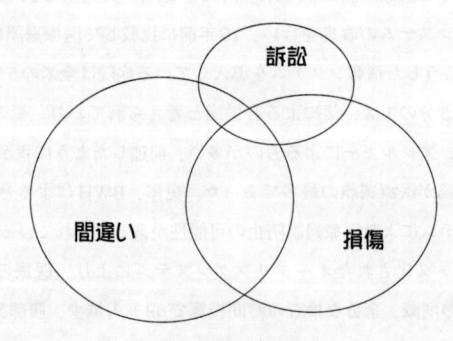

図1 医療事故の概念

第16章　医療分野へのRFタグの適応

う状態で存在している（図1）。このように医療事故の予防を捉えたうえで，報告書では次のような3つの方法論が展開されている。間違いに起因しない損傷は，いわば治療に伴う必然的な副作用や合併症であり，これについては治療法の改善や技術評価の実施によって，危険な技術や薬剤が医療現場に出回らないようにすることが重要である。訴訟については，リスクマネジメントの概念から予防していくことが必要である。間違いを予防するためには，技術評価やリスクマネジメントとは別の考え方が必要であり，セイフティマネジメントという概念を確立しなければならない。そのための方法論として，ルーティン化されたプロセスを取り出して過程を分析することにより，そこでミスが起きないように個人を支援するフェイルセーフのシステムを作り上げていくことが求められる。

4　情報システムと業務フロー

医療のプロセスを考えた場合，与薬業務は全ての医療機関に共通した業務であり，特に注射業務は医師の指示から実施まで複数の人間が関与し，薬剤・注射器・点滴ラインや輸液ポンプなどの多種のハードウェア，指示の情報伝達というソフトウェア，注射準備環境の諸要素がからみ，最も複雑なサブシステムを形成している。したがって，一つの注射業務において，対象患者，薬剤の内容，薬剤の量，投与方法，投与日時，投与速度，刺入部の安全性，投与後の漏れの有無といった確認内容が多いので，事故が生じやすい原因となっている[1]。また，抗癌剤など薬剤によ

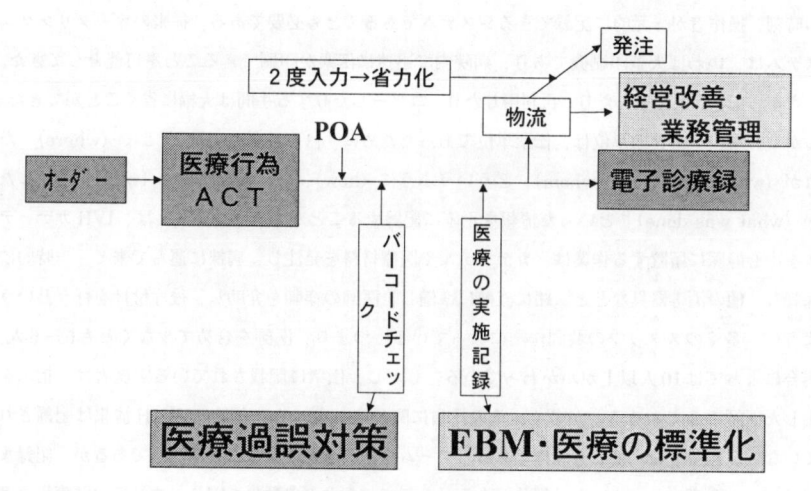

図2　POAS（Point of Act System）

っては重大な結果を引き起こすので，注射エラーの防止は医療事故防止上，最優先で取り組むべき対象であると考えられる。そこで，情報システムによりエラーの防止を行うのである。具体的には，注射業務プロセスの中で，徹底した発生源入力を実現し，医療版POS（Point of Sales）といえる医療行為の発生時点管理（POAS: Point of Act System）に対応することで，事故対策に対応できるシステムを開発した[4]。POASとは，従来の伝票管理を目的としたオーダリングシステムではなく，実施入力を基本に考えられたシステムである（図2）。

事故は予定された業務以外に，突発的に発生した業務もある。したがって，オーダリングシステムに入力されていない医療行為を実施後入力する必要がある。従来のオーダリングシステムでは，予定された医療行為の情報入力が不十分であり，実施入力は困難であった。POASではこれを可能にした。

5 医療行為の発生時点管理システム（POAS : Point of Act System）

実際にPOASとは何を実現するのであろうか。まず，診療に関わる指示だけでなく，指示受け，実施を含む医療行為の経過や実績が記録されるシステムである。具体的には，オーダリングシステムや電子カルテシステム等において，医師による指示の発行，内容の変更，指示の中止の記録以外に，看護師による医師指示の確認，診療や医療行為の実施記録，薬局，検査部門などの診療部門における指示の確認，指示に基づく行為の実施記録は必須である。もちろん，診療行為の実施者によって作成された実施記録やレポートについて指示・実施内容と更新履歴，またそれぞれの時刻，操作者が一元的に記録できるシステムであることも必要である。従来のオーダリングシステムは，いわば大型印刷機であり，病院内で迅速に伝票が印刷できることを可能としてきた。したがって，伝票を運んだり，再利用したり，コピーしたりする手間は大幅に省くことができた。しかし，このデータの単位は，伝票単位であったために，「いつ（when），どこで（where），だれが（who），だれに（to whom），どういうふうに（how），どういう理由で（why），何をしたか（what was done）」といった情報を正確に記録することができない。例えば，IVHカテーテルを中心静脈に留置する作業は，カテーテルや医療材料を発注し，病棟に運んで来て，一時的に保管し，他の消毒器具などと一緒に直前に準備し，医師の穿刺を介助し，後片付けを行うというように，多くのスタッフの共同作業になっている。つまり，医師を含めて少なくとも5～6人，場合によっては10人以上がかかわっている。しかし，伝票に記載されている実施者は，指示を出した医師のみであることが多く，その行為に関わったすべての人間の5W1H情報は記録されていない。もちろん，紙でも同様である。チーム医療が重要であることは当然であるが，記録まではチーム医療になっていない部分がある。そこで，入力の自動化を図り，すべての医療従事者

第16章　医療分野へのRFタグの適応

の実施記録まで、正確に記録できることが望まれる。その場合、もちろん、技術的用件は担保されなければならない。電子カルテは1999年4月の診療録の電子保存に関する旧厚生省3局長通知（現在の厚生労働省）にある、「真正性」「見読性」「保存性」を十分に担保できるシステムであり、電子カルテシステムにおいては従来医療機関内で様々な媒体により伝達、蓄積、保管されてきた各種情報を、電子的な手段により一体的に管理、運用できるシステムであることが求められている。

　上記のように、POASを使ったシステムの理念は、①業務改善・経営改善、②医療過誤対策、③医療行為のデータマイニングによるEBM（Evidence Based Medicine）や包括払い制度への応用である。まず、業務改善・経営改善に関し、この医療行為の発生時点管理で、今まで表に出てこなかった物流・業務を把握し、無駄を省き、効率的な業務体系を確立することが可能になった。すなわち、レセプトに上がらない医療行為の把握が可能となり、2度入力をなくし、臨床業務の省力化に対応したうえで、物流や患者の動態をリアルタイムに確認できるので、職員の適性配置を可能とした。更に、注射や点滴、血液製剤、輸血などあらゆる医療行為の実施時点で入力させることにより、医療過誤対策を可能にした。具体的には、例えば投薬や注射を行う場合、医師や看護婦等の医療スタッフの個人識別を行い、処方内容のバーコード、薬剤や注射液の識別のためのバーコードを、バーコード対応PDAで次々と読みとり、誰がいつの時点で何を処方し、誰がいつの時点で実際に患者に投与したか、あるいは投与出来なかったという場合等も含め、すべての診療行為のデータ化を図ることとした（写真1, 2）。実施入力された時点でのエラーチェックにより事故を防止でき、血液製剤、輸血などのロット管理が電子的に行え、輸血記録などの

● 記録や事務業務の　完全自動化
- PDA
  - 70%エタノールで消毒可能
  - 防水
  - CPU：300MHz
  - Web
  - JAVA
  - 落下耐性
  - 軽量
  - 無線LANでリアルタイム処理

写真1　携帯端末（PDA）

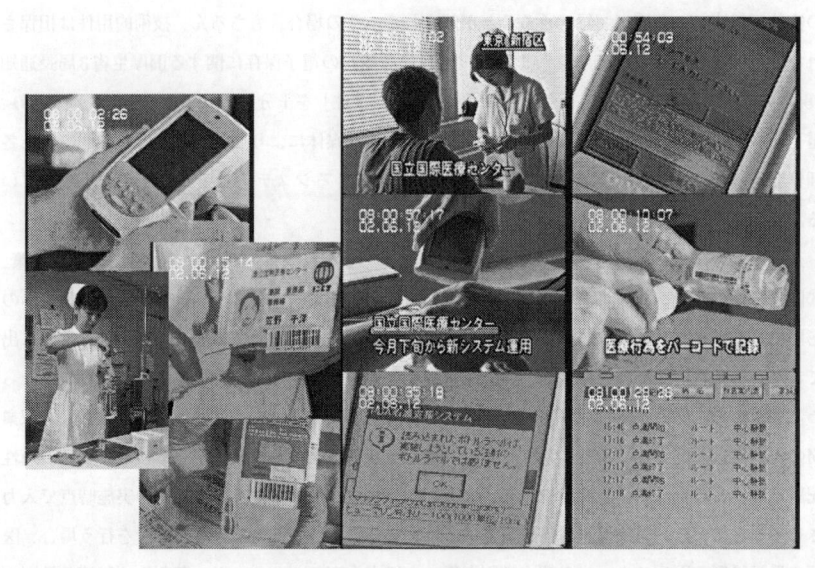

写真2　点滴の例

管理が容易になる。

6　リアルタイムな記録

　このシステムでは，従来のシステムで把握できなかったリアルタイムの指示変更が，調剤時，処方監査時，混注時，投与時それぞれに最新データと照合する（図3）。したがって，オーダ後の指示変更や破損，破棄などの情報も正確かつリアルタイムに扱えるので，在庫管理も正確になる。

　2003年度施行の改正薬事法には，新しい生物由来製品というカテゴリーが設けられ，それが医薬品であれ医療機器であれ共通の規制に基づく枠組みが提供される。生物由来特性を踏まえた安全対策の充実に関して，製造開始段階，製造中において生物由来の特性を踏まえていった場合にドナーの選択だとか原材料の安全性確保という部分が普通の化学薬品以上に必要とされる。製造中の汚染防止やトラッキング時のための記録保管も整備する必要がある。それ以上に，市販後段階での適切な表示，情報提供，適正使用のほか，ドナー使用者の追跡，感染症定期報告の必要があり，それらの記録を管理することが重要になった。すでに血漿分画製剤では，ロット番号を伝票記載することでトレーサビリティを担保していたが，その中でITを用いた仕組みが重要で

第16章　医療分野へのRFタグの適応

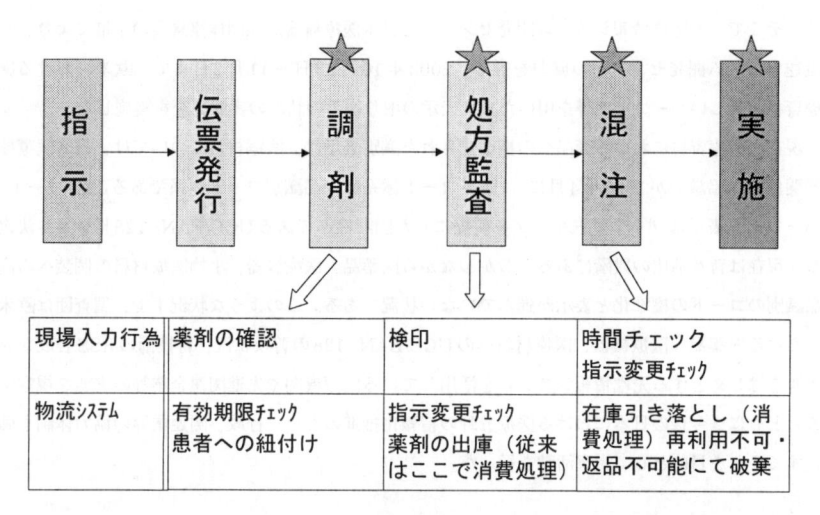

現場入力行為	薬剤の確認	検印	時間チェック 指示変更チェック
物流システム	有効期限チェック 患者への紐付け	指示変更チェック 薬剤の出庫（従来はここで消費処理）	在庫引き落とし（消費処理）再利用不可・返品不可能にて破棄

図3　注射の流れ

　ある。複雑な収集，分配を繰り返す血液分画製剤では，単一ロットに含まれる製剤の血液供給元である人は複数になる。それらが更に収集，分配を繰り返すので，採血した人から投与した患者まで一気通貫で管理するのはIT以外には困難である。更に，今回の薬事法改正により血漿分画製剤以外の生物由来製品に関しても，トレーサビリティが必要となった。そこで，徹底した発生源入力であるPOASを用いて，特定生物由来製品に対する管理可能な物流システムも開発した。この物流システムは，入荷時にUCC/EAN128規格のバーコードを用いて，JANコードでチェックし，梱包単位でバーコードに含まれるロット番号を納品書に記載している。本システムは，WEBブラウザとCORBAによる分散オブジェクト技術により構築されており，病棟部門の電子カルテ端末や消毒可能な無線対応PDAにおいても利用可能である[5, 6]。

7　バーコードやRFタグの活用

　このような医療機関内のトラッキングを円滑に行うためには，製造段階でのソースマーキングが必須であるが，現状では流通レベルでも半数程度であり，消費レベルでの対応はわずかである。しかし，FDAの制度変更を受け，ファイザー製薬やアボット，ノバルティスなど欧米の企業ではUnit Dose（実施単位）レベルまで，バーコードを貼付しようとしている。現在わが国では，院内で実施単位まで，バーコード貼付作業を行っているが，米国のFDAでは義務化の動きがあ

る。そこで、㈶医療情報システム開発センターと日本医療機器関係団体協議会の主催により、㈶流通システム開発センターの協力を得て、2003年10月23日～11月2日まで、欧米における医療資材の新しいバーコード等を用いた識別表示の取り組みの状況の実態調査を実施した。

現在、医療資材における商品への標準化された識別表示は、医療材料については、日本医療機器関係団体協議会が1998年4月に、「商品コード体系は商品識別コード体系であるJANコード、バーコード表示はソースマーキングを前提にした国際標準であるUCC/EAN-128」を業界決定し、現在は普及活用の段階にある。しかしながら医薬品、医療機器、小物医療材料の個装への商品識別のコードの標準化と表示が進んでいない状況である。このような状況下で、調査団は欧米における医薬品、医療機器、医療材料へのUCC/EAN-128の普及状況、新技術のRSS合成シンボルをはじめとする先端情報システムを活用している医療機関や先進関連企業等の実態を視察するとともに、今後の日本における医療分野の情報化推進のため、行政、関連業界の協力体制を強化することを目的として視察活動を行った。

8 欧米の状況

8.1 視察先施設

次の通りである。
視察先施設（11施設）
　コード管理機構＜2施設＞：
　　・欧州　EANインターナショナル（ベルギー）
　　・米国　米国コードセンター（ニュージャージー）
　企業＜5社＞：
　　・欧州　ノバルティスファーマ社（スイス）
　　　　　　アロガ社（スイス）
　　・米国　ファイザー社工場（プエルトリコ）
　　　　　　カーディナルヘルス社（シカゴ）
　　　　　　アボットラボラトリーズ社（シカゴ）
　医療機関＜4施設＞：
　　・欧州　A.Z.ブリュージュ病院（ベルギー）
　　　　　　ツイー・ステーデン総合病院（オランダ）
　　・米国　モンテフォーレメディカルセンター（ニューヨーク）
　　　　　　ペンシルバニア大学病院（フィラディルフィア）

第16章　医療分野へのRFタグの適応

8.2　視察概要
8.2.1　コード管理機構の取り組み

　欧米では，投薬調剤ミス，手術ミス，誤診等を巡り，患者が医師や病院を相手取って起こす損害賠償，それに関する負担増大が大きな社会問題となっている。EANインターナショナルによると，医療現場で薬剤管理や，投薬調剤関連のミスが多数存在する事が報告されている。英国では1万件の深刻な医療過誤があり1,100人の患者が死亡している。1999年米国では77万件の医療過誤の被害が発生し，そのうち8万人が亡くなっている。医療過誤により訴訟等で年間1,777億ドル（約19兆円）のコストがかかっている。一日1,600万投薬のうち2％のエラー率で計算すると1日当たり32万件の投薬エラーが発生している。これらのミスの原因は，医療スタッフが組織的に業務を実施できていないことや，似かよった表記の薬剤が多い。これらのミスを防ぐにはバーコード表示によるデータ管理が有効であり，このうち70％は避けられるミスであると指摘する。日本のGDPの10分の1以下であるブラジル，南米コロンビアでも，病院の投薬単位（Unit Dose）による標準バーコードを活用している事例が紹介され，患者の安全確保のためのバーコード表示には，コストがかかるとの経済的な論理は世界では通用しないことが実証さている。

　米国コードセンターでは，FDA（米国食品医薬局）が2004年から3年をかけて，全ての医薬品にナショナルドラッグコード（全米医薬品コード）による標準バーコードを付けることを義務化し，2004年1月にその旨を公布する予定であるとの情報を得た。米国での規制化の目的は，患者の安全対策と近年増加している医薬品の偽造防止にある。WHOの推計によれば，世界の医薬品の8～9％は偽造品で，重篤な副作用等の原因とされており，偽造防止対策が重大な課題と考えられている。

8.2.2　医薬品メーカーの取り組み

　FDAの規制化を前に，欧米では患者の安全対策として，医療材料や医薬品など医療資材へのバーコードやRSS合成シンボルなどの識別表示が急速に進んでいる。前述の通り，FDAは，患者安全の観点から医薬品のトレーサビリティを持たせるため，2003年3月にバーコードの推奨規則（Bar Code Label Requirement For Human Drug Products and Blood）を公表し，2004年2月には規制化に踏み切った[7]。そのため欧米の製薬企業では，規制化に向けて着々と対応を進めている。

　米国の医薬品業界では，既にファイザー社，アボットラボラトリーズ社等の先進大手製薬メーカーによる患者の安全確保を目的とした医療提供の取り組みが進められている。FDAの規制の前に既に患者の安全対策として，医薬品の投薬単位（Unit Dose単位：医薬品の1錠包装単位，アンプル1本単位，バイアル1本単位）で，「RSS合成シンボル」を表示した医薬品の供給が開

始されている。

米国ファイザー社のプエルトリコの工場では，Unit Dose単位にRSS合成シンボル（全米医薬品コード・ロット番号・有効期限）を貼付した医薬品を2002年1月から生産を開始し，2003年末までには100％バーコード表示がされる。

包装サービス部副部長のリッチ・ホランダー氏によるとバーコード対応は，患者の安全向上ための大規模なプロジェクトとして取り組んだ。取り組みの発端は，2001年に「医療ミス記録と防止のための全米連絡協議会（NCC-MERP：National Coordination for Medical Errors Recording And Prevention）が発表した白書である。この白書から，ファイザー社が病院の現場を改善するチャンスだと感じ，新しく開発されたRSS合成シンボルの採用を決定した。

アボットラボラトリーズ社では，アメリカの病院での投薬調剤ミスを減少させる目的で5年前に着手した。アンプル・バイアル等の取り組みは，対象の医薬品は，1,100種類，ラベルは5,000種類，スペック（仕様）は6,000種類に及ぶ大プロジェクトとなり，現在では，すべての医薬品がバーコード表示されている。戦略マーケティング統括マネージャーのローリー・ヘルナンデス氏は，すべての医薬品のラベル変更，スペックの変更，新技術のRSSの導入を実施，世界で最初にすべての医薬品にバーコード貼付を実現した企業を誇りに思うと語られた。

8.2.3 欧米の医療機関の取り組み

欧米の医療機関では，薬剤部が中心となって調剤ミス防止対策として院内でバーコードを貼付して患者の安全対策を実施している。欧米の医療機関では，IT化は必ずしも進展しているとは言えないが，調剤や投薬ミスの防止，在庫管理の徹底に対しては，医療機関のスタッフが熱心に取り組んでいる。特に，院内の薬剤部が中心となり取り組んでおり，その一環として，視察先医療機関のすべてで，Unit Dose単位で院内独自バーコードが活用されている。医療資材等を製造している企業に対するソースマーキングの要望も高く，医療機関サイドでは，「No Bar Code ＝ No Business」で医療資材を選択する動きも活発化し始めている。

9 医療行為分析における線から面へ

このように，バーコードやRFタグの活用で，POASと組み合わせることで，トレーサビリティを担保したデータベースが主流になるだろう。そこで新たな機能が期待される。これまで医療事故が生じた際，カルテなどの記録からだけでは，原因の特定すら困難な場合が多かったため，効果的な予防策を講じられるとは限らなかった。このシステムでは，全ての医療行為が正確に記録されるので，医療事故が発生しても，事故分析の際に当事者のみならず，発生前後の関係者の行動も並行して調べることが可能になる。更に，他の病棟や外来などの直接事故現場ではない周

第16章　医療分野へのRFタグの適応

- 一人の時間軸による線分析のみでなく、周辺のスタッフまで合わせて、面分析が可能

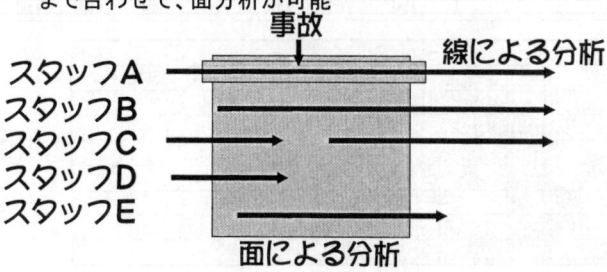

図4　事故を多面的に分析可能

作業手順エラー率①/(②+③)	日	月	火	水	木	金	土	合計
1月	2.9%	4.5%	4.7%	4.5%	4.8%	5.2%	3.6%	4.4%
2月	3.1%	3.9%	4.2%	4.5%	4.8%	4.5%	4.2%	4.2%
3月	3.7%	4.4%	5.6%	4.9%	4.9%	4.4%	3.4%	4.5%

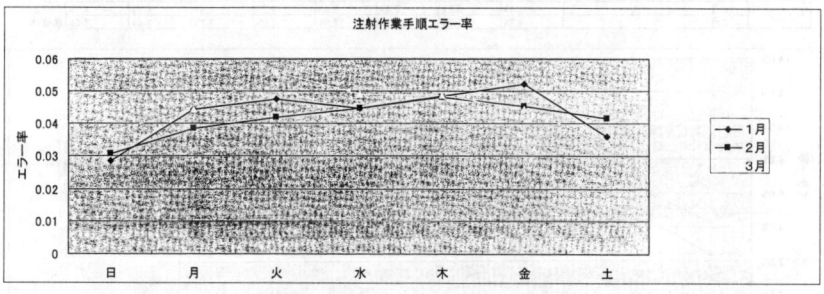

図5　アラームの頻度：病院全体

辺の状況も正確にたどる事が出来る。つまり、発生時の当事者の解析のみでは、点から時系列にたどる線の解析しかできないが、このシステムでは当事者以外の時系列ワークフローも明らかになるので、組織的な解析、いわば面の解析が可能になるのである。その結果、発生現場の直接的な原因だけでなく、周辺の間接的な原因も見つける事が出来るため、最も効果的な再発防止策を導き出せる（図4）。

実際のデータから解析してみる（図5）。このデータは国立国際医療センターにおける注射業だけを抜き出し、最終の投与時点でのアラームデータを解析したものである。ここで解析したアラーム内容としては、混注後のエラー率であり、その内容はボトルの間違いや患者間違いは既にチェックされており、主に速度とルートが変更されていることの従来のシステムでは気付かなかったアラームである。病院全体では、土日をのぞきほとんど曜日に差がないが、病棟Aでは週末

201

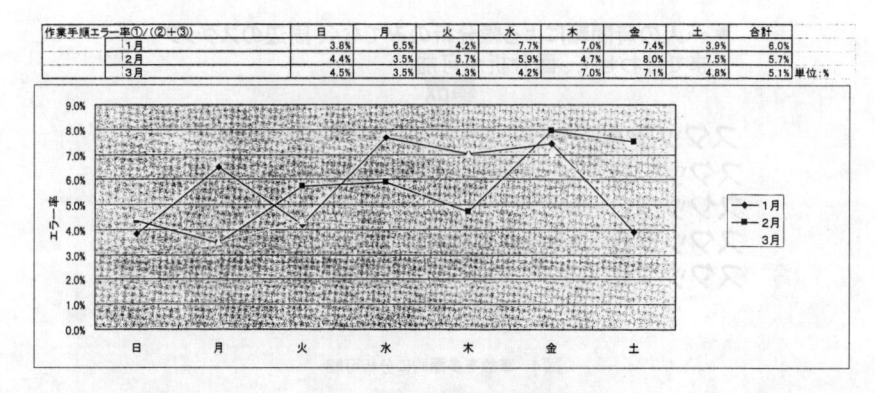

作業手順エラー率①/(②+③)	日	月	火	水	木	金	土	合計
1月	3.8%	6.5%	4.2%	7.7%	7.0%	7.4%	3.9%	6.0%
2月	4.4%	3.5%	5.7%	5.9%	4.7%	8.0%	7.5%	5.7%
3月	4.5%	3.5%	4.3%	4.2%	7.0%	7.1%	4.8%	5.1%

図6　アラームの頻度：病棟A

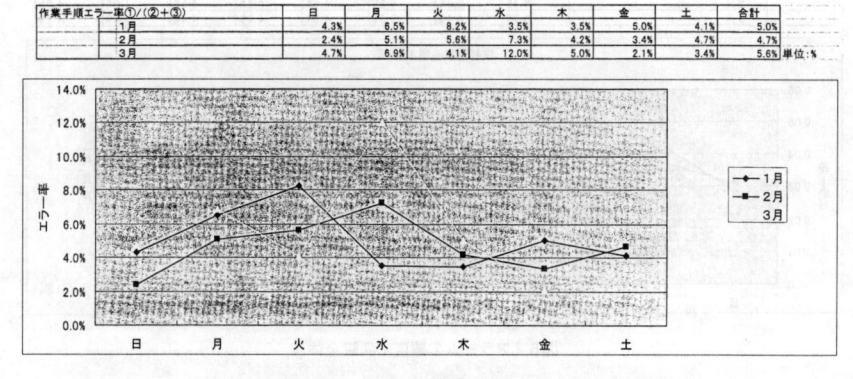

作業手順エラー率①/(②+③)	日	月	火	水	木	金	土	合計
1月	4.3%	6.5%	8.2%	3.5%	3.5%	5.0%	4.1%	5.0%
2月	2.4%	5.1%	5.6%	7.3%	4.2%	3.4%	4.7%	4.7%
3月	4.7%	6.9%	4.1%	12.0%	5.0%	2.1%	3.4%	5.6%

図7　アラームの頻度：病棟B

に頻度が高い傾向にあり（図6），病棟Bでは週の前半にエラーが多い傾向にある（図7）。それぞれの病棟における入院患者の曜日別頻度や検査等の曜日別集中具合に連動していることより，実効性のある医療過誤対策が行えると期待される。

　このように，我々が今回考案したPOASは，投薬や注射を行う場合，医師などの個人識別を行ったうえで，処方内容のバーコード，薬剤や注射液の識別のためのバーコードを，バーコード対応携帯端末で次々と読みとり，すべての診療行為のデータ化を図るものであるが，実施入力される時点でのエラーチェックにより事故を防止できる観点から，医療過誤対策の切り札になることが期待される。同時に，この医療行為の実施記録が残ることで，医療行為のデータウェアハウスによるデータマイニングが可能になる。これは，EBMやDRG/PPSへの応用へとつながるシス

テムであり，実施入力されたデータが看護記録やカルテに自動記載されるように設計している。以上のことより，経営改善や物流管理，医療過誤対策を可能とした。

　この新しい概念のシステムは，すべての診療行為のデータ化を図るものであるが，実施入力される時点でのエラーチェックにより事故を防止できる観点から，医療過誤対策の切り札になることが期待される。しかし，現場では情報システムではなく，人による判断が第一であることは言うまでもない。それを支えるために，本システムでは，病院医療スタッフの専門能力発揮を妨げる作業と要因を可能な限り排除し，本来の使命である患者の診療に専念できる環境づくりを実現する[8]。

10 トレーサビリティに活用するバーコード，RFタグ

10.1 日本での課題について

　前述したように，欧米では医療資材に関して，識別表示の新たな潮流が生じており，今後日本市場に大きく影響を及ぼすことで，我が国も対応をせまられることになろう。医療資材への識別表示の標準化を進める上で，下記が解決すべき課題と考えられるが，その解決に向けて，関連各位の理解と取り組みの協力が求められる。

① Unit Dose単位でのソースマーキングが必要である。
　→ 医薬品，小物医療材料へのRSSシンボルの導入と活用
② 医薬品の業界標準商品コードが必要である。
　→ GTINの活用
③ トレーサビリティに適合するJANコードのあり方研究
　→ 米国のNDC（全米医薬品コード）の研究
　企業合併や社名変更しても，米国のNDC（全米医薬品コード）は変化しない。
④ 医療機関における患者の安全確保を中心とした情報システムの構築が必要である。
　→ 投薬チェック，トレーサビリティ体系の確立

10.2 中心課題

　トレーサビリティの意味は単にバーコードを貼付することで解決するような問題ではなく，生産過程から消費時点（患者に投与）まで，追跡できることである（図8）。そのためには，生産過程で付けたバーコードが張り替えられることなく，患者に投与するまで追跡できる体系が必須である。しかし，現状は欧米も我が国も流通過程で，バーコードの張り替えが行われており，その時点でロット番号などは追跡不能になる場合が生じる。張り替えミスが必発だからである。張

RFタグの開発と応用II

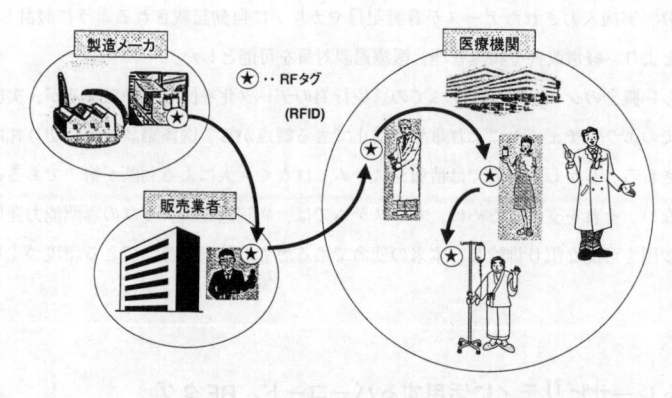

図8 製造元から患者までのトラッキングが可能

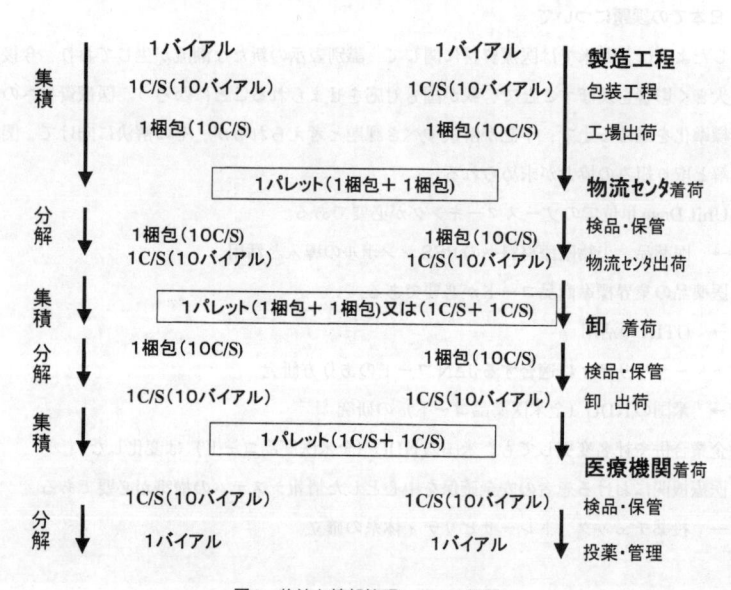

図9 物流と情報管理レベルの概要

り替えをしないことがいいことであることが理解できても普及しない理由は，生産・消費（投与）段階と物流段階で情報管理レベルが異なるからである（図9）。生産段階と消費（投与）段階における管理単位はUnit Dose（1本，1錠単位）であるが，流通単位では梱包単位であり，その単位も10本入り中箱からそれを10箱集めた段ボール，それを10箱まとめた（100本入り）段ボール，複数のロット，複数の薬剤をまとめて運ぶパレットなど，取り扱う品物の粒度（大きさ）

第16章　医療分野へのRFタグの適応

が違うが，それらを一元的に取り扱える仕組みがなかったからである。これらを解消し一元管理を行うため，国際EAN協会では図10のようなシステムを提唱している。

すなわち，インフラとしてはインターネットを用い，XML等で情報交換を行う。その上で，

The EAN•UCC system provides an integrated suite of standardized tools that enable effective management of supply chains in any company, anywhere and in any industry

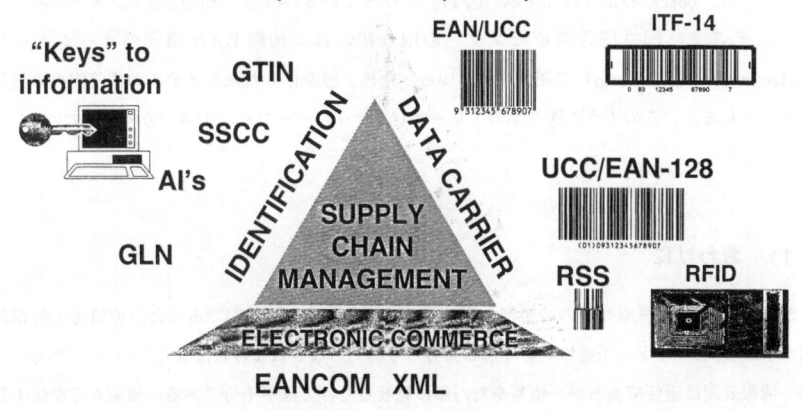

図10　EAN. UCC System-Core Technologies

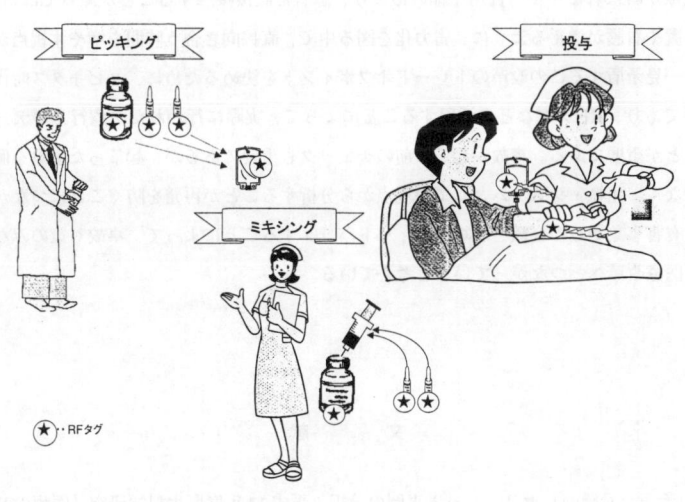

図11　院内のトラッキング

扱う情報を移動させる器（Data Carrier）として，UCC/EAN-128やRSS，RFID（RFタグ）を用いる。その中で運ぶデータは，GTIN，SSCCなどを使用する。GTINやSSCCの中に梱包単位や商品名が入っている。GTINは消費単位，SSCCは流通単位に向いているフォーマットで，相互に互換性があるのである。したがって，この仕組みを用いれば，バーコードの張り替えが不要で，トレーサビリティが担保できる。

一方，院内での棚から先のベッドサイドまで，追跡できる仕組みも重要であるが，今回調査した限りでは，現在このような仕組み（図11）で行っているのは国立国際医療センターのみであった。そこで，国立国際医療センターの取り組みは，国際EAN協会のホームページ（http://www.ean-int.org/）で紹介されている。今後，標準化されたシステムの病院内への普及が求められるが，このような医薬品のトレーサビリティにバーコードのみでなくRFタグが有用と考えられる。

11 おわりに

21世紀になり，医療改革の波が押し寄せている。これまで閉鎖的であった医療情報も情報公開が進み，患者サイドに医療情報を理解してもらう努力もなされなければならない。その努力の中で，情報公開は重要であるが，情報をただ単に見せるだけでは不十分である。情報を標準化することで，初めて医療情報の評価が可能になり，患者から見て医療の良悪の判断がつくようになる。効率的医療が叫ばれる中で，費用圧縮のあまり，患者と直接接触することが減ってはいけない。直接の処置や看護が増えるように，省力化を図る中で，直接向き合う時間を増やす視点が重要であろう。一見矛盾するこの改革のトレードオフポイントを決めるために，ユビキタス時代の電子化が重要であり，RFタグなどを活用することによって，実際に行われた医療行為のデータを解析することが重要である。事故が起こる前のチェックも重要であるが，起こった事象を個々の視点だけでなく，組織・システムとしての視点から分析することが再発を防ぐことにつながる。このような有害事象からの経験を現場にフィードバックすることによって，事故対策のみならず患者本位の医療改革へとつながっていくと考えている。

文　献

1) 川村治子，看護のヒヤリ・ハット事例の分析，平成11年度厚生科学研究「医療のリスクマ

ネジメントシステム構築に関する研究」, 2000.
2) 厚生労働大臣医療事故対策緊急アピール, 厚生労働省, 2003.12.24.
3) Brown D. A, New Prescription For Medical Errors: Hospital Touts Computer System That Alerts Doctors to Potential Mistakes Over Medication,
4) 秋山昌範, 医療行為発生時点情報管理によるリスクマネジメントシステム, 医療情報学, **20** (Suppl. 2), 44-46, 2000.
   http://washingtonpost.com/wp-dyn/articles/A19986-2001Mar17.html
5) 秋山昌範, 国立病院における医療材料の情報標準化について—POS（消費時点物流管理）システムの病院物流管理への応用—, 医工学治療, 12巻4号, 886-889, 2000.
6) Akiyama M., Migration of the Japanese healthcare enterprise from a financial to integrated management: strategy and architecture, Medinfo.10（Pt 1）: 715-718,2001.
7) FDA, Bar Code Label Requirements for Human Drug Products and Biological Products; Final Rule, 2004, 2, 26 Federal Register vol. 69, No, 38. February 26, 2004, 9120～9171.
8) 秋山昌範, ITで可能になる患者中心の医療（秋山昌範), 日本医事新報社, 2003.

諸団体の活動編

諸団体の活動等

第17章　ユビキタスIDセンターの技術と活動

越塚　登*

1　ユビキタスIDセンター

「ユビキタスIDセンター[1]（uIDセンター）」は，ユビキタスコンピューティング技術やユビキタスネットワーキング技術の研究開発，標準化，普及を推進する，国際的な民間技術フォーラムとして2003年3月に設立した．uIDセンターの主な活動は，ユビキタスID（uID）技術の研究開発やuID技術の運用，実験，ucode空間の管理，ucode解決サーバーの運用，セキュア通信のための認証局の運営等である．現在uIDセンターは，組込システム・アーキテクチャの研究開発・標準化・普及活動を行っているT-Engineフォーラム[2]と一体化して活動している．フォーラムメンバーには，世界各国の320社あまりの企業等が参加し（2004年2月現在），以下の特色をもった活動をしている．

① オープンな活動

uIDセンターの活動内容はオープンであり，研究開発成果は一般に公開される．基盤システムもオープンかつマルチベンダーで構築し，uIDセンターが公開した仕様や基準を満たす製品はuIDセンター標準機器として認定する．

② ローカリティーの重視

ITが社会にスムーズに浸透するためには，それを適用する社会や文化と整合していることが，なによりも重要である．特に「ユビキタス」は実世界と密な応用を対象としており，この整合性はより重要である．uIDセンターは，社会や文化の局所性（ローカリティー）を重視したシステムを目指している．

③ 一般消費者も含めた広い応用分野の開拓

uID技術はあらゆる分野で有用な技術である．従って，uIDセンターは，単に業務用の特殊用途のシステムを構築するのではなく，一般消費者も含めた幅広い民生利用が行われるように，広い応用分野を開拓することが重要である．

---

* Noboru Koshizuka　ユビキタスIDセンター；T-Engineフォーラム；YRPユビキタス・ネットワーキング研究所　副所長；東京大学　助教授

④ 技術力を背景とした新しい応用やメカニズムの開拓

uIDセンターは，小さいデバイスや小型電子機器においては，世界的に最先端の技術を有している。我々は，こうした高度な技術力を十分に活用した応用開発や技術開発を積極的に展開する。

⑤ セキュリティー・プライバシーの重視

ユビキタスコンピューティング環境では，生活空間のあらゆるところに小型チップを埋め込んで，実世界情報の自動認識を試みる。従って，自動認識された個人情報が漏洩し，更にこれが悪用される可能性もないとは言えない。そこで，uIDセンターでは，ユビキタス環境におけるセキュリティー，プライバシー保護を可能にする技術開発に力を入れている。その上で，実現コストや提供サービスの利便性との間のトレードオフを考慮した上で，技術的限界も明らかにし，それをカバーするための社会制度をセキュリティーポリシーとして確立する。

2 ユビキタスID技術

ユビキタスコンピューティング環境では，身の回りの様々なモノに，通信機能を持ったRFIDやセンサーなどのノードが埋め込まれる（厳密には，それ以外にもバーコードやスマートカードも使う）。これらは，モノの情報や測定情報等，現実世界の属性情報を格納し，人間が携帯したり建物に設置されたコンピュータに対して，格納情報や観測情報を送信する。この現実世界の情報を使って，情報提供サービスや現実世界の環境制御などを行う。

2.1 ユビキタスIDアーキテクチャ

図1は，ユビキタスコンピューティング環境のアーキテクチャの概要である。実世界のあらゆるモノには，RFIDやセンサーなどから構成されたユビキタスコードタグ（ucodeタグ）が埋め込まれる。ucodeタグは，まずそれを埋め込んだモノが何であるかを識別するコード（ユビキタスコード：ucode）を格納する。さらに，タグの機能と容量によって可能な範囲内で，そのモノに関する属性情報も格納する。

現状では，どのようなタグであっても，厳しい記憶容量等の制約があるため，そのモノのすべての情報を格納できるわけではない。そこで，ucodeタグに格納できない属性情報は，ネットワークを介した先のデータベースに格納し，ucodeタグに格納されているucodeをキーとしてそれを検索できる機能を提供する。

ucodeタグから情報を獲得する端末を，「ユビキタスコミュニケータ（UC）」と呼ぶ。UCは，獲得したucodeに応じて情報サーバにアクセスして情報サービスを受ける。ユビキタスコンピュ

第17章　ユビキタスIDセンターの技術と活動

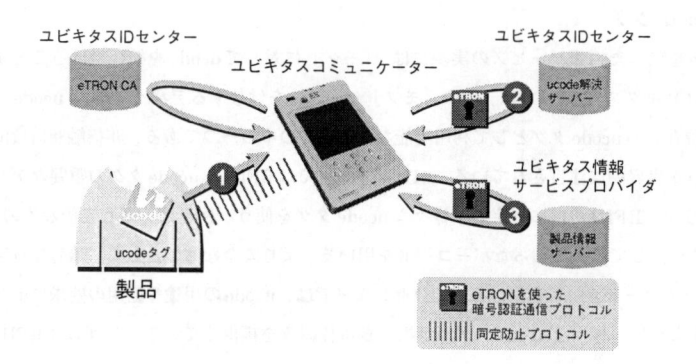

図1　ユビキタスIDアーキテクチャ

ーティング環境では，実世界にばら撒かれたucodeタグや情報サーバは膨大である。そこでuIDアーキテクチャには，「ucode解決サーバー（ucode Resolution Server；ucodeRS）」と呼ぶ分散ディレクトリデータベースが備えられており，ucodeと情報サーバーの対応関係を保持する。

また，ユビキタスID技術での通信は，プライバシーを配慮したセキュアな通信を行うために，公開鍵暗号技術を使い，そのための「認証局」を備えている。また，ucodeタグがつけられたモノが一般に流出したときにも，悪意ある者が不正にその情報を読み出せないように，ucodeタグの非接触通信インタフェースでは特別な「同定防止通信」を備えている。

2.2　ucode：ユビキタスコード

ユビキタスコンピューティングでは，実世界の状態をコンピュータが自動的に認識し，それに応じてさまざまな情報処理や動作をする。こういった情報処理方式を「コンテキストアウェアネス（Context awareness）」という。そのためには，実世界のモノを識別できることが最低限必要とされることである。そこで，uID技術では，すべてのモノに対する個別識別として，「ユビキタスコード（ucode）」という体系を提供し，これをコンテキストアウェアな処理の対象となるあらゆるモノに付与する。このucodeは128 bitを基本として，更に256 bit，384 bitと，128bit単位で拡張できる枠組みを備えている。

ucodeの重要な特長は，既存のコード体系との互換性である。例えば，既存の代表的なコード体系には，UPC，EAN，JAN，ISBN，ISSNコード，IPアドレス，電話番号等などがある。ucodeの128ビットという広大な空間を利用し，既存のコード体系を包含できるメタコード体系である。

213

2.3 ucodeタグ

ucodeを使った情報サービスの実現には，「モノ」に対してucodeを結びつけることが必要である．ユビキタスID技術では，この「モノ」にucodeを付与するデバイスを，「ucodeタグ」と呼ぶ．現在このucodeタグとして利用可能なデバイスの中の一つである，非接触通信機能をもったRFIDが世界的に注目されている．uIDセンターではRFIDをucodeタグの重要なデバイスとして扱うが，RFIDだけに限定せず様々なucodeタグを使う．例えば，最も安価なものとして，ucodeを標記してモノに貼ったバーコードを用いる．より安全なものとして，暗号認証通信機能を備えたスマートカードも用いる．uIDセンターでは，ucodeの用途や応用の要求に応じて，表1に示すように，様々なucodeタグが選択できる枠組みを提供している．しばしばRFIDというと，バーコードを代替するものとして位置づけられることが多い．ところが，uIDセンターでは，バーコードとRFIDは共存し，それぞれの利害得失に応じて使い分けるべきものであると考えている．

RFIDに関しても単一種類に限定するのではなく，構造が簡易で安価なものから，高機能で高価なものまでを包含する．また，非接触通信部分における電波周波数も複数サポートし，適用さ

表1 ucodeタグ体系

クラス	内容
Class 0：光学的IDタグ	光学的手段により読み取り可能なタグ．バーコードや二次元バーコードなどがある．
Class 1：下位RFIDタグ	コードは工場焼きこみで改変不能であり，タグの実装サイズを含め，製造の難しさで耐コピー保障のあるタグである．
Class 2：上位RFIDタグ	簡易認証方式による同定防止プロトコルをもつタグである．コードは認証を通過した状態で，書き込みが可能である．また制御コマンドにより，制御用の状態も持てるようになっている．
Class 3：下位スマートタグ	耐タンパー性をもち，秘密鍵暗号認証通信によるネットワーク対応のend to endのアクセス保護機能をもつタグである．
Class 4：上位スマートタグ	耐タンパー性をもち，公開鍵暗号認証通信によるネットワーク対応のend to endのアクセス保護機能をもつタグである．
Class 5：下位アクティブタグ	同定不能の簡易認証通信によるアクセスが可能で，コードは認証を通過した状態で書き込みが可能なタグ．また，長寿命電池もしくは自己発電機能を持ち被アクセス時以外も動作可能．
Class 6：上位アクティブタグ	耐タンパー性をもち，公開鍵暗号認証通信によるネットワーク対応のend to endのアクセス保護機能をもつタグである．長寿命電池もしくは自己発電機能を持ち，被アクセス時以外も動作可能，かつプログラミング可能である．
Class 7：セキュリティーボックス	大容量のデータを格納できる，安全で強固なコンピュータノードで，耐タンパー仕様の筐体，有線型のネットワーク通信機能，eTRON IDを備えeTP (Entity Transfer Protocol) が実装されている．
Class 8：セキュリティーサーバー	大容量のデータを格納できる，安全で強固なコンピュータノード．Class 7のセキュリティーボックスの機能に加えて，更に厳密な保安手続きにより運用されているものである．

第17章 ユビキタスIDセンターの技術と活動

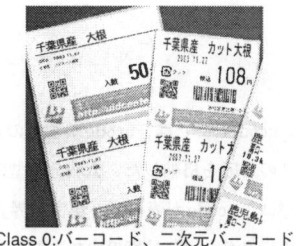

Class 0: バーコード、二次元バーコード
［サトー、凸版印刷、大日本印刷］

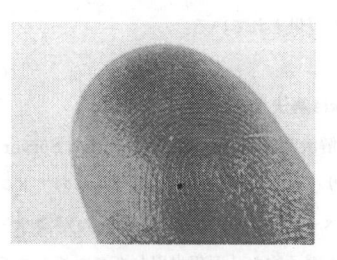

Class 1: ミューチップ［日立製作所］

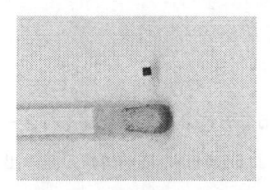

Class 1: T-Junction［凸版印刷］

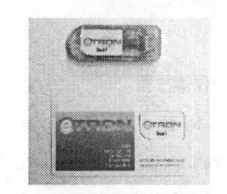

Class 4: eTRON/16
［ルネサンステクノロジー、東大, 他］

写真1　uIDセンター認定ucodeタグ（2004年2月現在）

れる条件に応じて使い分ける。すでに，標準ucodeタグとして，複数のタグが認定されている（写真1）。

2.4　ユビキタスコミュニケータ

「ユビキタスコミュニケータ（UC）」は，ユビキタスコンピューティング環境とユーザの間のコミュニケーションを媒介する端末である。ucodeタグと通信するための狭域通信機能と，ユビキタス情報サービスを提供する様々なサーバ群や他のユーザのUCとの間で通信するための広域通信機能を備えている（写真2）。UCは現在までに，PDA型の機器と携帯電話型の機器（UC-

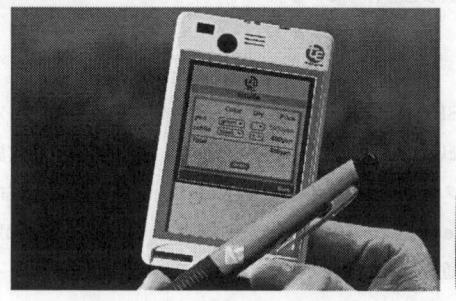

写真2　ユビキタスコミュニケータ（左）とUC-Phone（右）

215

Phone）が提供されている。

2.5　ucode解決サーバ

「ucode解決サーバ（ucode Resolution Server；ucodeRS）」は，ucodeからそのucodeに関連する情報サービスを提供する情報サーバのアドレスの対応を格納した，広域分散型のディレクトリデータベースである。いわば，ucode解決サーバは，ucodeが表わす「現実世界」と，情報システム内の電子的な「仮想世界」をつなぐシステムであり，uID技術の中で重要な基幹システムである。

2.6　プライバシー保護技術

あらゆるものに，RFIDのようなタグがつけられることによって，プライバシーの観点から次の問題点が指摘されている。まず，意図しない人によるRFIDの格納情報の読み出しや，各サービスを実現する通信を盗聴することによるプライバシー情報の流出，また，RFIDとそのR/W機器の遍在化により，RFIDがついたモノを携帯する人のトラッキング可能性である。

uID技術では，前者の問題に対して，ユビキタスコンピューティング環境に向いた，暗号認証通信技術，eTRON（Entity TRON）[3,4]を提供している。また，後者のトラッキング問題を解決するために，不特定の人が，非接触通信を通してRFIDの同定ができないような，同定防止通信プロトコルを開発している。uIDセンターの標準タグ仕様では，この同定防止通信プロトコルのサポートは必須である。

3　応用

こうしたユビキタスID技術は，まさにあらゆる分野に適用可能である。既にその中のいくつかの応用に関しては，実際の実証実験などを行っている。

3.1　店舗における応用例

2003年12月に開催した「TRONSHOW 2004」では，ユビキタスショーケースという，uID技術の実験空間を構築し，そこで小売店舗を模擬した販売実験デモンストレーションを実施した。写真3左のように，来店者はucodeタグの読み取り装置のついたカートを使う。写真3右のように，商品棚に陳列された商品をucodeタグの読み取り装置にかざすと，その商品の情報が表示される。出店するときには，ゲートを通るときに自動一括精算がされる。

第17章　ユビキタスIDセンターの技術と活動

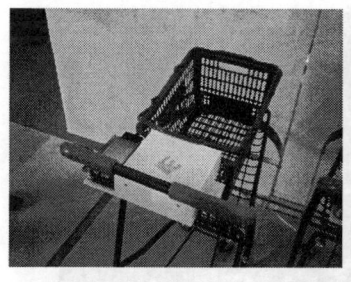

写真3　TRONSHOW2003による店舗実験
左：ucodeタグ読取機能をもった買い物かご．
右：店舗の商品には，すべてucodeタグがつけられており，買い物かごで商品情報をみたり，値段の自動集計を行うことができる．

3.2　食品トレーサビリティ

　uIDセンターでは，2003年の7月から2004年2月にかけて，uID技術を使った，青果物のトレーサビリティの実証実験を実施した．JAよこすか葉山の農家が生産する，大根とキャベツ約3万本の生産履歴と流通履歴を記録し，それを消費者がユビキタスコミュニケータなどの端末を使って閲覧することができる．

　この実験の特徴は主に以下の2点を挙げることができる．まず今回の実験では，PDA型のユビキタスコミュニケータを，トレーサビリティ情報の閲覧に利用し，実験のモニターの方々に貸し出した．今まで，RFIDのインタフェース装置としては，デスクトップ型の大型のものを使う業務型システムを想定したものであった．今回は，PDAや携帯電話のような，最終消費者が常に携帯する機器を使った始めての実験である．今までのこうした利用イメージは，紙上では語られてはいたものの，実際の実証実験で用いたのは初めてである．

　第二に，生産者のサポートを積極的に実施したことである．トレーサビリティ応用サービスにおける課題は，情報の入力の手間の軽減をはじめとした，生産者側のサポートである．今回の実験では，生産者が生産履歴を入力することを容易化するために，農薬や肥料のパッケージにもucodeタグを貼付し，散布前にタグをUCで読み込ませることで生産履歴を記録した（写真4左上参照）．更に，生産ガイドラインのデータベースと照合し，農薬や肥料の間違った使い方をした場合には，警告表示をするという，生産支援システムとも連携することで，生産者のメリットの増加を図った．

3.3　デジタルミュージアム

　博物館や美術館，各種製品ショーなどの展示会においても，uID技術は有用である．2002年1

写真4 ユビキタスIDセンターによる青果物トレーサビリティ実証実験
　　　左上：散布農薬の情報の入力
　　　右上：農協での入荷処理
　　　左下：KIOSK型端末によるトレーサビリティ情報の閲覧
　　　右下：ユビキタスコミュニケータ端末でのトレーサビリティ情報閲覧

写真5　ucodeタグを用いたユビキタス情報サービスの博物館応用
プラズマディプレイには，ucodeタグの読み取り装置があり（左），入場券であるucodeタグをかざす（中）と表示されているコンテンツのucodeが格納される．格納されたucodeの情報から，コンテンツの詳細情報をKIOSK端末で見ることができる（右）．

月に実施した，「東京大学デジタルミュージアムⅢ[5)]」では，いくつかの展示物にucodeタグをつけ，読み取り装置のついたKIOSK端末で，そのタグ情報を読みとり，展示物に関する情報を表示した．また，来館者にもucodeタグを持たせ，その観覧の流れなどをトレースすることによって，順路案内をするといった応用を実現した．

第17章　ユビキタスIDセンターの技術と活動

文　献

1) ユビキタスIDセンターホームページ，http://uidcenter.org/
2) T-Engineフォーラムホームページ，http://www.t-engine.org/
3) 越塚登，坂村健，「eTRON: Entity and Economy TRON」，第19回情報処理学会コンピュータセキュリティー研究会，2002年12月，pp. 61〜66
4) 宮崎真悟，石川千秋，鵜坂智則，小俣三郎，越塚登，坂村健，「組込み機器に秘密共有機能を提供するSIMカード型セキュアチップの開発」，第66回情報処理学会全国大会，2003年3月，掲載予定
5) 坂村健編，「デジタルミュージアムⅢ」，東京大学総合研究博物館，2002年

第18章 ㈶流通システム開発センターのRFIDシステムへの取り組みについて

宮原大和[*]

1 取り組み経緯

㈶流通システム開発センター（以下「当センター」と略称）では，1997年より流通分野におけるRFIDの活用研究を開始した。97年当時は，商品単価の比較的安い日用雑貨で検討した。商品一点ごとにRFタグが付いていれば，現状目視で商品名や数量，日付管理を行っている返品処理に大きな効果があると期待されるが，現状では商品一つ一つにRFタグを付けることはコストの点で難しい。結局，コスト面から見て商品確認や個数確認ならば現在普及しているJANコードやITF（標準物流シンボル），あるいは賞味期限などいろいろな情報が表示できるUCC/EAN-128といったバーコードで表示することで当面のニーズに対応できることから，当時RFタグは時期尚早との結論となった。

99年以降は，アパレルメーカーおよび百貨店等の協力を得て，比較的商品単価が高くファッション性の高いアパレル業界をモデルに活用研究を行った。

アパレル業界においてRFIDを利用することにより，従来のブランドタグ，プライスタグとは別に，RFタグをアパレルメーカーの工場で商品一点ごとに取付け，工場，物流センター，小売業の店頭，さらにはテキスタイルメーカー，運送／代行業者を含めてそれぞれでの業務でどのように活用でき，どれくらいの期待効果が得られるかの活用研究とRFタグ利用システムの基盤整備に向けての研究を実施した。また，99年にはアパレルサプライチェーン間におけるRFIDによる流通管理業務効率化システムの実証実験（SPEEDプロジェクト）を行った。

アパレル流通における物流プロセスでのRFIDシステム実用化のための運用環境・稼動環境について，引き続き研究を行い，これまでの研究／実験結果および現状の技術的条件を前提として，次の様な段階的な導入を推進している。

第1段階：RFタグの読取りのみの業務処理
・入荷／出荷検品業務
・棚卸し業務

---

[*] Yamato Miyahara ㈶流通システム開発センター 流通コードセンター 研究開発部 主任研究員

第18章 ㈶流通システム開発センターのRFIDシステムへの取り組みについて

・返品業務
第2段階：再書込みを行う業務
・データの変更（入荷月日，金額，サイズ等）
・マーチャンダイジング情報の書込み

　2002年4月には，当センターに，GCI研究会を組織し，インテリジェントタグWGで，国際EAN協会（EAN International）で制定したGTAG（Global Tag）およびGCIでの，インテリジェントタグWGの研究内容（マサチューセッツ工科大学（MIT）AUTO IDセンターの研究内容を含む）について，主に加工食品を中心にRFタグの利用研究を行った。2003年度は食品物流センターでの実証実験および，米国ウォルマートでのRFIDシステム導入計画でのビジネスモデル研究を行った〔GCI（The Global Commerce Initiative）〕。

　又，2003年のEPC global設立に伴い，日本の窓口として活動を開始した。2003年度の主な活動内容は以下の通りである。

　① アパレル実証実験

　アパレル産業協会と百貨店協会は，経済産業省の「次世代物流効率化システム研究開発事業」の一環として，アパレルRFID実証実験を実施した。本実験は，当センターの2002年アパレル業界RFID実用化研究委員会報告書に基づき，アパレル標準化システムを開発し，実証実験を実施した。

　② 食品・雑貨業界標準化RFIDシステム研究

　1997年度，98年度に実施した食品・日用品業界でのRFID研究では時期尚早との結論を出した。しかしながら，ここ数年来，急速に技術的進歩が加速し，国内外の各種業界での導入機運が高まり，さらにRFタグの低価格化も期待できるようになった。このような状況を踏まえ，食品・雑貨業界標準化RFIDシステム研究会を設け，EPCシステムを利用した，商品アイテムレベルでのRFタグの活用研究を開始した。

　③ RFIDロードマップ作成

　経済産業省の「次世代物流効率化システム研究開発事業」の一環として，RFIDロードマップ作成に着手した。本年度は消費財を中心に研究し，順次対象を拡大する予定である。

　④ EPCシステム

　国際EAN協会は，アメリカのマサチューセッツ工科大学（MIT）のAUTO IDセンターを始め，英国，スイス，オーストラリア，日本（慶応大学），中国の大学で行われてきたEPC（Electronic Product Code）に関する研究成果を踏まえ，それを世界的レベルで実用化するためのシステム（EPCシステム）を構築し，サービスを開始することを決定した。国際EAN協会とアメリカの流通コード機関であるUniformed Code Council（UCC）が共同で所有する非営利法

人「EPC global Inc.」がシステムの管理・運用を行う。EPC global Inc.は，2003年11月に発足し，日本の窓口は，当センターが行う事となった。

本稿では，GCI研究会のインテリジェントタグWGおよびEPC global（EPCシステム）についてその詳細を述べる。

2 GCI研究会のインテリジェントWG

GCIのインテリジェントタグWGでは，製造業向けアプリケーションモデル，物流向けアプリケーションモデル，店舗向けアプリケーションモデル及び消費者向けアプリケーションモデルについて，その機能性，技術的要件，動作条件，人間工学，稼動条件，データコンテンツなど利用者からの要求仕様をとりまとめている。

GCIの要求仕様を現時点で充足するものとして，EPC globalのEPCシステムを選定している。ワーキンググループでは，将来，RFタグが我々の生活のなかで大きな役割を果たすであろうという将来ビジョンを描いているが，その概要は次の通りである。

① 近未来の店舗では，個々の洗濯洗剤の箱，ケチャップの瓶，牛乳のパックにそれぞれのIDコードを含んだタグが付いている。それらの商品コードは，人を介することなく店舗の棚，チェックアウトカウンター（レジ）や出口ゲートが読み取る。これらの機能の組合せによりストアマネージャーの顧客に対するサービス向上，迅速なチェックアウト，棚を充填しておくための在庫のトレースと補充，そして必要に応じた迅速な製品リコール対応が可能となる。

② また，ビジョンは近未来の家庭の様子も予想している。それによると，上述と同じIDコードを電子レンジ，医薬品キャビネット，冷蔵庫，パソコン，その他家電製品が読み取る。この機能により完璧な食事を作る手伝いをしたり，紛失した修理マニュアルのコピーをダウンロードしたり，アレルギーや食事の問題，食品や医薬品の有効期間，特定の医薬品を併用することの危険性に関する警告を発することでリスクを低減するなど，消費者の生活の質を大幅に向上させる。

2002年4月には，当センターに，GCI研究会を組織し，インテリジェントタグWGで，以下の目標を設定し，活動を行っている。

・RFIDを取り巻く環境について研究し，その内容について理解を深める。
・GCIインテリジェントタグWGの活動内容を把握し，その成果物を翻訳し，内容を研究する。
・GCIインテリジェントタグWGで適合する仕様として選択した，EPC globalのEPCシステムについて研究する。

第18章 ㈶流通システム開発センターのRFIDシステムへの取り組みについて

分科会を設け，その活動内容は以下の通り。

(1) マニュアル分科会：2002年度

マニュアル分科会では，初心者でも理解出来る，RFIDシステムについての説明書を作成。作成にあたっては，自分自身が理解し，社内及び部内に情報提供・理解が行える事，ユーザ側の視点になって，入門編としての位置付けとする（技術マニュアルにならない様に注意する）ことに視点をおいて作成した。

(2) ビジネスモデル分科会：2002年度，2003年度

ビジネスモデル分科会による主な活動内容は，GCIが示した利用モデル（製品及びサプライチェーンにおける機会開発の一考察）をベースに，日本の消費財に関わる製造業，卸売業，小売業と，ベンダー企業を中心に，その現状や要件に照らし合わせた適用範囲の設定を把握する事により，日本におけるインテリジェント・タグの標準化と，RFタグそのものの推進に貢献することを目的とした。2003年度には，米国ウォルマートでのRFIDシステム導入計画でのビジネスモデル研究を行った。

(3) パイロット分科会：2002年度，2003年度

パイロット分科会では，仮にRFID活用の実証実験を行うこととした場合を想定し，システムおよび実施環境（スマートシェル）の設定，実際の運用を想定した実験項目の検討等について研究した。2003年度には食品物流センターでの実証実験を行い，その成果をまとめた。

3　EPCシステムの概要とEPC globalの役割

3.1　EPC globalとは

世界の流通コードに関する国際的な流通標準化機関である国際EAN協会は，2003年9月10日に臨時総会を開き，アメリカのマサチューセッツ工科大学（MIT）のAUTO IDセンターを始め，英国，スイス，オーストラリア，日本（慶応大学），中国の大学で行われてきたEPC（Electronic Product Code）に関する研究成果を踏まえ，それを世界的レベルで実用化するためのシステム（EPCシステム）を構築し，サービスを開始することを決定した。国際EAN協会とアメリカの流通コード機関であるUniformed Code Council（UCC）が共同で所有する非営利法人「EPC global Inc.」がシステムの管理・運用を行う。EPC globalは，2003年11月に発足した。企業は，各国・地域の流通コード機関（日本では，㈶流通システム開発センター）を通じて本システムを利用する会員となることができる。会員企業は，企業規模に応じた入会金と年会費を各国・地域の流通コード機関に支払う必要がある。また，MITのAUTO IDセンターの開発成果は，EPC globalに移される。

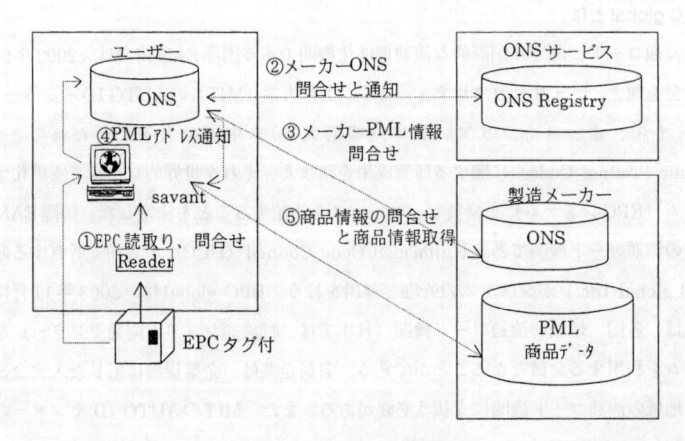

3.2 EPCシステムの概要

EPCシステムは，RFID（Radio Frequency Identification；RFタグ）技術とネットワーク技術を組み合わせたもので，RFタグに書き込まれた当該商品のEPCコードをキーとしてインターネット経由で関連データベースにアクセスし，その商品の属性情報を即時に取得することができる。会員企業は，コードセンターから本システムで使う企業番号（EPC Manager Number）の付番を受ける（企業番号は，EANコード（JANメーカーコード）を想定）。商品メーカーは，EPC Manager Numberと，商品番号とシリアルナンバーをRFタグに入力するとともに，その商品情報をPMLで，自らの商品データベースに入力する。EPC Manager Numberは，EPC globalが管理するONS Resistryに登録される。商品メーカーのデータベース，EPC globalのONSサーバーおよびEPCユーザーがインターネット（EPCネット）で連結される。

ユーザーは，商品やパレットに付けられたRFタグを無線スキャナで読み取る。RFタグに書き込まれているEPCをキーコードとして，EPCネット経由で商品情報の所在を検索し，当該商品情報が格納されている商品データベースにアクセスし，関係情報を取得する。システムの概要を図1に示す。EPCコードは64ビットおよび96ビット体系を基本としている。この他に128ビットおよび256ビット体系も想定している。

RFタグへの情報の書き込みは，0か1の識別のバイナリ表示で書き込まれる。64ビットおよび96ビット体系のタグデータフォーマットについては，現在仕様開発が進められているが，商品コードについてはUCC/EANシステムのGTIN（Global Trade Item Number：JANコード）が適用されることが決定している。この他，シッピングカートンラベルコード（SSCC），取引先コード（GLN）等UCC/EANシステムの標準コードの適用が順次検討されている。EPCコー

図1　EPCシステムの概要

第18章 ㈶流通システム開発センターのRFIDシステムへの取り組みについて

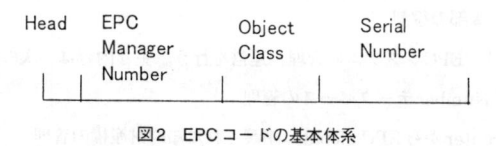

```
| Head | EPC      | Object | Serial |
|      | Manager  | Class  | Number |
|      | Number   |        |        |
```

図2　EPCコードの基本体系

ドの基本体系を図2に示す。

ONS＝Object Name Server
PML＝Physical Markup Language

3.3　EPC globalの活動

3.3.1　EPC global本部体制

　EPC global本部は，当初，社長と本部職員6名で運営される予定である。また，運営理事会が組織され，ユーザー企業およびEANメンバー機関の代表14名（日本を含む）と社長で構成される。EPC globalの本部組織と運営体制を図3に示す。

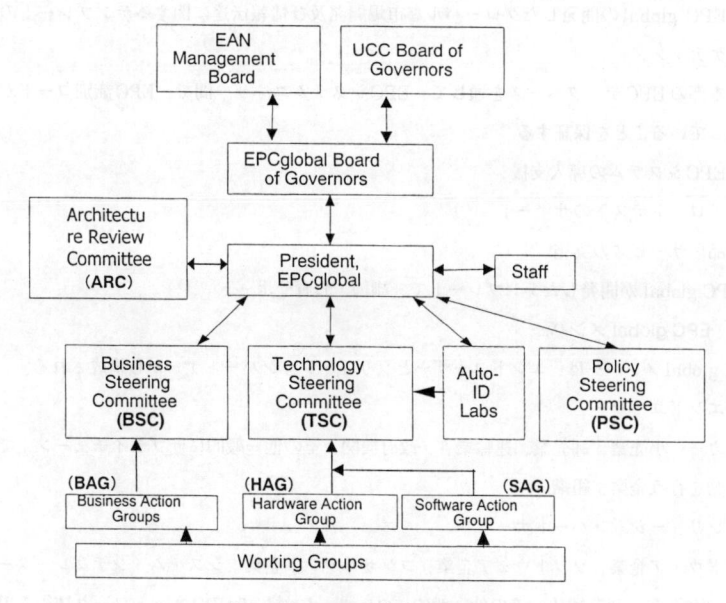

図3　EPC global標準化と開発体制

3.3.2 EPC global 本部の役割

EPC global 本部は，EPC システムの管理，運営を行う。主な内容は，次の通りである。
- EPC Manager Number データベースの管理
- MIT Auto ID center から EPC global に譲渡された知的財産権の管理
- 社会的な問題に関する対応の管理
- EPC システムのグローバルな市場開発及び情報伝達に関するテンプレートの設計
- EPC に関する技術開発に要する費用をユーザーから集める窓口
- EPC 技術標準開発の先導
- 国際的な EPC ネットワークに関する知識・情報の交換センター

3.3.3 EAN 加盟コードセンターの役割

EAN 加盟コードセンターは，それぞれの国内の市場開拓と EPC システムの導入サポートを行う。主な活動内容は次の通りである。

① 市場開拓
- EPC メンバーシップの加入・促進
- EPC Manager Number の付番と，EPC ネットワークへのアクセス権の付与
- 国内サービス料の徴収（各国コードセンターがサービス維持のために徴収）

② EPC global の開発したグローバルな市場開発及び情報伝達に関するテンプレートの適用とマーケティング

③ 本部の EPC データベースを通じて，EPC システムユーザー間で，EPC 識別コードが正しく登録していることを保証する

④ EPC システムの導入支援
- パイロットテストのサポート
- 製品・サービスの実施
- EPC global が開発したテンプレートで，訓練・教育サポート

3.3.4 EPC global メンバー

EPC global メンバーは，エンドユーザーとソリューションパートナーから構成される。

① エンドユーザー

メーカー，小売業，卸売業，運輸業者，政府機関，その他一般的にサプライチェーン上で何らかの活動を行う企業，組織。

② ソリューションパートナー

ハードウェア企業，ソフトウェア企業，コンサルタント企業，システムインテグレーター，トレーニング企業，商業団体，その他一般的にユーザーに対して EPC ネットワーク技術の導入を

第18章 ㈶流通システム開発センターのRFIDシステムへの取り組みについて

サポートする企業（ユーザー企業として，EPC Manager Number番号を取得して，エンドユーザーとしての登録も可能である）。

3.3.5 メンバー費用

メンバー費用として入会金と年会費を支払う必要がある。

① エンドユーザー

（入会金）入会金は，世界全体での年間売上高の階層に応じ，標準的には，750ドルから20万ドルの間で決定される。

（年会費）年会費は，その国の類似サービスの会費や，その国のサービスレベルに応じて設定することとし，ユーザー企業は，本社のある国で，年会費を支払う。

② ソリューションパートナー

（入会金）ソリューションパートナーは，入会金を支払う必要はない。

（年会費）年会費は，次の通りである。

表1 年間売上高と年会費

年　商	年会費
$ 50Mil以下	$ 5,000
$ 50Milを超える企業	$ 50,000

・年会費は，本部が置かれた国・地域のコードセンターに支払う。

3.3.6 会員企業の加入メリット

EPC globalに加入することにより，会員企業は次のようなメリットを享受出来る。

・グローバル，地域のEPCデータネットワーク，無料のEPCシステムライセンス部品へアクセスできる。

・必要に応じ，EPCコードをパレット，ケース，単品に付番することができる。

・現在進行中のEPCネットワークに関する実用ビジネスに基づく使用方法の開発や，EPCネットワークの標準化作業へ参加できる。

・EPCのネットワークコンポーネント，調査資料，ソフトウェア仕様，PML，Savantに関する参考文書へアクセスできる。

・他のメンバーとの間で，実証実験やテストを行う時に連携ができる。

・EPC globalと共同で，市場開発を行う事ができる。共同プレスレリリースを含む。

・早期にEPC globalに参加し本システムを導入した企業へ，直接コンタクトができる。

現在，EPCシステムの導入を検討している欧米の企業，機関について，以下に述べる。

> Class 1: Write once passive　（1度書込み後、読込み専用パッシブタグ）

Class 2: passive, added functionality (memory, encryption)
（リードライト型パッシブタグ）
Class 3: Semi-passive　（セミパッシブタグ）
Class 4: Active　（アクティブタグ）
Class 5: Readers　（リーダ）

(注) 現在Class1の開発が完了している。
図4　EPCタグの分類

① Wal-Mart

Wal-Martは，2003年11月3，4日に，RFID戦略に関する報告セッションを開いた。およそ500名のWal-Martのサプライヤ企業代表が出席した。その中で，Wal-Martは2004年に実証実験を行い，その後，2005年の1月からトップ100サプライヤとの間で主にテキサス州での実用化を開始し，また，2006年より，全サプライヤとの運用を開始することが発表された。

Wal-Martは，96ビットのUHF帯Class1バージョンのEPCタグを採用する予定で，将来的には，Class2を採用することを発表している（図4参照）。

② Tesco（英国）

テスコは，2004年にEPCシステムを初めて実証実験レベルで導入する予定で，その後2005年にフェーズ1としてバーコードレベルのEPCシステムの実用化導入，2006年にフェーズ2としてEPCタグの特徴を生かした各種アプリケーションの実用化導入計画を発表した。

③ メトログループ（ドイツ）

メトロが，2004年1月に同グループ全体の小売業務処理にEPCシステムを導入すると発表した。開始は11月からで，グループ4部門向け10ヵ所の中央倉庫と計250店向けの輸送用パレットや梱包商品にEPCタグをつける。すでに，デュッセルドルフ郊外のスーパーマーケット，「フューチャーストア」でRFタグシステム，セルフスキャンシステム等が試行されている。

④ DOD（米国）

米国の国防総省が，2003年10月2日に，RFIDによる導入戦略案を発表した。この中で，EPCシステムの採用について明確に記しており，国防総省は，EPCタグのデータフォーマットは，ISOで認可されたRFID標準（Unique ID）を利用するとしている。国防省はすでに2003年12月に同省の主要サプライヤのために報告会を開催しており，米国のほか世界20ヵ国に展開する予定である。

第19章　RFタグの郵便事業への活用アイデアについて

石橋　守*

1　はじめに

　「親愛なるIさんへ　ご参加お待ちしております。　Mより」と，最後の一文を愛用の万年筆で書き終えたM氏は，パーティーの招待状と，旅先で見つけた絵葉書数枚，砂粒の入った小袋を一緒に封筒に入れた。引出しから，砂漠でM氏が微笑む"RFID内蔵プリクラ切手"を1枚取り出し，リーダ／ライタでI氏の住所・氏名を記憶させ，封筒に貼りつけると，他に書き上げた郵便物を一緒に掴んで，近所のポストに向かった。
　M氏はテレビ電話全盛の今でも，手紙を頻繁に利用する。手書きの文字でしか伝えられないメッセージがあると思っている。おそらくそのおかげで，世界中の友人達と，より親密なコミュニケーションが続いていると感じている。RFIDの普及により郵便が，さらに便利になったことも，頻繁に利用する理由の一つである。
　M氏の投函を受け付けたポストは，切手に内蔵されたRFIDに投函日時・場所等の情報を瞬時に書きこむ。同時に，事前に書きこまれた情報を読み取り，瞬時にホストコンピュータを通じて関連する情報を方々へ発出する。宛先情報から料金を計算し，利用実績に応じた割引を適用した上で，M氏口座から自動引き落としてくれる。料金計算や支払い手続きが，より便利になった。
　I氏宅までの輸送ルート上の各郵便局に送信された情報は，業務量の予測値として適切な要員計画の策定に役立つ。I氏は，数日前に転居していたが，転居届を郵便局へ出していたので，ポスト投函された時点で，あて先住所情報が修正されて書きこまれ，最短ルートで配送される。
　あらかじめ登録されていたI氏の連絡先にも，郵便物の大まかな配達予定日時がお知らせされる。
　ポストから郵便局へ集められた郵便物は，RFIDの情報を活用して，迅速に各方面の郵便局別に区分・輸送される。郵便物を自動区分する装置では，各郵便物のRFIDの情報を大量

＊　Mamoru Ishibashi　日本郵政公社　経営企画部門　国際・物流・事業開発部
グループリーダー

> に一括読み取りし，正確に目的地へと仕分けしていく。
>
> 　郵便局員がM氏からの郵便物をI氏宅の郵便受け箱に配達すると，郵便受け箱は，切手型RFタグの情報を読み取り，仕事中のI氏の携帯電話へその情報を送信した。
>
> 　I氏が職場でキーボードをたたいていると，携帯電話のメール着信音があり，画面に"Mさんからのお手紙が届いております。"との文字が現れた。
>
> 　「この前は，南極の氷でウィスキーを飲む会の案内だったな。今度はどんな企画だろう。確かアフリカに行っていたはずだ。サハラ砂漠の砂でも郵送してきたかな。」
>
> 　いつも丁寧で，しかも人柄のにじみ出た個性的な文字で綴られる，M氏からのユーモアたっぷりの楽しい手紙を楽しみに待っていたI氏は，急いで残業を切り上げ，ワクワクしながら帰宅するのであった。

　RFタグがあたり前のように，身の回りの様々なものに埋め込まれるようになった未来には，このような光景が生じてくるかもしれない。

　郵便・貯金・保険と三事業を行う日本郵政公社の業務の中では，RFタグの活用方法は，いろいろと考えられるところであるが，本稿では，多くのRFタグの使用が期待される郵便事業への活用について，現在考えられるアイデアをいくつか紹介したい。

　タグやリーダ／ライタの開発や，全体標準化を進める方々による，技術的な記述が多い中で，ユーザー側の視点でのRFタグに対する期待として，参考になればと願う。

2　基本アイデアー郵便物にRFタグを搭載!?ー

　郵便事業は，全国17万本以上のポストや全国2万4,700の郵便局窓口等で引き受けたり，集荷して集めた郵便物を，約5,000の集配機能を持つ郵便局に集め，方面別に仕分けして運送し，配達受持区域の郵便局から配達するというのが基本的な流れである。当然のことながら，物流業界一般と同じように，パレット等輸送容器へのRFタグの搭載もアイデアとして考えられるが，本稿では，最も郵便事業らしい，郵便物そのものにRFタグを搭載することに特化して考えていきたい。

　郵便物自身にRFタグを搭載すれば，郵便物の輸配送の各段階で，RFタグの情報を読み書きし，その情報を追跡することで，郵便物が今どこにあり，いつ頃配達されるのかを，常時把握することができるようになる。この情報は，情報センターから，インターネットを通じて，差し出したお客様や，郵便物が到着するのを待っているお客様に提供することができるだろう。さらには，配達の完了と共に，その情報を外出先にいるお客様の携帯端末にメールでお知らせすること

第19章　RFタグの郵便事業への活用アイデアについて

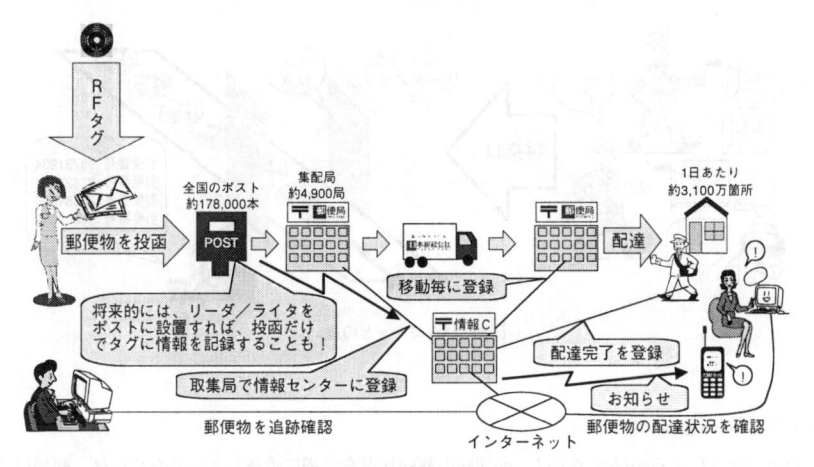

図1　基本アイデアのイメージ

も容易に可能となる。

　また，全国のポストにリーダ／ライタ機能（RFタグに情報を読み書きする機能）を付加すれば，投函するだけで，投函日時や投函場所の情報を書き込んだりできるだろう。

　このようにRFタグを搭載することは，郵便物の所在が常時把握でき，輸送中の紛失防止効果が高まり，さらにはスピードも向上するなど，お客様にとってのメリットだけでなく，サービス提供側のコストの軽減にもつながる。より高品質なサービスを，より安価に提供できるようになる。しかし，現時点では，タグや周辺機器等のコストの問題や，読み取り精度の問題，情報の漏洩対策の問題など，多くの課題が残されている。

3　基本アイデアーバーコードとの違い一

　先ほどの郵便物の追跡機能は，現在でも既に，書留やゆうパック等の一部の郵便物で，バーコードを付加することで，行っているところである。では，RFタグは，バーコードと比べ，どのような可能性を持っているのであろうか。

　まず，大量感知できることが大きく異なる点である。例えば，現在のバーコードによる追跡作業では，1個1個の小包や書留についたバーコードをバーコードリーダでスキャンすることで，情報を読み取っているが，将来技術課題を克服したRFタグを活用すれば，ポストから集められた郵便物の固まりや，方面別にまとめて束になった郵便物について，リーダ機能を持つゲートを通過させるだけで，瞬時に，まとめて情報を読み取ることが可能となる。単純なことであるが，

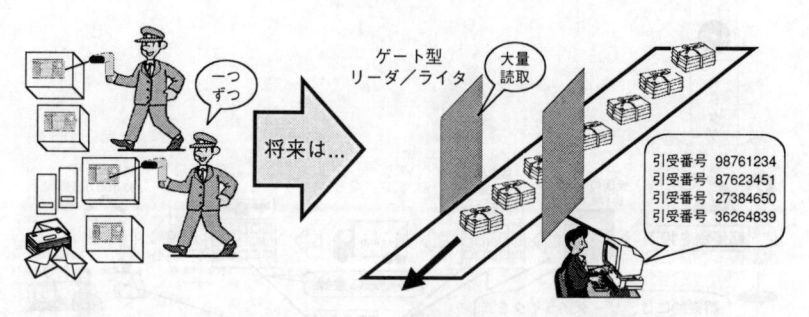

図2　バーコードとの違い

これによる、省力化は大きい。

　バーコードによる追跡作業では、郵便物の移動状況を詳細に追跡していくためには、郵便局で積み下ろしするたびにバーコードの情報を読み込んでいかなければならない。しかし、差し出された郵便局から配達される郵便局までの間には、いくつもの郵便局を経由することがあり、同じ方面別に束にされたり、ケースに詰められたり、大きな固まりで扱われる部分が多い。これらの固まりをほぐして一通一通のバーコードを読み取るのは、大変な労力である。ところが、RFタグの機能を活かせば、固まりにしたまま、一瞬にしてすべての郵便物の情報を読み取ることができるのである。例え、パレットに載せられたまま、トラックを積み下ろしする場合でも、パレットごとゲート型のリーダ／ライタを通過させることにより、パレット内の郵便物の情報を読み書きすることができるようになるであろう。

　RFタグの強みの本質は、実体としてのモノの移動をリアルタイムにデジタル情報化できることであろう。RFIDの活用で、モノの移動の"追跡"だけでなく、"コントロール"もできるはずである。例えば、RFタグの情報を使った自動仕分けへの発展も期待できる。最初に、それぞれの郵便物のRFタグに宛先情報が入力されていれば、あとは、郵便物が行き先を示してくれる。従来の郵便番号のように、仕分け装置で読み取ることにより、宛先別に自動仕分けする際に役立つ。郵便番号では記憶できなかった、宛先の詳細な番地や室番号、受け取り人の氏名などの情報も記憶することができるため、より精度の高い自動仕分けが行える。さらには、ターミナルとなる大きな郵便局内では、同じ方面別にパレットに詰めておけば、詰められた郵便物が発する情報で、自動的に積載される予定のトラックの前までパレットが無人で走行していくことすらありうるかもしれない。

第19章　RFタグの郵便事業への活用アイデアについて

4　基本アイデアーRFタグをつける商品範囲ー

　RFタグについては，段階的に導入することが考えられる。現在，バーコードを使って追跡を行っている郵便物は，小包，書留，配達記録である。これらは，小包で，基本料金の最低が510円，配達記録で210円という，郵便の商品の中では比較的高い単価のものが対象となっている。これらを合わせると，年間約5億通ある。まず，これらの商品について，バーコードからRFタグへ移行することが期待できるだろう。

　さらに，いくつかの課題が克服されていけば，この対象が広がることもありうる。具体的には，大量生産によってタグやリーダ／ライタそのものの価格が大幅に下がることや，認識能力が上がり，大量の束の郵便物を一瞬に認識できるようになって作業コストが軽減するようになれば，50円，80円の普通の手紙・はがきのように，単価が安く，現在は追跡を行っていないものも，RFIDを搭載し，追跡の対象とすることができる。もしも，全ての郵便物を対象として，RFタグをつけることとなれば，年間約260億通が対象となる。膨大な量のRFタグが必要となる。それに読み書きするリーダ／ライタも数万台から十数万台規模で必要となる。タグが1円以下になった場合だとしても，RFID市場にとっては数百億円規模の市場創出であるが，公社にとっては

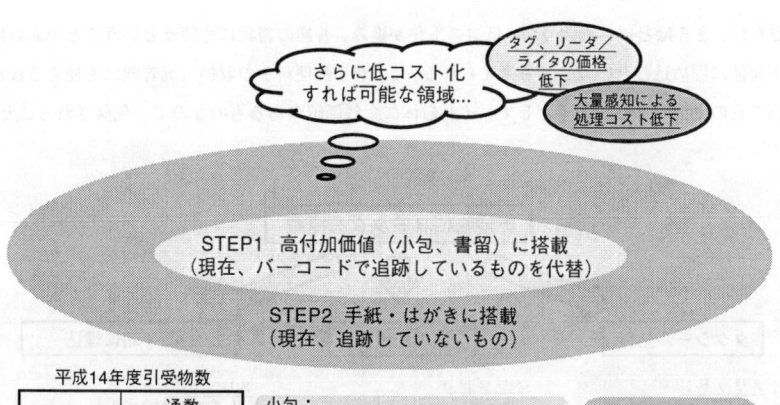

さらに低コスト化すれば可能な領域...

タグ、リーダ／ライタの価格低下

大量感知による処理コスト低下

STEP1　高付加価値（小包、書留）に搭載
（現在、バーコードで追跡しているものを代替）

STEP2　手紙・はがきに搭載
（現在、追跡していないもの）

平成14年度引受物数

	通数
総　　　数	約262億通
小　　　包	約1.7億通
書　　　留	約1.6億通
配達記録	約2.3億通
手　　　紙	約128億通
は　が　き	約78億通

小包：
◇引受と配達を記録
◇小包料金　　　　510円～

書留：
◇引受から配達までの送達過程を記録
◇書留料　　　　　420円

配達記録：
◇引受と配達を記録
◇配達記録郵便料　210円

手紙：
◇記録なし
◇80円～

はがき：
◇記録なし
◇50円

図3　RFタグをつける商品範囲のイメージ

数百億円のコスト負担である。その実現のためには，読み取り性能の向上だけでなく，タグ自体や周辺機器類のコストダウンは必須である。

5 基本アイデア－RFタグのつけ方－

次に，郵便物へのRFタグのつけ方を考えてみよう。いくつかの方法が考えられる。

① タグシール貼付

最も簡単な方法としては，現在，小包を送るときに，小包に貼る宛名ラベルのようなシール式のものにRFタグを埋め込むという方式。これは，その時点での技術に応じたサイズのタグシールを作成すれば良いので，サイズ面の自由度も高い。宛名ラベルと同じように，事前に無料で配布した場合，無料であれば，いつでも差出する時に使用できるように，お客様も必要以上に手元に置いておくことになる。配布するうちのかなりの割合が死蔵され，使用されないタグが多く生じる可能性が高く，タグ自体のコストが十分に下がりきっていない場合は，コスト負担がより多くなるだろう。また，郵送途中で剥がれてしまっては意味をなさないため，十分な配慮が必要である。

② 切手に埋め込み

さらに，さきほど述べたように，低コスト化が進み，普通の書状にも使うということであれば，切手自体に埋め込むということも考えられる。これは，郵便料金の収納状況管理にも使えるなど，一石二鳥の効果がある。切手として，それ自体に金銭価値のあるものなので，死蔵されることも

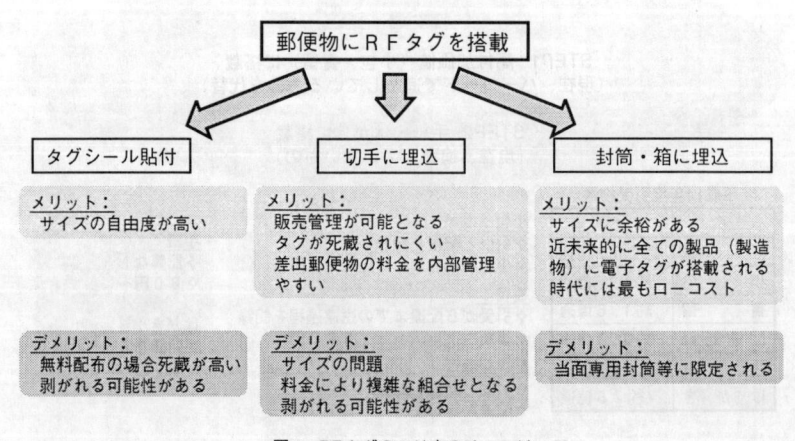

図4 RFタグのつけ方のイメージ

第19章　RFタグの郵便事業への活用アイデアについて

少なくなり，タグの使用率も高くなるだろう。ただし，最大の問題は，アンテナを含めて，今のような小さなサイズの切手に埋め込みができるかどうか。また，小さいだけに，剥がれにくくする工夫も必要である。

③　封筒・箱に埋め込み

そのほか，市販されている箱や封筒に最初からタグを埋め込んでおくということも考えられる。そもそも，埋め込まれていれば，剥がれる心配も無い。感知能力を向上させるためのアンテナを埋め込むサイズの余裕もある。一般にRFタグの使用が広まり，すべての商品にRFタグが埋め込まれるようになれば，それを利用できる。市販封筒にもRFタグが埋め込まれれば，それを使えば，わざわざタグを貼り付ける手間が省ける。郵便物専用にRFタグを必要としないので，最もコストがかからない。ただし，ひとつの郵便物に，封筒や便箋など，複数のRFタグが埋め込まれていたりすると，その情報処理はより高度な技術が必要となるだろう。そこまで普及する前の段階では，RFタグを埋め込んだ箱や封筒を郵便局で販売することが考えられる。現在でも，2003年10月から全国展開を開始した「EXPACK（エクスパック）500」に搭載することが，意外とふさわしいかもしれない。

ここで，公社の商品「EXPACK500」を紹介しておこう（図5）。

これは，A4サイズの厚紙でできている封筒で，これを郵便局で500円で購入すれば，これに何枚でも書類（信書等は除く）を入れて全国投函が可能という商品である。お客様控えとなるシールをはがした上で，街角のポストに投函が可能である。現在，この商品はバーコードを利用した追跡を行っているが，今後，コストや認識能力の向上などの課題がクリアされれば，サイズ・

商品概要

・複雑な料金計算や切手貼付が不要

・24時間ポスト投函が可能

・バーコード入力により、追跡情報をインターネットや電話で確認可能

・Ａ４サイズが何枚でも入れ放題

・価格は全国一律500円

・重量区別なし

現在はバーコードを利用した追跡

図5　「EXPACK 500」の概要

材質等からみても，アンテナ貼り付けスペースも十分あるため，RFタグの搭載が比較的容易だと思われる。

以上の基本アイデアから，さらに応用方法として考えているものを，やや夢物語的なものも含めて，以下に紹介してみよう。

6 応用アイデア①：各家庭の受箱にリーダ／ライタ機能を付加

応用アイディアその①は，各家庭の受箱に，リーダ／ライタ機能を付加するというもの。

現在は，普通の郵便物については，昼間，外出していた場合，帰宅して受箱を覗いて，はじめて郵便物が届いていたことが分かる。場合によっては，しばらく受箱を見ていないと，重要な郵便が届いていることに長い時間気がつかないこともある。合格通知など大事な通知物を待っているとき，お正月に年賀状が配達されるのを待っているとき，皆さんも郵便物の配達を待ち遠しく感じたことがあるのでは。

もしも，各家庭の受箱にリーダを設置すれば，RFタグをつけた郵便物が受箱に投函された時に，ご本人が外出中であっても，「郵便物が届きました」というメールを携帯電話に飛ばすことができ，内容に応じた対応をとりやすくなるではないだろうか。さらに，郵便配達員があて先を間違った郵便物を入れようとした場合，リーダ／ライタ機能を持つ受箱がそれを感知し，「間違っている」というメッセージを配達員に出すことすら可能になるだろう。誤配達を全くゼロにすることが可能となる。受箱にリーダ／ライタ機能を付加するコストを誰が負担するかという大きな問題があるが，そのことによって生み出される付加価値機能は，大きな可能性を持っていると考える。

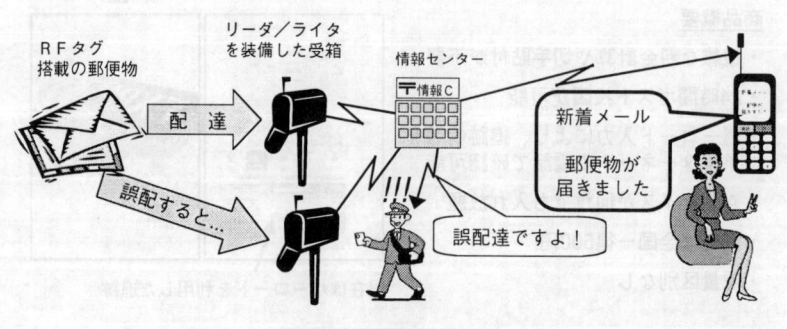

図6　各家庭の受箱の活用

第19章　RFタグの郵便事業への活用アイデアについて

図7　配達日指定郵便物の選択への活用

7　応用アイデア②：配達日指定郵便物の選択

　郵便サービスの中に，何月何日か，お客様が指定した日に配達するサービスがある．郵便局では，正確に指定された日に配達するため，専用の棚を作ったりして，配達日を間違わないように，かなりの神経をすり減らしてやっている．RFタグを使えば，郵便物の方が，「これは何日に配達すべきものです」と教えてくれるため，ミスが減り，よりサービスの向上が期待できる．

8　応用アイデア③：転送郵便物の選別

　お客様が引越しされたときの転送サービスにも応用できる．郵便局では現在，1年間は無料で

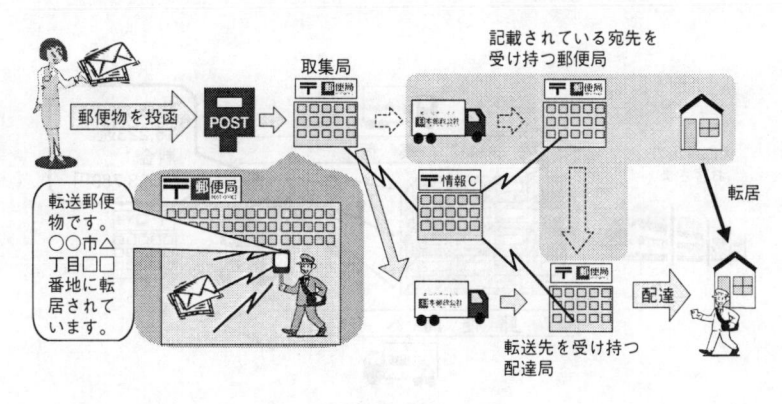

図8　転送郵便物の選別のイメージ

転居先に転送するサービスを行っている。しかし，膨大な量であり，記載された古い住所の配達を受け持つ郵便局に送られた時点で初めて，配達員が転居済みであることを発見し，宛名を書き換えて，転居先を受け持つ郵便局に転送している。しかし，郵便物のRFタグに宛先・宛名を記録すれば，引き受けた時点ですぐにこれを読み取り，ネットワーク上のデータベースで転居情報のデータと照合を行うことにより，この段階で転送すべき郵便物が見つかり，古い住所の受け持ち局まで送ることなく，転居先の受け持ち郵便局へ直接送ることができるようになるだろう。セキュリティ確保などの課題はあるが，実現すれば，コストの削減，新住所に到着するまでの時間短縮が図られる。

9 応用アイデア④：大口差出の事前入力

例えば，大量の郵便物が一度に差し出された場合，郵便料金は，単価×通数で計算しているため，何通あるかを確認する必要がある。これには時間がかかり，差出人のお客さまをお待たせする場合もある。RFタグの認識能力の向上が前提となるが，郵便物にRFタグが搭載されていれば，一瞬に，何通の郵便物があるかを把握することが可能となり，お客様をお待たせするようなことはなくなるだろう。

さらには，差し出される郵便物すべてにRFタグが貼られていれば，例えば，一ヶ月間の差出通数を記録していき，その実績から算出した金額を請求することが容易になる。RFタグを利用して，各郵便物の配達地までの輸送距離を把握するだけでなく，機械仕分けする際にサイズと重量を計測すれば，多種多様な郵便物を差し出された場合でも，きちんと把握し，その内容に応じた割引サービスの計算までも行うことができるようになるであろう。

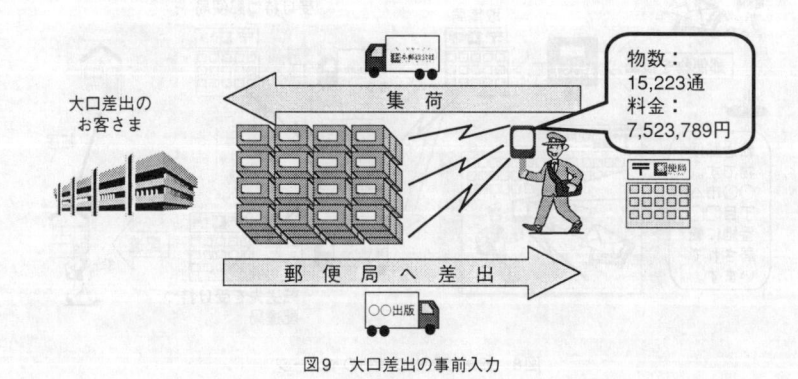

図9 大口差出の事前入力

第19章　RFタグの郵便事業への活用アイデアについて

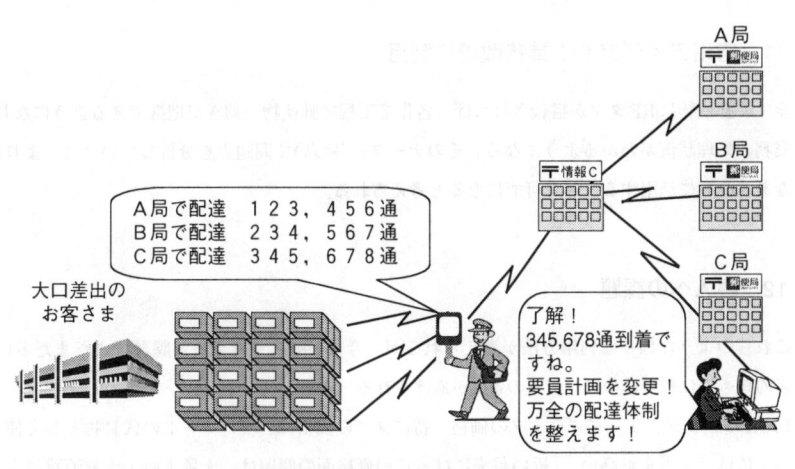

図10　差出時に配達局へ情報提供

10　応用アイデア⑤：差出時に配達局へ情報提供

郵便物の量は，日によって変動があり，配達する郵便局では，予想以上に郵便物が到着する日もあれば，予想より少ない郵便物しか到着しない場合もあり，どれくらいの職員を出勤させておくかといった予想が難しい状況がある。そこで，仮に全てのRFタグに宛先の情報が入っていれば，各郵便物が引き受けた時点で，どの郵便局で配達されることになるかが分かるようになる。翌日に，どれくらいの郵便物が到着するかが分かることになれば，最適な要員配置が可能となることだろう。

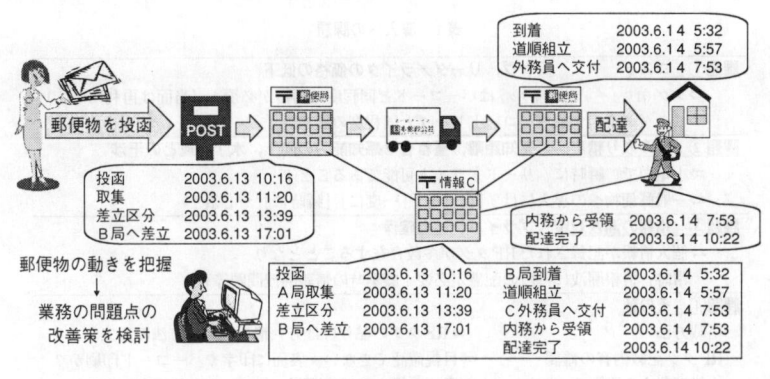

図11　業務改善に利用

11　応用アイデア⑥：業務改善に利用

全ての郵便物にRFタグが搭載されれば，各作業工程で郵便物の動きが把握できるようになり，各業務の処理状況がわかるようになる。そのデータに基づいて問題点を分析していけば，より高度な業務改善に活用することも可能になると考えられる。

12　導入への課題

これらのような様々な利用方法が考えられるが，今後の導入を考えると課題はまだまだ多い。代表的なものに絞り込むと，以下の4点があげられる（表1）。

1点目は，タグ，リーダ／ライタの価格。特にタグの価格は，バーコードの代替物として使っていくには，まだまだ高い。「近い将来には，この価格面の問題は，大量生産・大量消費によりクリアできる」との予測や，現在でも5セントチップ，5円チップを唱えるところもある。しかし，詳しくお話を伺ってみると，あくまでもチップとしての価格であって，アンテナを貼り付け，取扱しやすようにタグ状に加工するところで，どうしてもコストがかかってしまうのが現状である。当面は，1回限りの使い捨てではなく，繰り返し利用する方法が有効かと考えている。また，リーダ／ライタについても，バーコードリーダと同程度の価格を期待する。

なお，全国に配達される郵便物を扱う郵便事業では，リーダ／ライタの配備台数の多さが大きな課題となる。全国2万4,700の郵便局や約10万台の外務員用の携帯端末を配備するコストは巨額であり，同時一斉に配備を行うことは，極めて困難である。どうしても，既存のバーコードとRFタグを地域等によって使い分ける併用期間が必要となるであろう。その場合，新しく配備す

表1　導入への課題

課題①	コスト　　　　タグ，リーダ／ライタの価格の低下
	⇒タグ (注意！チップでなくタグ) はバーコードと同程度の価格が必須！（当面は再利用か？）
	⇒リーダ／ライタもバーコードリーダと同程度の価格へ！
課題②	読み取り精度　　感知距離，重ね合せ感知能力の向上，水・金属との干渉
	⇒小電力で，瞬時に，リード／ライト可能であること！
	⇒一般郵便物への導入には，「大量を」「一度に」「瞬時に」が必須！
課題③	情報の漏洩対策　プライバシーの確保
	⇒個人情報が記録されたRFタグが多数存在することとなり， 　常時，情報漏洩に特段の配慮が必要！廃棄時の情報漏洩問題等も！
課題④	その他
	搭載方法　　　　　　　　　⇒RFタグの貼り付け方，情報入力の方法の工夫？
	RFタグ記載内容の確認　　　⇒目視確認できない。表面に印字やバーコード印刷か？
	大量消費する段階で，RFタグを廃棄する場合の環境問題　　⇒生分解素材化？

第19章　RFタグの郵便事業への活用アイデアについて

る携帯端末や郵便局での固定端末に、既存のバーコードとRFタグ両方の情報を読み取る機能が求められる可能性が高い。

　2点目は、読み取り精度で、これが向上しないと、バーコードに比べての優位性が出てこない。まず、ゆうパック等の高付加価値商品の追跡用に取り入れていくとしても、バーコードと同程度の小電力で、瞬時に、リード／ライト可能でなければ、意味が無い。特に、一般の手紙・葉書などに取り入れるには、「大量に」あつまったものを、「一度に」輸送容器のままで、「瞬時に」つぎつぎとリード／ライト可能でなければ、現在の輸送スピードを維持することができなくなってしまう。感知距離や重ね合わせ感知能力の向上以外には、水・金属との干渉の問題の解決も重要である。郵便物を濡らすことは、そもそも防止しなければならないことであり、水による干渉はそれほど意識していないが、金属の干渉対策は重要である。現在のような現金書留郵便物にコインが入っていた場合は、間違い無く干渉してしまう。また、クリップなど金属類が手紙についている場合もあるだろう。

　さらに、3点目は、情報の漏洩対策である。RFタグの技術進歩により、どのような種類の郵便物が、誰から誰へ、いつ、どのように送られているのかが、簡単に第三者が把握できてしまう恐れを含んでいる。感知距離や重ね合わせ感知能力等が向上すればするほど、その問題は大きくなっていく。容易にRFタグの情報を読むことができ、個人情報が漏洩するようではいけない。また、情報を持つRFタグの処分の際にも、情報漏洩に配慮が必要である。記憶した情報の確実な消去や、郵便物自体や小包の梱包材と一緒に焼却等ができるなど、情報漏洩を防ぐために、使用後の処分方法についても考慮が必要である。

　4点目としては、その他、具体的に使用する際の細やかな実務上の課題点である。例えば、タグを再利用するためには、貼ったり剥がしたりできることが必要であるが、配達されるまでに途中で剥がれないように工夫を凝らした、タグの貼り付け方法が必要である。また、タグに「誰が？」「どの時点で？」「どのような情報を？」「どのようにして入力するか？」などの課題整理も重要である。また、輸送途中でタグの情報が書き換えられたかどうか、もしくは消去されたかどうかが、簡単にわかるべきであろう。できれば目視で、判別できるべきであろう。一時的にバーコードとの併用も考えると、タグに情報を書き換える都度、表面に内容の一部や書き換えを示す印字表示や、バーコードの書き換え表示を行えるようにしたいものである。

　低コスト化され、使い捨ての大量消費を行えるようになった場合には、先の情報漏洩対策だけでなく、環境対策としても工夫が必要である。現在のままでは、シリコンチップとして、産業廃棄物になる可能性があり、できれば、生分解素材化し、容易に廃棄できることを期待したい。

　まとまりなく、いくつかの課題を挙げてみたが、今後、こうした点を中心に、技術分野だけでなく、各方面で検討が進むことを期待したい。

チップ・実装編

モバフ・実装編

# 第20章　5円タグへの挑戦

石川俊治[*]

1　はじめに

　RFタグの普及を巡り，ユーザーにとってもベンダーにとっても1番の懸念材料はRFタグの価格である．現在，一般にRFタグの価格は数百円から数十円と言われている．この値段で個々の商品にRFタグを付けるという発想は高額な商品は別として，市販の商品を網羅することは難しいと言わざるを得ない．

　しかし，RFタグのビジネスが目指すところは個々の商品にIDが付与されることによって実現するユビキタスネットワーク社会の到来である．ではどれくらいの価格になれば，RFタグを個品のアイテムに付けられるのか．その価格として5セント（約5円）になれば多くの商品にRFタグを付与できると言われている．どの様にすれば5円タグを実現できるかを，従来のRFタグ製造方法，最新のRFタグ製造方法，将来のRFタグ製造方法と順を追って紹介していきながら可能性を探っていきたいと思う．

2　従来のRFタグ製造方法

2.1　RFタグの構成

　従来のRFタグの製造方法を紹介する前に簡単にRFタグの構成を説明する．RFタグの構成は情報を記憶するICチップとリーダ／ライタとの間で無線電波を送受信するアンテナに大別される（写真1参照）．

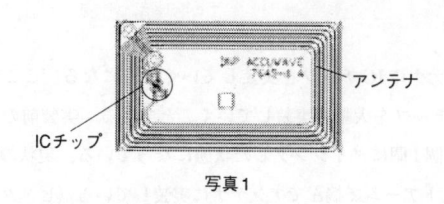

写真1

---

[*]　Toshiharu Ishikawa　大日本印刷㈱　ICタグ事業化センター　副センター長

図1

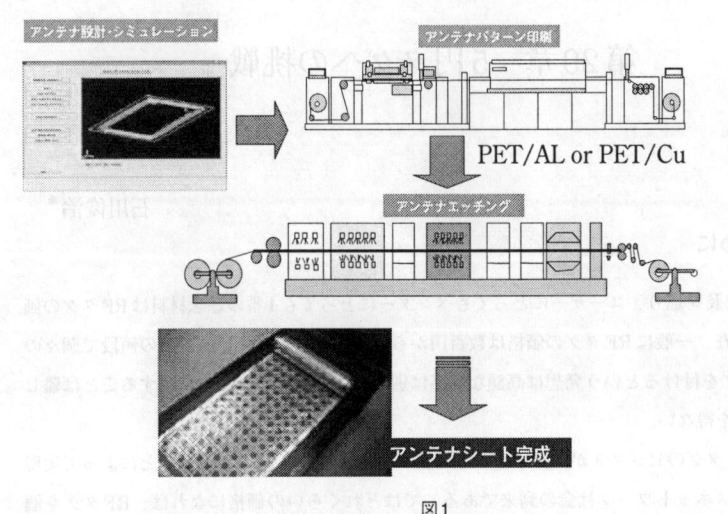

RFタグ製造方法はアンテナにICチップを実装するという工程が1つのキーポイントになる。

2.2 アンテナの製造

　図1にアンテナの製造工程の流れを示した。アンテナを新規に開発する場合は最適な電波受信効率をシミュレーションしながらアンテナの設計を行う。設計されたアンテナを製造していく工程ではエッチング法をつかうのが一般的である。通常ではPETフィルム上にアルミ箔もしくは銅箔をラミネートしたシートをベースとして利用する。そこにアンテナパターンを印刷により形成し，エッチングによってアンテナを製造していく。

　その他にも導電インクを利用して，印刷技術によりアンテナを製造していく手法もあるが，現在日本で使われているRFタグではあまり利用されていない。

2.3　ICチップの実装

　続いて製造したアンテナにICチップを実装していく工程になる。ここで1つ重要なことは，1mm以下の微細なICチップを大量に実装していくことである。実装前のICチップはシリコンウエハーをICチップ1個1個にダイシングした状態になっている。現状の製造方法ではこのICチップを1個1個ロボットアームで摘んでアンテナに実装している（ピックアンドプレース法）。

　もう1つの重要なことは，通常リジッドな基盤などにICチップを取り付けるのとは違い，RFタグの製造ではフレキシブルな基材上にICチップを取り付けることである。そこで実装方法も

第20章　5円タグへの挑戦

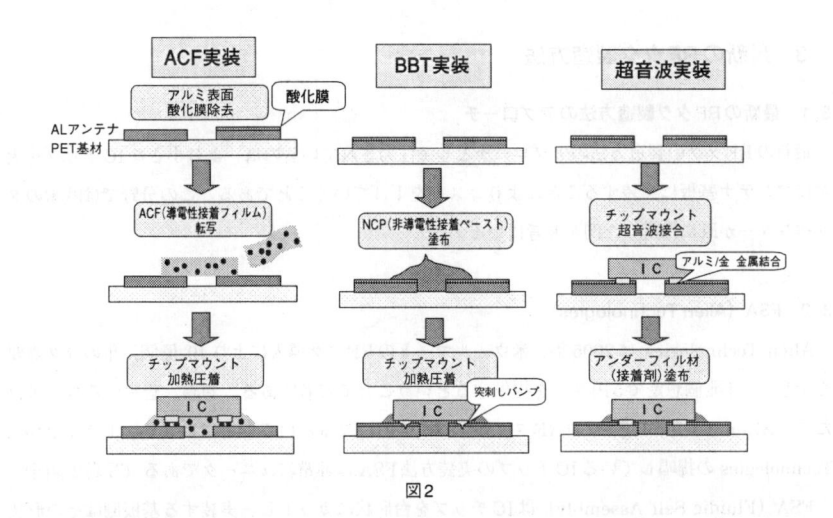

図2

それに即した方法が取られている。一般にはアンテナのチップ搭載部に事前に接着剤を塗布しICチップを載せた後に過熱圧着して実装する方法が主流である。接着材の種類により，異方性導電性膜を用いた場合はACF（Anisotropic Conductive Film）実装，異方性導電性ペーストを用いた場合はACP（Anisotropic Conductive Paste）実装と呼ばれている。BBT（Bump Break Through）実装ではチップ端子側に尖った先端を持つバンプを形成し，くさび効果と金属共晶の効果を利用しバンプをアンテナに直接突き刺す方法である。その他に最近では超音波を用いた接合方式も注目されている（図2参照）。

2.4　従来のRFタグ製造方法の課題

従来のRFタグ製造方法で価格に対しての1番のネックはICチップが高価であるということである。ICチップの原料であるシリコンはウエハー単位の価格はほぼ決まっている。同一のウエハーから数多くのICチップが取れればチップあたりの単価が安くなるので，より微細なチップが注目されるのはそのためである。

その他の要素としては，チップの実装方法である。ピックアンドプレース方式では大量にRFタグを製造するということには向いていない。より簡単で大量にチップを実装できる方式が望まれる。

3 最新のRFタグ製造方法

3.1 最新のRFタグ製造方法のアプローチ

　最新のRFタグの製造方法のアプローチとして注力されているのは，より小さなICチップを大量にアンテナ基板に実装することによりコストを下げていくことである。この分野では欧米のタグベンダーが既に採用した例が参考になる。

3.2 FSA（Alien Technologies）

　Alien Technologies は2005年，米ウォルマートのRFタグ導入により40億個／年のタグ需要を予想し，1兆個想定で5円タグを提供するということで有名である。勿論，想定する数が多いため，Alien Technologies のRFタグがすべて5円になるということではない。しかしAlien Technologiesの提唱しているICチップの実装方法FSAは非常にユニークである（写真2参照）。

　FSA（Fluidic Self Assembly）はICチップを台形状にカットし，実装する基板側はその形状にはまるような溝を形成する。そして水中で傾けた基板上にICチップを散布すると，ICチップは水の抵抗を受けながら引力により基板に沿いながら落ちてくる。この時に自然と基板の溝にICチップがはまり込み実装ができる算段である。FSAでは従来よりも微細なチップを短時間で大量に実装できる（表1参照）。

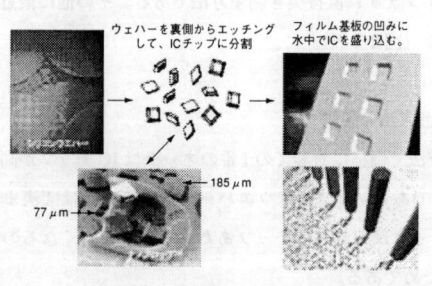

写真2
（引用）東レインターナショナルHP

表1

	FSA	従来方式
ICチップ最小サイズ	〜0.2mm角	〜0.5mm角
ICの配列速度	30〜40個／秒	2〜3個／秒

第20章　5円タグへの挑戦

図3

（参考）Muhlbauer社「Proven assembly & test Proven assembly & test technology for RFID and technology for RFID and Smart Label production Smart Label production /single row」

3.3　I-Connect（Philips Semiconductors）

Philips Semiconductors ではインターポーザーを利用した実装方法を I-Connect と呼んでいる（図3参照）。

インターポーザーはICチップを電極用金属板につけて装着した状態のものを示す。アンテナ基材にこのインターポーザーを実装してタグを製造するわけであるが，インターポーザーを利用するメリットは実装の容易さである。ピックアンドプレース方式では微細なチップをピンポイントでアンテナ基材に実装する精度が要求されるため，その分実装のスピードがかかる。一方，インターポーザーを利用することにより，ピックアンドプレース方式に比べ，精度への要求度は下がり実装時間は短縮される。

またインターポーザーを用意しておけば，様々な形状のアンテナ基材へも容易に実装できるというメリットもある。

現在，インターポーザーは Philips Semiconductors 以外の企業も採用しており，主流な実装方式になりつつある。

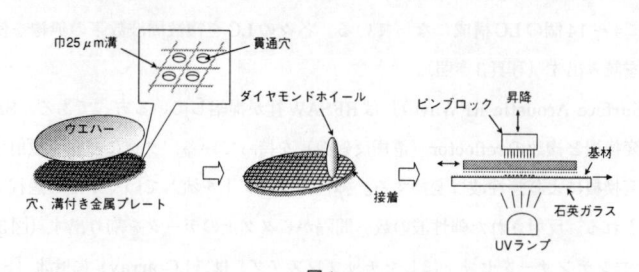

図4
（引用）Matrics社HP（日本国内総販売元マイティカード社協力）

3.4 Matrics社PICA方式（Matrics）

Matrics社はテクノロジーベンダーとしてRFタグビジネスに取り組んでおり，独自のチップ実装方式を考案した（図4参照）。Matrics社のPICA（Parallel Integrated Chip Assembly）方式ではウエハーを金属プレートに接着剤で接合する。この金属プレートには貫通穴を空け，ダイシング用の溝が施してあり，ウエハーは溝に沿ってダイシングされる。金属プレートの貫通穴からICチップを基板（事前に異方性導電ペーストを塗布）にピンブロックで押し付け実装する。この方法では最も合理的なウエハーの移動パターンを計算する必要があるが，1度に複数のICチップを実装できる（Matrics社の試算では，年間7百億タグの製造が可能）という利点がある。

4 将来のRFタグ製造方法

4.1 将来のRFタグ製造方法のアプローチ

最新のRFタグ製造方法では様々なアプローチが考えられるが，RFタグを補完するものとしての位置づけでチップレスタグについて紹介する。チップレスタグについてはRFタグの価格で重きを占めるICチップを使わずにRFタグと同じような役割を果たすタグを目指している。そのような意味で5円タグを実現するための要素が多く含まれている。

4.2 チップレスタグ

チップレスタグは大きく分けて「電子回路を必要としないマテリアルベースタグ」「コイルとコンデンサーをセットにしたチップレスタグ」「薄型トランジスターを利用したタグ」の3つに別れる。ここでは実用に近いレベルの「コイルとコンデンサーをセットにしたチップレスタグ」と，研究段階である「薄型トランジスターを利用したタグ」に焦点をあてる。

「コイルとコンデンサーをセットにしたチップレスタグ」の主なものには『LC array』と『SAW』がある。『LC array』はL（コイル）とC（コンデンサー）が1構成になっており，通常1つのタグに4～14個のLC構成になっている。各々のLCを複数周波数帯の無線を使って共振させデータを読み出す（写真3参照）。

『SAW（Surface Acoustic RFWave）』はRFSAW社が提唱している方式である。SAWはタグ上に弾性波変換機と複数のreflector（電極反射板）を持っている。タグに無線を放射するとタグ側の弾性波変換機により弾性波に変換する。弾性波はタグ上を流れていくがその過程でreflectorにより反射される。反射された弾性波の数，間隔からタグ上のデータを割り出す（図5参照）。

「コイルとコンデンサーをセットにしたチップレスタグ」は『LC array』にせよ『SAW』であれリードオンリーの機能しか持たない。しかし読み取り距離が数メートルであり，目指している

第20章　5円タグへの挑戦

写真3
（引用）ID TechEX「The Future of Chipless Smart Label」

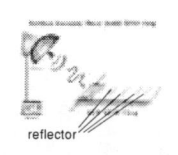

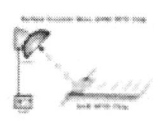

図5
（引用）RFSAW 社 HP

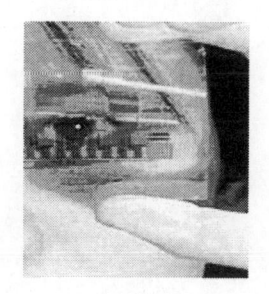

写真4
（引用）ID TechEX「The Future of Chipless Smart Label」

コストが数セントという魅力がある。
　しかしチップレスタグで一番期待されるものは「薄型トランジスターを利用したタグ」である。有機半導体で電子回路を構成することにより，透明で薄いタグの製造が可能と言われている。性能においてもリードライトが可能，バッテリー充電が可能など従来のRFタグと遜色がないと言われている。少しでも早い実用が期待されている（写真4参照）。

5　5円タグへの挑戦

　RFタグビジネスの懸案であった5円タグの実現も，最新の製造事例や将来の技術を見ていくと決して不可能な話ではない。一般に2010年以降を待たないと5円タグが実現しないと言われているが，最近のRFタグに対する市場ニーズやそれに応える為の技術進歩は早まっている。5円タグの実現がそう遠くないことに確信をもっている。

第21章　微細RFIDとリーダ／ライタ

根日屋英之*

1　はじめに

　近年，「ユビキタス」という言葉を，総務省がキーワードとして掲げている。ユビキタス（Ubiquitous）とはラテン語で「いたるところに存在している」という意味であり，情報通信の世界をすべての物質にまで拡張することを意味する。しかし，物質は情報をそれ自体が全て持つ必要はなく，情報が必要なときは，個々の物質が何かを識別し，その識別情報をもとに，必要な情報をネットワーク経由で別の場所から入手できればよい。その識別情報源として，無線移動識別（RFID：RF Identification）が注目されている。本章では，主に筆者が勤務する株式会社アンプレットと株式会社テレミディックとで共同開発した800MHz～2.45GHzで動作するRFIDとリーダ／ライタを例に技術的な内容を中心に解説する。

　筆者が最初に2.45GHz帯での反射型RFIDの開発に携わったのは，昭和59年である。当時，試作したRFIDを郵政省に持参し，日本での使用の可能性を打診したが，過去の実施例が無いという理由で，許可を受けられなかった。しかし，昭和61年にRFIDの制度化が行われ，平成4年に免許不要の特定小電力システムの導入，平成14年には特定小電力システムへの周波数ホッピング方式の導入，平成15年には構内無線局への周波数ホッピング方式の導入…のように規制の緩和が行われるようになった。

2　RFIDシステムとは

　RFIDシステムは図1に示すように，RFID（応答器）とリーダ／ライタ（質問器，スキャナなどとも呼ばれる）により構成され，離れた場所にある物の情報を電波を介して得る[1]。リーダ／ライタは物質に取り付けられたRFIDに搭載されたメモリに，その情報を書き込んだり，また，その書き込まれた情報を読み出したりするための装置である。リーダ／ライタによってRFIDに情報を何回でも書き込んだり読み出したりできるものをリライタブルタイプのRFID，1回だけ

＊　Hideyuki Nebiya　㈱アンプレット　代表取締役社長；東京電機大学　工学部　電子工学科
　　講師　（工学博士）

電波　質問器

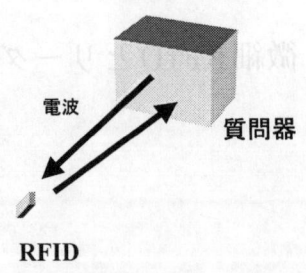

RFID

図1　RFID無線通信システムの構成

情報を書き込めるものをワンタイムタイプのRFID，製造時にRFID内のメモリに情報を書き込み，その後，リーダ／ライタでは，その情報を書き換えられない読み出し専用のRFIDをリードオンリータイプのRFIDという．

3　RFID

本節では，無線を媒体に通信を行うRFID（無線移動識別）について説明する．

3.1　RFIDの分類

RFIDは，その動作や電源供給方法の違いにより以下の(1)と(2)の2種類に分類される．

(1)　反射型RFID

反射型RFIDとは，RFID内に無線通信を行うための搬送波の発振回路は有しておらず，リーダ／ライタから送出される搬送波を反射することによって通信が行われる．RFID内のメモリの情報を書き換えることができるリライタブルタイプRFIDでは，その情報の書き込み時は，リーダ／ライタから送出される変調波（主にASK：Amplitude Shift Keyingが用いられている）を検波し，RFID内のメモリに情報を書き込む．このメモリに書き込まれた情報（読み出し専用のリードオンリータイプRFIDでは，その内部のROM内に書き込まれた情報）を読み出す時は，リーダ／ライタから送出される搬送波を，RFIDのメモリに書き込まれた情報で，RFIDのアンテナ給電点に設けられた変調器にて変調し，その変調された信号をリーダ／ライタに向けて反射することによって情報を伝達する．反射型RFIDには以下の①と②の2種類がある．

① 反射型パッシブRFID

反射型パッシブRFIDは電池を搭載しておらず，リーダ／ライタから送出される搬送波をRFID内でレクテナ（Rectenna：Rectifier＋Antenna）と呼ばれる回路で整流し，RFIDの回

第21章 微細RFIDとリーダ／ライタ

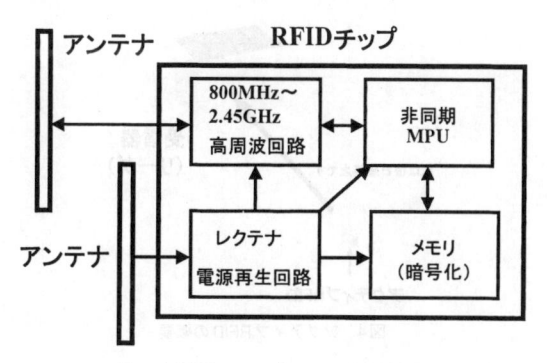

図2 反射型パッシブRFIDの内部構成例

路が動作するための直流電源を再生する。図2に株式会社テレミディックと株式会社アンプレットが共同開発した反射型パッシブRFIDの内部構成の一例を示す。800MHz～2.45GHzで動作する高周波回路，非同期MPU，レクテナ（電源再生回路），メモリより構成される。

② 反射型セミパッシブRFID

反射型セミパッシブRFIDは，通信距離を伸ばすことを目的としたRFIDで，安定した回路用電源を供給するために，RFIDには電池が搭載されている。図3にその内部構成の一例を示す。

(2) アクティブRFID

無線にて情報を送出するための搬送波の発振回路，及び変調器を含めた送信機としての回路が搭載されており，回路供給の電源として電池を搭載しているRFIDをアクティブRFIDという。間欠的に情報を送出するRFIDであり，リーダ／ライタ側は受信機（リーダ）のみで情報を得ることができる。322MHz以下の微弱電波を用いた製品が市販されているが，近年では，433MHz

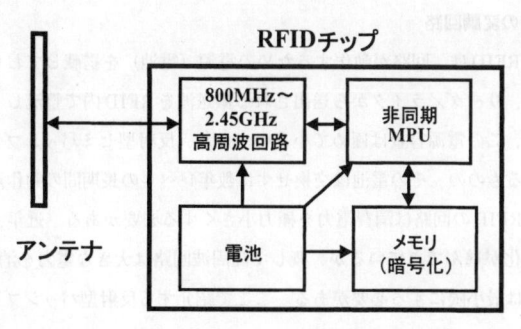

図3 反射型セミパッシブRFIDの内部構成例

255

図4 アクティブRFIDの概要

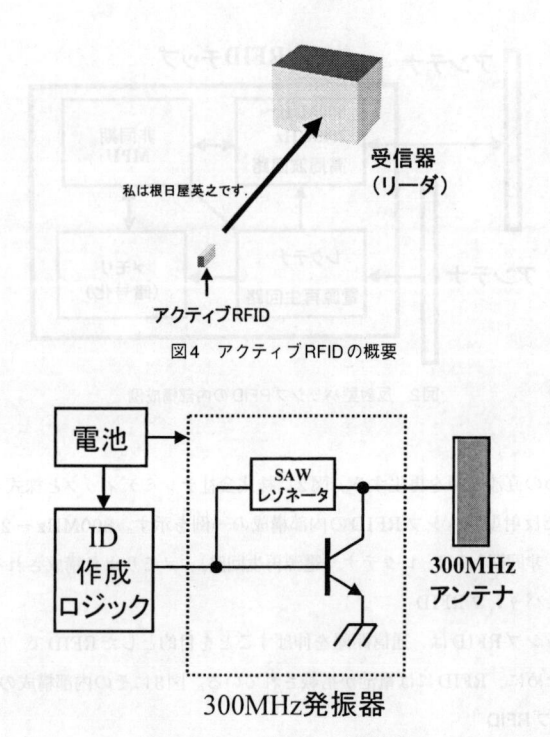

図5 アクティブRFIDの内部構成例

帯を用いた空港内に限った使用のアクティブRFIDが検討されている。図4にアクティブRFIDの概要，図5にその内部構成の一例を示す。

3.2 反射型RFIDの変調回路

反射型パッシブRFIDは，回路が動作するための電源（電池）を搭載しておらず，それが動作するための電源は，リーダ／ライタから送出される搬送波をRFID内で整流し，直流電源として再生する。しかし，この電源容量は極めて小さい。また，反射型セミパッシブRFIDにおいても電池は搭載しているものの，その電池は交換せずに数年レベルの長期間の動作が要求されることが多い。従って，RFIDの回路は消費電力を極力小さくする必要がある。近年，ロジック回路は非常に低消費電力化が進んできているが，概して高周波回路は大きな電力を消費する。そこで，高周波回路の規模は最小限にする必要がある。ここで紹介する反射型パッシブRFIDは，搬送波の発振器は有さず，リーダ／ライタから送出される搬送波（電波）をRFID内のメモリに書き込

第21章 微細RFIDとリーダ／ライタ

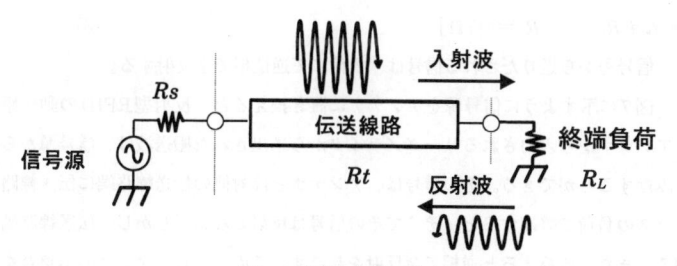

図6 一般的な伝送モデル

まれた情報で変調し，その信号をリーダ／ライタに対して反射することにより情報を伝送する。この動作原理を以下に説明する。

まず一般的な伝送理論を，図6に示す出力インピーダンスRsの信号源，特性インピーダンスRtの伝送線路，インピーダンスR_Lの負荷より構成される伝送モデルで説明する。信号源から送りだされる信号が，伝送線路を通り効率よく負荷までエネルギーを伝送する条件は，

$$Rs = Rt = R_L \tag{1}$$

である。ここで，

$$Rs = Rt \neq R_L で，R_L = 0[\Omega] \tag{2}$$

であると，信号源から送りだされる信号は，負荷にて同位相で全反射する。また，

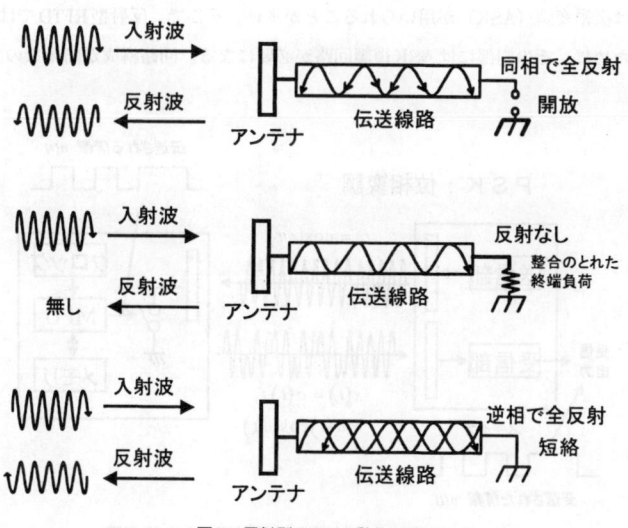

図7 反射型RFIDの動作原理

$$Rs = Rt \neq R_L \quad \text{で}, \ R_L = \infty \ [\Omega] \tag{3}$$

であると，信号源から送りだされる信号は，負荷にて逆位相で全反射する。

ここで，図7に示すように信号源をアンテナに置き換えると，反射型RFIDの動作原理が説明できる。アンテナから入力されるリーダ／ライタから送出された搬送波は，信号源から出力される信号とみなすことができる。その信号は，アンテナと反対側の伝送線路端に伝送線路と同じインピーダンスの負荷で終端すると，そこでその信号は反射しない。しかし，伝送線路端を開放すると同相で，また，短絡すると逆相で全反射を起こす。このインピーダンスの不整合を利用した振幅や位相の異なる反射特性に着目すると，情報を送るための変調を行うことができる。

実際のRFIDの変調回路には伝送線路は無いと考えてよい。図8に示すように，アンテナ給電点にRFIDのメモリに記憶された情報に応じて短絡／開放となるスイッチを設けることにより，搬送波は伝送線路端で位相変調（PSK：Phase Shift Keying）される。また，図9に示すように，アンテナのインピーダンスと等しい抵抗をアンテナ給電点に接続し，その両端をメモリに記憶された情報で短絡できるスイッチを設けることにより，アンテナのインピーダンス整合状態（反射が起こらない）と不整合状態（反射が起こる）を作りだすと振幅変調（ASK）される。このスイッチには，FETやダイオードが用いられる。

3.3 RFID内の包絡線検波回路

リーダ／ライタから反射型RFIDへ情報を書き込んだり，情報を読み出すときの要求信号を送出するときは振幅変調（ASK）が用いられることが多い。そこで，反射型RFIDでは，その情報を受信するために，その内部にはASK復調回路が必要になる。回路構成が簡単なのでFETやダ

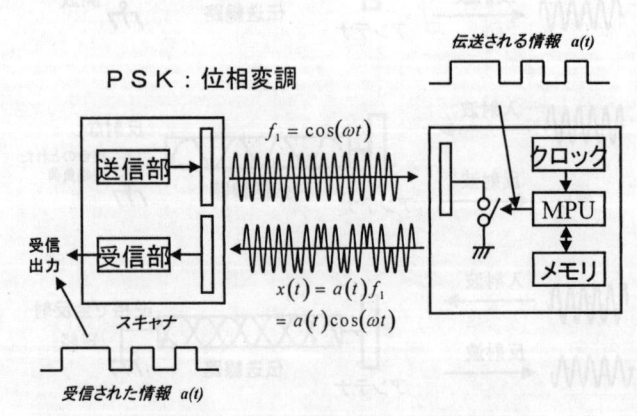

図8 反射型パッシブRFIDの位相変調（PSK）の原理

第21章 微細RFIDとリーダ／ライタ

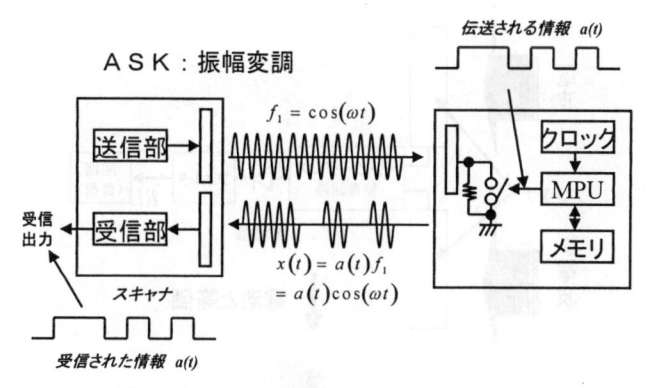

図9 反射型パッシブRFIDの振幅変調（ASK）の原理

イオードによる包絡線検波回路がよく用いられる．

3.4 RFID内のメモリ

株式会社テレミディックにて開発されたRFIDを例にとると，RFID内のメモリとして，書き込み，読み出しが可能な1kビットのFlashメモリを，初期開発RFID（2002年）には搭載していた．同社の羽山雅英氏は，今後は低消費電力化の観点から，メモリをFlashメモリからEEPROM，そしてFeRAMへと移行させる計画であると述べている．

3.5 レクテナの設計

反射型パッシブRFIDは，電池を搭載していない．そこで，RFIDが動作するためには，リーダ／ライタから送出される電波（搬送波）により，RFIDが動作するための直流電源をRFID内で再生する必要がある．この電源再生は，図10に示すようなアンテナに整流回路を設けたレクテナにより実現する．本来，レクテナの設計は，高周波側と直流側の双方のインピーダンス整合を必要とする．しかし，RFIDでは，直流側のインピーダンスがレクテナに入力する電力レベルで変化するなどの現象がおこるので，最適な設計をすることはかなり難しい．RFID無線通信においては，レクテナの出力直流電圧の値がRFID内部の回路が動作できる電源電圧まで達しないと，RFID自体が動作できないため，通信は確立できなくなる．

レクテナの設計方法を，R. J. Gutmannらの報告[2]を参考に説明する．レクテナの設計は，次に示す①～③を行う．

① アンテナの給電点インピーダンスと整流器間のインピーダンス整合を行う．
② 整流器に用いるダイオードは，端子間容量の小さな高周波検波用ダイオードを選ぶ．

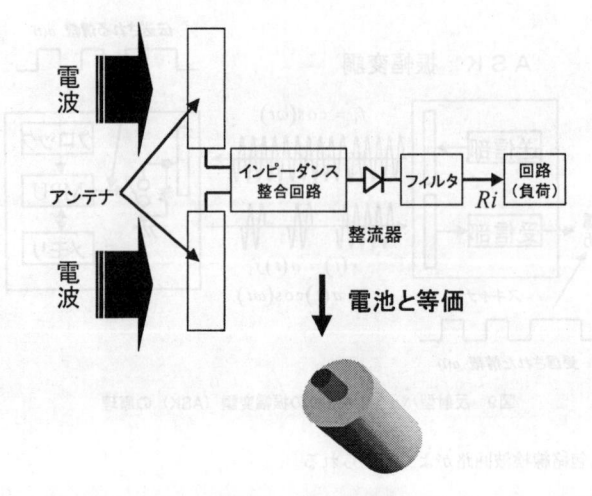

図10 レクテナの概要

③ 整流器の後に挿入するフィルタを設計する。このフィルタは電波一直流（RF-DC）変換効率を決める重要な回路になる。

レクテナのRF-DC変換効率 η は，以下の式で求める。

$$\eta = \frac{V_{DC}^2/Ri}{P_{RF}} \tag{4}$$

ここで，

V_{DC}：レクテナの直流出力電流
Ri：回路の等価負荷抵抗
P_{RF}：アンテナ給電点の受信高周波電力

である。

③のフィルタ設計では，フィルタの入力インピーダンスは整流器の出力インピーダンスと整合をとり，整流器への反射電力はできるだけ小さくしなければならない。また，整流器から見た反射係数の位相特性を，基本周波数とその奇数倍の周波数において0度，偶数倍の周波数において180度にする。このフィルタの設計がしっかりできると，RF-DC変換効率が80％近い効率が得られると，松本絃氏ら[3]が報告している。

RFIDをIC化する場合，そのウェハの寸法的な小ささからインピーダンス整合回路やフィルタを回路として構成することは現実では難しい。また，RFID無線通信システムにおいては，レクテナが受ける電力も小さいので，受信点の電力束密度とアンテナの有効面積から計算した高周波

第21章 微細RFIDとリーダ／ライタ

電力から直流電源へのRF-DC変換効率が50％を越えることは難しいであろう。

レクテナから取り出せる直流電流値 i は，以下の式で求められる。

$$i = \eta \sqrt{\frac{P_{RF}}{Ri}} \tag{5}$$

3.6 RFIDのアンテナ

現時点での日本の電波法で規定されている最大の空中線電力300mWのリーダ／ライタを用いたときに，通信距離を1m程度得るためには，反射型パッシブRFIDでは，外付けアンテナが必要（写真1はダイポールアンテナを有する反射型パッシブRFID）である。また，微細RFIDと呼ばれるICウェハ上に回路からアンテナまで構成した超至近距離（数mm程度）通信用RFID（写真2）も開発されている。

(1) 外部アンテナ付きの反射型RFID

反射型パッシブRFIDでは，アンテナに変調回路と電源再生回路（レクテナ）が接続される。変調回路は，アンテナとのインピーダンスの不整合を積極的に使う。一方，電源再生回路（レクテナ）は，高周波側と直流側双方のインピーダンス整合をとる必要がある。すなわち，アンテナから見たこれらの2つの回路は，図11に示すように，電源再生回路側のインピーダンス整合をするべきアンテナか，変調回路とアンテナとのインピーダンスの不整合を積極的に行うかという，相反する設計を行わなければならない。市販されているほとんどの反射型パッシブRFIDは，1本のアンテナに変調回路と電源再生回路を接続しているが，筆者の反射型パッシブRFIDは，写真1に示すように，個々の回路に対応した2本の独立した折り返し型ダイポールアンテナを接続した。このようにアンテナを機能別に設けたことにより，アンテナ間の相互結合の影響を考慮し

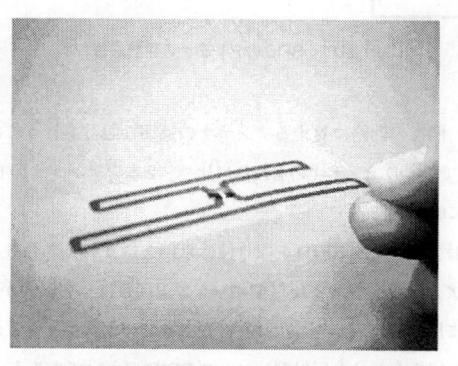

写真1 長距離通信用RFタグ（外付けアンテナ型）

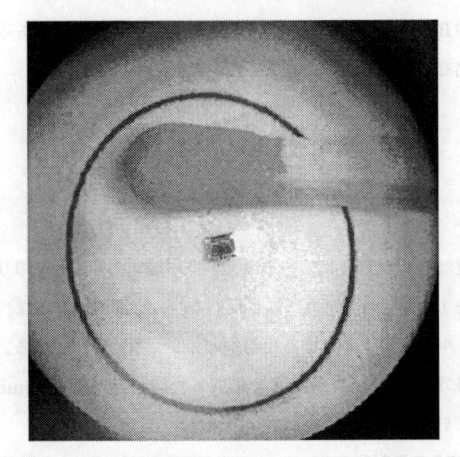

写真2　超至近距離通信用微細RFID（ICウェハ上アンテナ型）

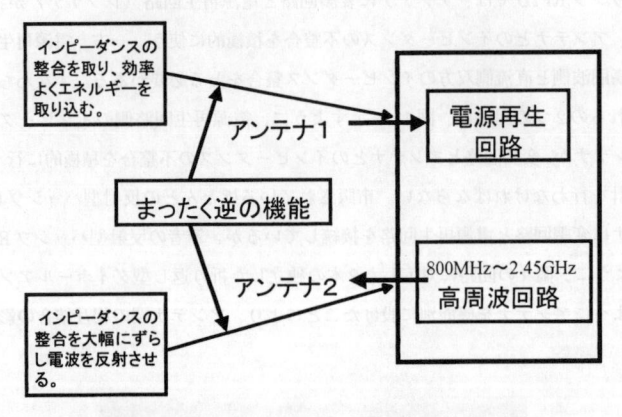

図11　RFIDのアンテナの設計思想

なければならないが，個々の回路に対するアンテナの適切な設計を行うことが可能となり，その結果，同じICチップで1本のアンテナのRFIDに比べ，2本のアンテナのRFIDは30％程度の通信距離を延ばすことに成功した。

　また，金属面に反射型パッシブRFIDを取り付けたいというニーズもある。この場合，前述のようなダイポールアンテナを有する反射型パッシブRFIDは，金属面から1/4波長程度離して設置するか，金属面に反射型パッシブRFIDを密着させたい場合は，ダイポールアンテナの代わりにパッチアンテナと組み合わせた反射型パッシブRFIDがよいであろう。

第21章　微細RFIDとリーダ／ライタ

(2)　ICウェハ上に構成したアンテナ

　ICウェハ上にアンテナを構成する反射型パッシブRFIDを，ここでは微細RFIDと呼ぶ。微細RFIDは，2.45GHz以上の周波数で実用化になると思われる。しかし，ICウェハ上に超小形アンテナ（アンテナでは小型の代わりに小形と記することが多い）を構成し，通信する周波数に共振させることは，量産時の個々の部品のバラツキを考慮すると非常に難しい。また，ループ系のアンテナとしても，それは波長に対してICウェハの周囲長が短く，アンテナの電気長が非常に短いアンテナとなり，共振させたり，電子回路とのインピーダンス整合をとることも難しい。アンテナの放射抵抗を高くして放射効率を高めるために，ループ状の素子を複数回巻いた多重巻きループアンテナも考えられるが，周波数が2.45GHzのように高くなると，そのアンテナ素子間のストレー容量の影響により，期待される多重巻きループアンテナの性能がなかなか引き出せず，また製造上でも解決しなければならない問題（コストなど）も存在する。そこで筆者らは，図12に示すようなアンテナを非同調の磁界ピックアップループと考えることにした。

　微細RFIDにおけるアンテナに関して，大韓民国の忠南大学で超小形アンテナの研究をされている禹鍾明博士から，ICウェハ上にループアンテナを構築した場合，1辺を1/60波長程度まで小さくしても比較的高い利得が得られるのではないかという御助言をいただいた。これは，2.45GHzの真空中の波長が約120mmであるので，2mm程度の寸法を有するアンテナということになる。微細RFIDでアンテナをICウェハ上に構成する場合，ICウェハの実効誘電率を4とすると，約1mm角の大きさになる。また，筆者が昭和50年代に日立製作所中央研究所にてマイクロ波回路でご指導をいただいた，小形・平面アンテナの権威でもあられる金子洋一氏からは，メアンダ構造の線状アンテナを用い，給電点近辺を太くして損失を抑えるとよいのではという御助言もいただいた。両氏の御助言に感謝する。

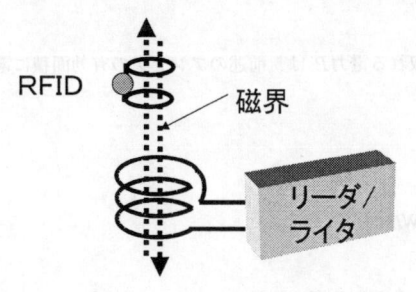

図12　RFIDとリーダ／ライタの磁界による通信

4 リーダ／ライタ（質問器）

RFID内のメモリに情報を書き込んだり、また、書き込まれた情報を読み出すための装置をリーダ／ライタ（質問器）という。本節では、リーダ／ライタの概要と、ユビキタス通信の特性をふまえた、新しいリーダ／ライタ設計概念について説明する。

4.1 反射型パッシブRFID無線通信システムの通信距離

反射型パッシブRFID無線通信システムにおいて、その通信距離を決定する要因は、

① 電波伝播損失による通信距離の限界
② レクテナの再生直流電圧による通信距離の限界

がある。筆者のRFID無線通信システムの開発経験では、電池を搭載しない反射型パッシブRFIDでは、RFID内のレクテナによって再生できる電源電圧の値が、RFIDの内部回路が動作できる直流電源電圧をこえるかどうか、すなわち、①よりも②が通信距離に対して支配的な要因と思われる。このレクテナによって決まる通信距離では、RFIDから反射されリーダ／ライタの受信部へ入力される信号は、まだ十分に高い信号対雑音比が得られている。

信号対雑音比を求めるには、電波伝播損失を知る上での回線設計と、自然界に存在する熱雑音の計算方法を知ることが必要である。それらを以下に述べる。

アンテナは、その利得に比例した有効面積 A_e（Antenna Effective Area）を有しており、それは以下の式で与えられる。

$$A_e = \frac{g_a \cdot \lambda^2}{4\pi} \tag{6}$$

ここで、

g_a：アンテナの絶対利得［真数］
λ：自由空間中の1波長

である。

受信アンテナで受け取れる電力 P_r は、前述のアンテナの有効面積に電力束密度を乗じたものとなるので、

$$P_r = F \cdot A_e \tag{7}$$

となる。ここで、

F：電力束密度［W/m²］
P_r：受信電力［W］
A_e：アンテナの有効面積［m²］

第21章 微細RFIDとリーダ／ライタ

である。一般に，絶対利得が g_{at}（真数）の送信アンテナの有効面積 A_{et} は，

$$A_{et} = \frac{g_{at} \cdot \lambda^2}{4\pi} \tag{8}$$

で与えられる。このときのアンテナの指向性角 θ_t は，

$$\theta_t = \frac{\lambda}{\sqrt{A_e}} = \frac{\lambda}{\sqrt{\frac{g_{at} \cdot \lambda^2}{4\pi}}} = 2\sqrt{\frac{\pi}{g_{at}}} [rad] \tag{9}$$

である。このアンテナで単位電力を送信したときの距離 ρ（ここで $\rho \gg \lambda / (2\pi)$ とする）にある受信点における電力束密度 F_ρ は，

$$F_\rho = \frac{\frac{g_{at} \cdot \lambda^2}{4\pi}}{(\lambda \rho)^2} = \frac{g_{at}}{4\pi \rho^2} \tag{10}$$

となり，これを絶対利得 g_{ar}（真数）の受信アンテナで受信すると，その有効面積 A_{er} は，

$$A_{er} = \frac{g_{ar} \cdot \lambda^2}{4\pi} \tag{11}$$

であるので，受信される電力 P_r は，

$$P_r = \left(\frac{g_{at}}{4\pi\rho^2}\right) \cdot \left(\frac{g_{ar} \cdot \lambda^2}{4\pi}\right) = \left(\frac{\lambda}{4\pi\rho}\right)^2 \cdot g_{at} \cdot g_{ar} \tag{12}$$

となる。これは，送信電力を単位電力としたときの受信電力，すなわち送信源から ρ の距離にある受信点までの伝搬損失 L でもある。これをデシベルで表すと式(13)のようになる。

$$L[dB] = 10 \log \left\{ \left(\frac{\lambda}{4\pi\rho}\right)^2 \cdot g_{at} \cdot g_{ar} \right\}$$
$$= 20 \log \left(\frac{\lambda}{4\pi\rho}\right) + 10 \log(g_{at}) + 10 \log(g_{ar}) \tag{13}$$

ここで，図13に示すRFIDシステムにおいて，リーダ／ライタとRFID間の距離が ρ のとき，リーダ／ライタの送信電力 P_{ss} をとすると，RFIDのアンテナでの出力端の受信電力 P_{rtag} は式(12)より，

$$P_{rtag} = P_{ss} \cdot \left(\frac{g_{ats}}{4\pi\rho^2}\right) \cdot \left(\frac{g_{artag} \cdot \lambda^2}{4\pi}\right)$$
$$= P_{ss} \cdot \left(\frac{\lambda}{4\pi\rho}\right)^2 \cdot g_{ats} \cdot g_{artag} \tag{14}$$

となる。ここで，

$\begin{cases} g_{ats}：リーダ／ライタの送信アンテナの絶対利得［真数］ \\ g_{artag}：RFIDの受信アンテナの絶対利得［真数］ \end{cases}$

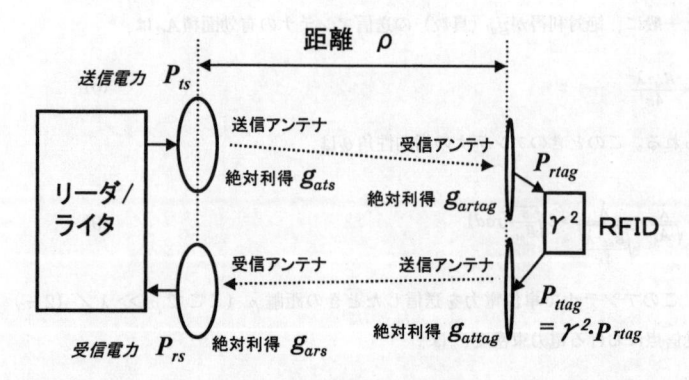

図13 RFIDシステムの回線設計

である.

RFIDでは，この受信電力P_{rtag}は変調器の反射係数γ（電圧）で反射される電力P_{ttag}となり，リーダ／ライタに向かって反射される．電力的な反射率はγ^2となるので，

$$P_{ttag} = \gamma^2 \cdot P_{rtag} \tag{15}$$

よって，リーダ／ライタで受信される電力P_{rs}は，

$$P_{rs} = P_{ttag} \cdot \left(\frac{g_{rttag}}{4\pi\rho^2}\right) \cdot \left(\frac{g_{ars} \cdot \lambda^2}{4\pi}\right) = P_{ttag} \cdot \left(\frac{\lambda}{4\pi\rho}\right)^2 \cdot g_{attag} \cdot g_{ars} \tag{16}$$

となる．ここで，

$\begin{cases} g_{attag}：\text{RFIDの送信アンテナの絶対利得［真数］} \\ g_{ars}：\text{リーダ／ライタの受信アンテナの絶対利得［真数］} \end{cases}$

である．

以上の結果から，リーダ／ライタから送信出力P_{ts}で送出された搬送波がRFIDから反射され，リーダ／ライタの受信アンテナ端から出力される電力P_{rs}は，以下の式(17)で与えられる．

$$\begin{aligned} P_{rs} &= P_{ts} \cdot \left(\frac{\lambda}{4\pi\rho}\right)^2 \cdot g_{ats} \cdot g_{artag} \cdot \gamma^2 \cdot \left(\frac{\lambda}{4\pi\rho}\right)^2 \cdot g_{attag} \cdot g_{ars} \\ &= \gamma^2 \cdot P_{ts} \cdot \left(\frac{\lambda}{4\pi\rho}\right)^4 \cdot g_{ats} \cdot g_{artag} \cdot g_{attag} \cdot g_{ars} \end{aligned} \tag{17}$$

熱雑音N_0は式(18)で求められる．N_0は，有能雑音電力ともよばれ，式からもわかるように抵抗値には無関係な電力である．

$$N_0 = kTB \tag{18}$$

ここで，

第21章 微細RFIDとリーダ/ライタ

k：ボルツマン定数（1.38×10^{-23}（J/K））
T：絶対温度（K）
B：帯域［Hz］

である。この熱雑音と式(17)と比較すると，回線の信号対雑音比を求めることができる。

4.2 リーダ/ライタの内部構成

図14にUHF帯～マイクロ波帯用リーダ/ライタ（質問器）の内部構成の一例を示す。953MHz帯，2.45GHz帯の高周波回路（以下，高周波回路と略す），通信を確立するためのプロトコルを制御する回路，情報を暗号化する回路，外部装置との通信を行うための外部インターフェース回路，電源回路などから構成されている。

リーダ/ライタの価格で支配的なものは，高周波回路である。ユビキタス無線の世界では，至近距離通信という従来の無線環境と異なる内容を熟知すると，高周波回路を大幅に削減できる。ユビキタス無線の市場が広まるかどうかは，このリーダ/ライタの価格がどこまで安くできるかに左右されると言ってもよい。

リーダ/ライタ用のアンテナは，その通信相手が，外付けアンテナを有する反射型RFIDの場合は，パッチアンテナやダイポールアンテナなどが用いられている。また，950MHz/2,450MHzの2周波アンテナや，UHF帯（ヨーロッパの868MHz，アメリカの915MHz，日本の953MHz）と2.45GHz帯をカバーする超広帯域アンテナの開発も行われている。筆者の会社でも，アンテナ放射素子のエッジ部分（給電点と反対側）での高周波電流の分散や反共振の理論を基に，図15に示すような超広帯域のアンテナの開発を行った。このアンテナは，当初，UWB

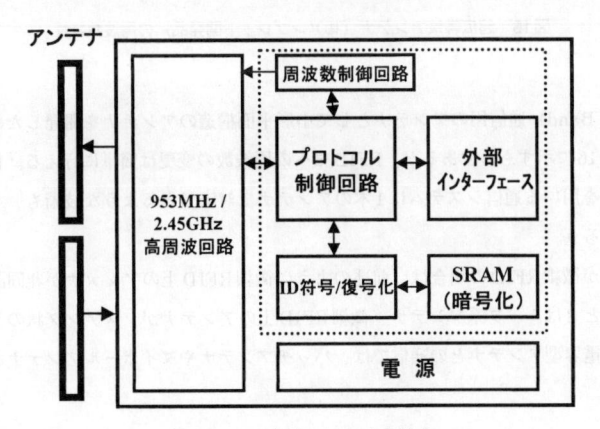

図14 リーダ/ライタの内部構成

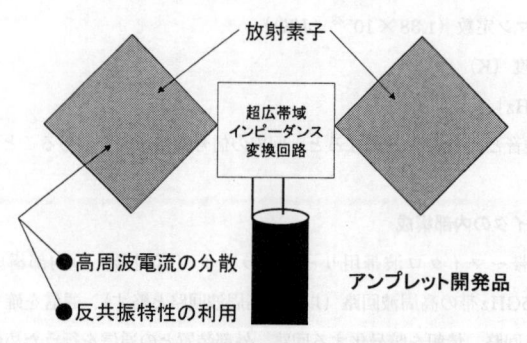

図15 超広帯域アンテナの形状
(㈱アンプレット開発品)

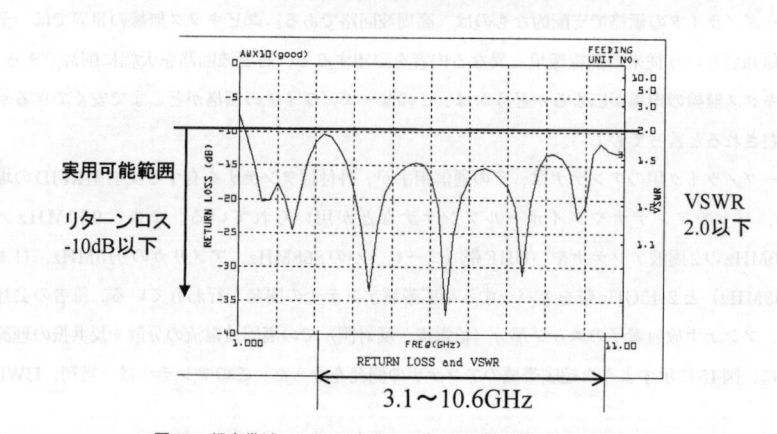

図16 超広帯域アンテナ(㈱アンプレット開発品)の周波数特性

　(Ultra Wide Band)通信用のアンテナとして小形平面構造のアンテナを開発したので，その周波数特性は図16に示すものであるが，RFID帯への周波数の変更は簡単に行える．世界中でいろいろな周波数を用いる通信システムに1本のアンテナで対応できるような技術も，今後の研究開発の課題であろう．

　通信の相手が微細RFIDの場合は，前述のように微細RFID上のアンテナが非同調の電磁誘導の通信を行うときはループ系アンテナ，微細RFID上のアンテナが，メアンダ状のダイポールアンテナなどの電界型アンテナとの通信では，パッチアンテナやダイポールアンテナなどが適している．

第21章　微細RFIDとリーダ／ライタ

4.3　回路規模の少ない安価なリーダ／ライタの提案

　現状には，市販のリーダ／ライタの価格は数万〜数十万円である．しかし，市場は数百〜数千円の安価なリーダ／ライタを望んでおり，この価格が大きな市場を作ると言われている．この価格を実現するには，従来の無線通信機器の設計思想では限界があり，斬新なアイディアを発案しなければならない．

　ユビキタスの無線通信は近距離の通信が主である．また，市場がRFIDに要求する低価格や小さい形状から，電池を搭載しない反射型パッシブRFIDシステムが主流になると考えられる．先に述べたように，反射型パッシブRFID通信システムでは，RFIDが，その回路を動作させるためにRFID内部のレクテナ回路で再生される直流電源電圧によって，その通信距離の限界が決まると言える．しかし，この通信限界点でも，RFIDからリーダ／ライタへ反射される電波の強さは，まだ十分に高い信号対雑音比が得られている．

　また，RFIDはリーダ／ライタから送出された搬送波に，RFID内のメモリに記憶された情報をのせて（変調して）リーダ／ライタに向かって反射する．すなわち，その双方向の電波の周波数は同一であるので，システムとしての周波数管理が楽である．

　これらの特性を考慮して，RFIDシステムとして，無駄な回路を省いたり，アンテナや単純な電子回路で，従来の無線通信機器に用いられているアナログ的な信号処理ができないかを検討すると，今までにない新しい設計思想に基づく，非常に回路規模の少ないリーダ／ライタが安価に実現できる．筆者が独自の新しい設計コンセプトの基に，極限に近いところまで部品点数を減らしたリーダ／ライタが，電気学会（2003年）[4]，電子情報通信学会（2002年）[5]，YRP移動体通信産学官交流シンポジウム（2003年）[6]，インターネット上のRF Journal[7]などで，「＄20リーダ／ライタ」として紹介され，大きな反響を得た．

　一般に，リーダ／ライタの価格的に大きな部分を占めるのは高周波回路である．よって，高周波回路を減らすことで，安価なリーダ／ライタを実現できる．そこで図17に示すように，送信部は2個のトランジスタで構成した．1個は2.45GHzの搬送波発振器，残りの1個はASK変調器と高周波増幅器として動作する．受信部は，1個のトランジスタと1個のTTL ICで構成した．2.45GHzのRFIDからの反射信号と送信用アンテナから受信用アンテナに疎結合で入力される搬送波が，トランジスタによる非線形高周波増幅器に入力され，そこで受信信号の増幅と周波数変換（PSKの復調）を同時に行い，ローパスフィルタ（LPF）によりベースバンド情報を抽出する．RFIDシステムでは図18に示すように，移動通信における通信回線の状況により，受信した信号の直流値の変動が非常に大きいため，その直流電圧値変動分を取り除くハイパスフィルタ（HPF）をローパスフィルタの後に挿入している．ハイパスフィルタの出力は，図19に示すように直流値の変動は抑圧される．このとき，RFIDからリーダ／ライタに返送する情報は，図20に

269

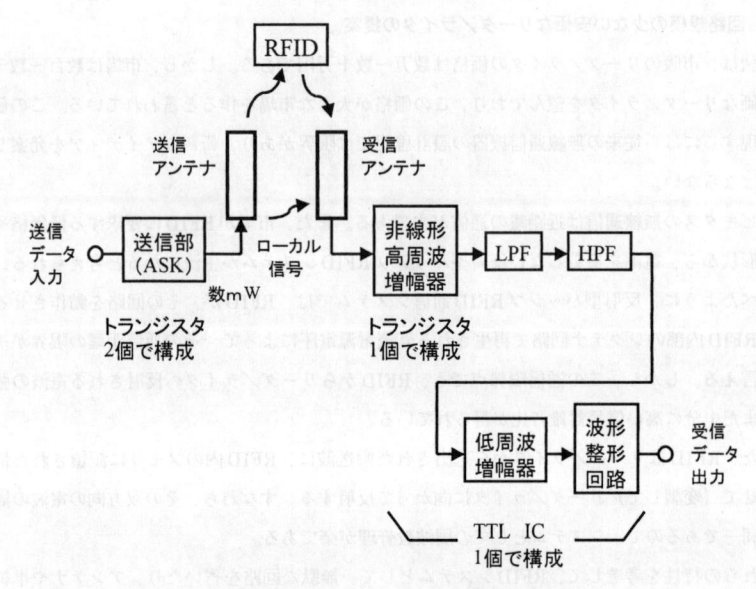

図17 安価なリーダ／ライタ（高周波回路）の構成

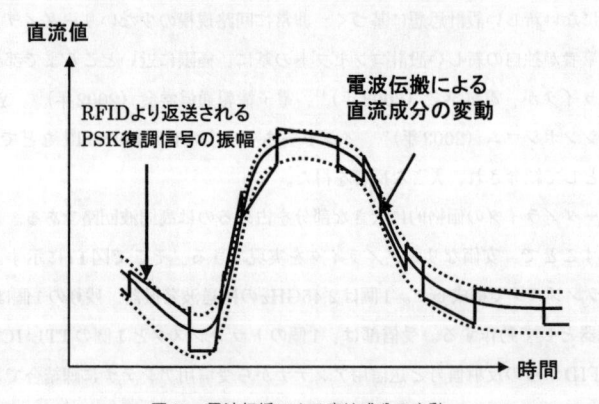

図18 電波伝播による直流成分の変動

示すようなマンチェスター符号化などを行い，情報に直流（DC）成分を含まないようにする必要がある。

TTL ICはここではインバータを用いている。インバータは，その入力と出力を抵抗で帰還をかけると，アナログ的な増幅器としても動作させることもできる。これで低周波増幅器を構成し，

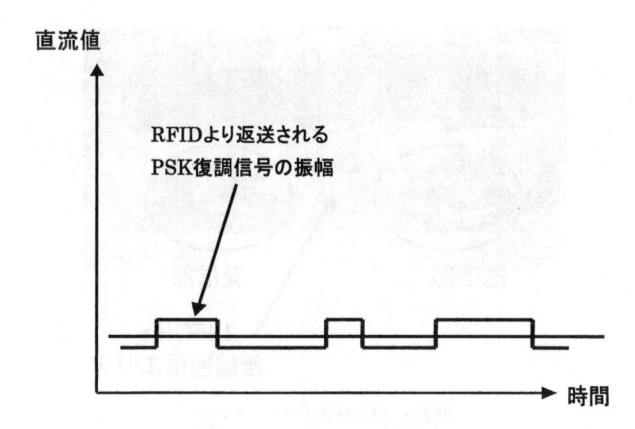

第21章 微細RFIDとリーダ/ライタ

図19 ハイパスフィルタの出力

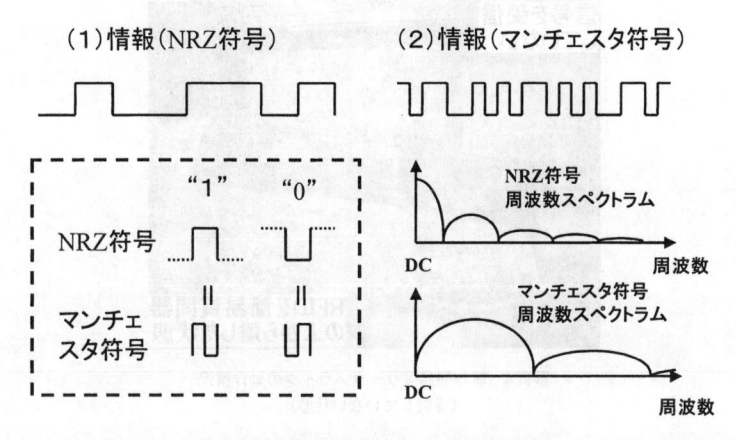

図20 RFID内での情報のマンチェスタ符号化

この出力信号を本来のロジックIC的な動作をするインバータに入力すると，その出力はTTL矩形波に波形整形され，受信データとしてベースバンドロジック回路へ出力される．

高周波回路の特性を評価するために，プラスティックの筆箱で試作したリーダ/ライタを写真3に示す．蓋に取り付けられている反射型パッシブRFIDは，IC化する前に試作した電池を搭載していない動作確認用の手作りのものである．この試作したリーダ/ライタの動作の様子を写真4と写真5に示す．手作りRFIDがリーダ/ライタのアンテナ上にない写真4の状況（筆箱の蓋を開いている）のときは，オシロスコープに受信データが観測されない．一方，写真5に示すように手作りRFIDがリーダ/ライタのアンテナ上に置かれる（筆箱の蓋を閉じる）と，受信デー

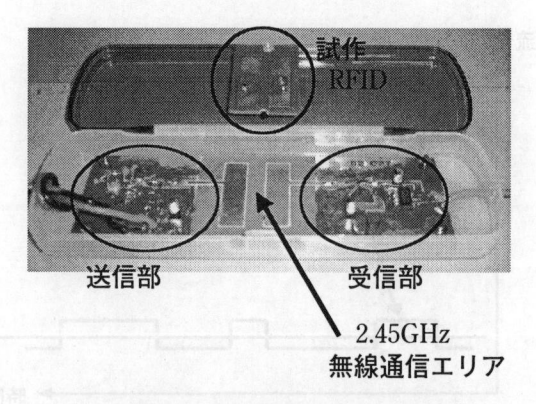

写真3 試作簡易リーダ／ライタ

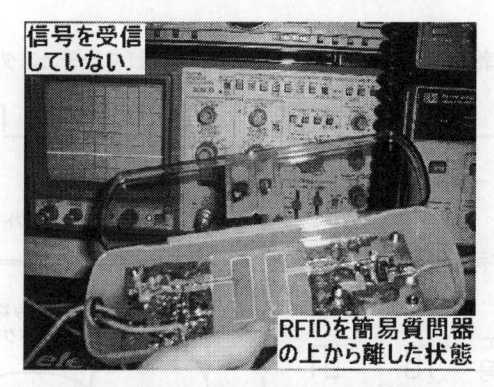

写真4 試作簡易型リーダ／ライタの動作情況
（受信していない状態）

タが観測できていることがわかる。写真6にロジック回路まで含めた実用的なリーダ／ライタの試作機を示す。この試作機の送信機の空中線電力は10mWで，写真に示すような小形パッチアンテナを用いて，写真1の外付けアンテナを有する反射型パッシブRFIDを通信相手としたときに，約10cmの通信距離が得られている。

5 コリジョン（衝突）対策

RFIDシステムに関しての当面の技術的な課題は，空間での各RFIDからの電波の衝突，すなわち，コリジョン対策であろう。これらは，ISO18000-3 mode 1（ISO15693方式），ISO18000-

第21章 微細RFIDとリーダ／ライタ

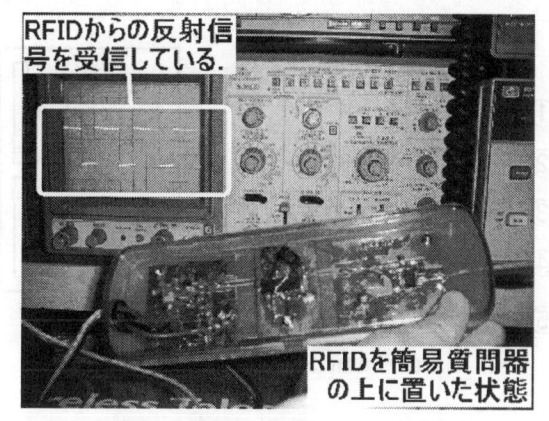

写真5 試作簡易型リーダ／ライタの動作情況
（受信している状態）

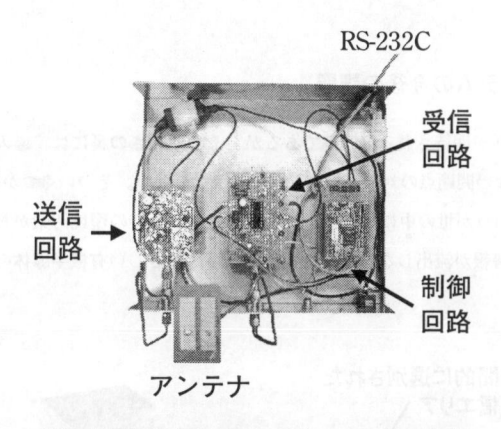

写真6 制御回路を含めたリーダ／ライタの実用試作機

3 mode 2（Magellan方式），アンテナの指向性で空間を分割した多重化方式（SDMA：Space Division Multiple Access），アンテナの偏波面による分割多重化方式（PDMA：Polarization Division Multiple Access），時分割多重化方式（TDMA：Time Division Multiple Access），アロハアルゴリズムなどが現在の製品で実用化されている．筆者らも符号分割多重化方式（CDMA：Code Division Multiple Access）を用いたコリジョン対策や，図21に示すような，RFIDとリーダ／ライタの距離により，リーダ／ライタ内のPSK復調器の出力が変化するPSK

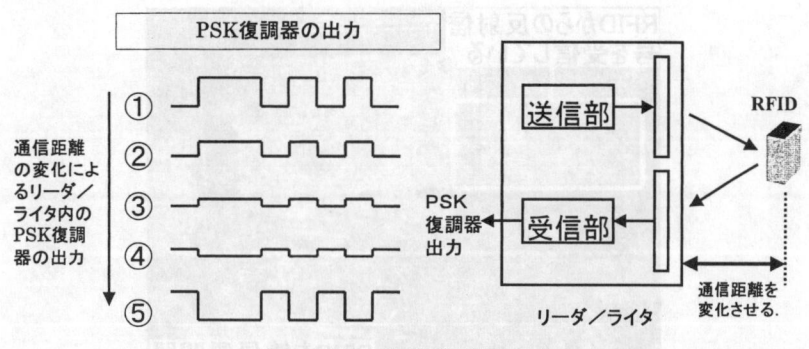

図21 距離によるPSK復調信号の変化

の伝播特性を積極的に利用して，図22に示すような奥行き方向でRFIDを空間的に選別する方式を採用した次世代RFIDを，株式会社テレミディックと共同開発している[8]（特許出願中）。

6　RFIDシステムの今後の課題

今後，市場の発展が期待されるRFIDであるが，その便利さの裏には，導入する前に我々は先送りにしてはいけない問題点の対策も検討しなければならない。そのいくつかの例を以下に示す。

・かなりの数のRFIDが世の中に出回り，それが捨てられる時の環境汚染がおこらないような対策や，そこから情報が流出しないような処置。環境にやさしい有機半導体の今後の研究開発に期待がもたれる。

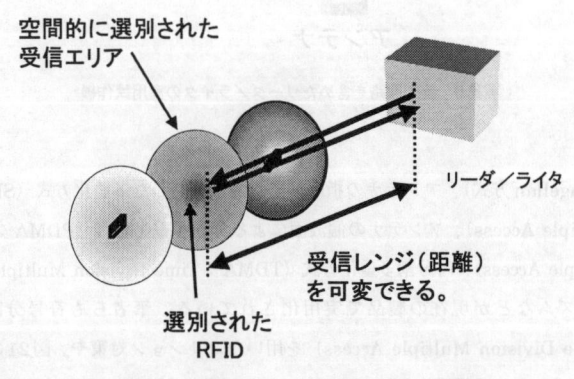

図22　奥行き方向でRFIDを空間的に選別する方式

第21章　微細RFIDとリーダ／ライタ

・RFIDは，1枚5円程度という旧オートIDセンター（現EPCグローバル）の推奨価格が先行した市場である。現状では，RFIDのICチップは，その価格まで下がる可能性は十分あるが，アンテナやその実装という付加的な，価格がICチップ以上の費用がかかる。現在の価格構成は，ICチップ価格：アンテナ実装費用＝3：7程度であるが，ここ数年でICチップ価格：アンテナ実装費用＝1：1まで可能となるような実装技術開発が進むと思われるが，1枚10円あたりが価格の限界ではないだろうか？　紙に印刷できる有機半導体を用いて，安価なRFIDを作る技術も研究されているが，現状でのそのFETの周波数特性は数MHz程度であり，電気抵抗も数百Ωであるので，実用化まではまだ時間がかかると思われる。
・情報を書き込むのは人間であるので，最後は人間の倫理が問題になる。
・人体に入った時の影響はどうか？
・リーダ／ライタが手軽に手に入るようになれば，知らないうちに情報が盗まれる可能性がある。
・1mm角以下の微細RFIDで，安定な長距離の通信ができるような誤解が一般に浸透してしまっている。また，RFIDシステムの通信の正確さは完璧なものでない。これらの点がユーザを失望させ，ユビキタス構想がバブルで終わってしまわないか？　RFIDは，現在，とても過大評価されているように思われる。

文　献

1) 「ユビキタス無線工学と微細RFID」，根日屋英之，植竹古都美共著，東京電機大学出版局
2) R. J. Gutmann, J. M. Borrego, "Power Combining in an Array of Microwave Power Rectifier", IEEE, Trans, Microwave Theory Tech., Vol.27, pp.958〜968, Dec., 1979
3) 三浦建史，平山勝規，篠原真毅，松本紘，「マイクロ波無線伝送用レクテナの大電力化に関する研究」，電子情報通信学会論文誌A，Vol. J83-A, No.4, pp.1〜11, 2000年4月
4) 根日屋英之，植竹古都美，「無線RF-IDタグ関連技術」，2003年5月，平成15年度電気学会システム集積プロセス調査専門委員会，pp.1〜4
5) 根日屋英之，「無電源反射型移動体無線識別システム」，2002年6月，平成14年度電子情報通信学会東北支部学術講演会，pp.1〜3
6) 根日屋英之，植竹古都美，「ユビキタスネットワーク用RFIDシステム」，2003年7月，YRP産学官交流シンポジウム2003
7) RFID Journalのホームページ　http://216.121.131.129/article/articleprint/279/-1/1/
8) 月間バーコード「基礎講座　ユビキタス無線通信の基礎とRFID」，根日屋英之，植竹古都美，2003年11月号〜2004年2月号，日本工業出版社

《CMCテクニカルライブラリー》発行にあたって

弊社は、1961年創立以来、多くの技術レポートを発行してまいりました。これらの多くは、その時代の最先端情報を企業や研究機関などの法人に提供することを目的としたもので、価格も一般の理工書に比べて遙かに高価なものでした。

一方、ある時代に最先端であった技術も、実用化され、応用展開されるにあたって普及期、成熟期を迎えていきます。ところが、最先端の時代に一流の研究者によって書かれたレポートの内容は、時代を経ても当該技術を学ぶ技術書、理工書としていささかも遜色のないことを、多くの方々が指摘されています。

弊社では過去に発行した技術レポートを個人向けの廉価な普及版《**CMCテクニカルライブラリー**》として発行することとしました。このシリーズが、21世紀の科学技術の発展にいささかでも貢献できれば幸いです。

2000年12月

株式会社　シーエムシー出版

RFタグの開発技術 II　　　　　　　　　　　　　　(B0895)

2004年 5月31日　初　版　第1刷発行
2009年11月24日　普及版　第1刷発行

監　修　寺浦　信之　　　　　　　　　　　Printed in Japan
発行者　辻　　賢司
発行所　株式会社　シーエムシー出版
　　　　東京都千代田区内神田1-13-1　豊島屋ビル
　　　　電話 03 (3293) 2061
　　　　http://www.cmcbooks.co.jp

〔印刷〕倉敷印刷株式会社　　　　　　© N. Teraura, 2009

定価はカバーに表示してあります。
落丁・乱丁本はお取替えいたします。

ISBN978-4-7813-0139-6 C3054 ¥4000E

本書の内容の一部あるいは全部を無断で複写（コピー）することは、法律で認められた場合を除き、著作者および出版社の権利の侵害になります。

CMCテクニカルライブラリーのご案内

ゴム材料ナノコンポジット化と配合技術
編集／鞠谷信三・西敏夫・山口幸一・秋葉光雄
ISBN978-4-7813-0087-0　　B879
A5判・323頁　本体4,600円＋税（〒380円）
初版2003年7月　普及版2009年6月

構成および内容：【配合設計】HNBR／加硫系薬剤／シランカップリング剤／白色フィラー／不溶性硫黄／カーボンブラック／シリカ・カーボン複合フィラー／難燃剤（EVA 他）／相溶化剤／加工助剤 他【ゴム系ナノコンポジットの材料】ゾル-ゲル法／動的架橋型熱可塑性エラストマー／医療材料／耐熱性／鋳造と金型設計／接着／TPE 他
執筆者：妹尾政宜・竹村泰彦・細谷 潔 他19名

有機エレクトロニクス・フォトニクス材料・デバイス
―21世紀の情報産業を支える技術―
監修／長村利彦
ISBN978-4-7813-0086-3　　B878
A5判・371頁　本体5,200円＋税（〒380円）
初版2003年9月　普及版2009年6月

構成および内容：【材料】光学材料（含フッ素ポリイミド 他）／電子材料（アモルファス分子材料／カーボンナノチューブ 他）【プロセス・評価】配向・配列制御／微細加工【機能・基盤】変換／伝送／調変・演算／蓄積・貯蔵（リチウム系二次電池 他）【新デバイス】pn接合有機太陽電池／燃料電池／有機ELディスプレイ用発光材料 他
執筆者：城田靖彦・和田善玄・安藤慎治 他35名

タッチパネル―開発技術の進展―
監修／三谷雄二
ISBN978-4-7813-0085-6　　B877
A5判・181頁　本体2,600円＋税（〒380円）
初版2004年12月　普及版2009年6月

構成および内容：光学式／赤外線イメージセンサ方式／超音波表面弾性波方式／SAW方式／静電容量式／電磁誘導方式デジタイザ／抵抗膜式／スピーカー体型／携帯端末向けフィルム／タッチパネル用印刷インキ／抵抗膜式タッチパネルの評価方法と装置／凹凸テクスチャ感を表現する静電触感ディスプレイ／画面特性とキーボードレイアウト
執筆者：伊勢有一・大久保論隆・齊藤典生 他17名

高分子の架橋・分解技術
－グリーンケミストリーへの取組み－
監修／角岡正弘・白井正充
ISBN978-4-7813-0084-9　　B876
A5判・299頁　本体4,200円＋税（〒380円）
初版2004年6月　普及版2009年5月

構成および内容：【基礎と応用】架橋反応と架橋反応（フェノール樹脂 他）／架橋構造の解析（紫外線硬化樹脂／フォトレジスト用感光剤）／機能性高分子の合成（可逆的架橋／光架橋・熱分解系）【機能性材料開発の最近動向】熱を利用した架橋反応／UV硬化システム／電子線・放射線利用／リサイクルや機能性材料合成のための分解反応 他
執筆者：松本 昭・石倉慎一・合屋文明 他28名

バイオプロセスシステム
-効率よく利用するための基礎と応用-
編集／清水 浩
ISBN978-4-7813-0083-2　　B875
A5判・309頁　本体4,400円＋税（〒380円）
初版2002年11月　普及版2009年5月

構成および内容：現状と展開（ファジィ推論／遺伝子アルゴリズム 他）／バイオプロセス操作と培養装置（酸素移動現象と微生物反応の関わり）／計測技術（プロセス変数／物質濃度 他）／モデル化・最適化（遺伝子ネットワークモデリング）／培養プロセス制御（流加培養 他）／代謝工学（代謝フラックス解析 他）／応用（嗜好食品品質評価／医用工学 他）
執筆者：吉田敏臣・滝口 昇・岡本正宏 他22名

導電性高分子の応用展開
監修／小林征男
ISBN978-4-7813-0082-5　　B874
A5判・334頁　本体4,600円＋税（〒380円）
初版2004年4月　普及版2009年5月

構成および内容：【開発】電気伝導／パターン形成法／有機ELデバイス【応用】線路形素子／二次電池／湿式太陽電池／有機半導体／熱電変換機能／アクチュエータ／防食被覆／調光ガラス／帯電防止材料／ポリマー薄膜トランジスタ 他【特許】出願動向【欧米における開発動向】ポリマー薄膜フィルムトランジスタ／新世代太陽電池 他
執筆者：中川善嗣・大森 裕・深海 隆 他18名

バイオエネルギーの技術と応用
監修／柳下立夫
ISBN978-4-7813-0079-5　　B873
A5判・285頁　本体4,000円＋税（〒380円）
初版2003年10月　普及版2009年4月

構成および内容：【熱化学的変換技術】ガス化技術／バイオディーゼル【生物化学的変換技術】メタン発酵／エタノール発酵【応用】石炭・木質バイオマス混焼技術／廃材を使った熱電供給の発電所／コージェネレーションシステム／木質バイオマスペレット製造／焼酎副産物リサイクル設備／自動車用燃料製造装置／バイオマス発電の海外展開
執筆者：田中忠良・松村幸彦・美濃輪智明 他35名

キチン・キトサン開発技術
監修／平野茂博
ISBN978-4-7813-0065-8　　B872
A5判・284頁　本体4,200円＋税（〒380円）
初版2004年3月　普及版2009年4月

構成および内容：分子構造（βキチンの成層化合物形成）／溶媒／分解／化学修飾／酵素（キトサナーゼ／アロサミジン）／遺伝子（海洋細菌のキチン分解機構）／バイオ農林業（人工樹皮：キチンによる樹木皮組織の創傷治癒）／医薬・医療／食（ガン細胞障害活性テスト）／化粧品／工業（無電解めっき用前処理剤／生分解性高分子複合材料） 他
執筆者：金成正和・奥山健二・斎藤幸恵 他36名

※ 書籍をご購入の際は、最寄りの書店にご注文いただくか、
㈱シーエムシー出版のホームページ（http://www.cmcbooks.co.jp/）にてお申し込み下さい。

CMCテクニカルライブラリーのご案内

次世代光記録材料
監修／奥田昌宏
ISBN978-4-7813-0064-1　　　　B871
A5判・277頁　本体3,800円＋税（〒380円）
初版2004年1月　普及版2009年4月

構成および内容：【相変化記録とブルーレーザー光ディスク】相変化電子メモリー／相変化チャンネルトランジスタ／Blu-ray Disc技術／青紫色半導体レーザ／ブルーレーザー対応酸化物系追記型光記録膜 他【超高密度光記録技術と材料】近接場光記録／3次元多層光メモリ／ホログラム光記録と材料／フォトンモード分子光メモリと材料 他
執筆者：寺尾元康／影山喜之／柚須圭一郎 他23名

機能性ナノガラス技術と応用
監修／平尾一之／田中修平／西井準治
ISBN978-4-7813-0063-4　　　　B870
A5判・214頁　本体3,400円＋税（〒380円）
初版2003年12月　普及版2009年3月

構成および内容：【ナノ粒子分散・析出技術】アサーマル・ナノガラス【ナノ構造形成技術】高次構造化／有機−無機ハイブリッド（気孔配向膜／ゾルゲル法）／外部環境操作【光回路用技術】三次元ナノガラス光回路【光メモリ用技術】集光機能（光ディスクの市場／コバルト酸化物薄膜）／光メモリヘッド用ナノガラス（埋め込み回折格子）他
執筆者：永金知浩／中澤達洋／山下 勝 他15名

ユビキタスネットワークとエレクトロニクス材料
監修／宮代文夫／若林信一
ISBN978-4-7813-0062-7　　　　B869
A5判・315頁　本体4,400円＋税（〒380円）
初版2003年12月　普及版2009年3月

構成および内容：【テクノロジードライバ】携帯電話／ウェアラブル機器／RFIDタグチップ／マイクロコンピュータ／センシング・システム【高分子エレクトロニクス材料】エポキシ樹脂の高性能化／ポリイミドフィルム／有機発光デバイス用材料【新技術・新材料】超高速デジタル信号伝送／MEMS技術／ポータブル燃料電池／電子ペーパー 他
執筆者：福岡義孝／八甫谷明彦／朝桐 智 他23名

アイオノマー・イオン性高分子材料の開発
監修／矢野紳一／平沢栄作
ISBN978-4-7813-0048-1　　　　B866
A5判・352頁　本体5,000円＋税（〒380円）
初版2003年9月　普及版2009年2月

構成および内容：定義，分類と化学構造／イオン会合体（形成と構造／転写）／物性・機能（スチレンアイオノマー／ESR分光法／多重共鳴法／イオンホッピング／溶液物性／圧力センサー機能／永久帯電 他）／応用（エチレン系アイオノマー／ポリマー改質剤／燃料電池用高分子電解質膜／スルホン化EPDM／歯科材料（アイオノマーセメント）他）
執筆者：池田裕子／杏水祥一／箭野 均 他18名

マイクロ／ナノ系カプセル・微粒子の応用展開
監修／小石眞純
ISBN978-4-7813-0047-4　　　　B865
A5判・332頁　本体4,600円＋税（〒380円）
初版2003年8月　普及版2009年2月

構成および内容：【基礎と設計】ナノ医療：ナノロボット 他【応用】記録・表示材料（重合法トナー 他）／ナノパーティクルによる薬物送達／化粧品・香料／食品（ビール酵母／バイオカプセル 他）／農薬／土木・建築（球状セメント 他）【微粒子技術】コアーシェル構造球状シリカ系粒子／金・半導体ナノ粒子／Pbフリーはんだボール 他
執筆者：山下 俊／三島健司／松山 清 他39名

感光性樹脂の応用技術
監修／赤松 清
ISBN978-4-7813-0046-7　　　　B864
A5判・248頁　本体3,400円＋税（〒380円）
初版2003年8月　普及版2009年1月

構成および内容：医療用（歯科領域）／生体接着・創傷被覆剤／光硬化性キトサンゲル／光硬化，熱硬化併用樹脂（接着剤のシート化）／印刷（フレキソ印刷／スクリーン印刷）／エレクトロニクス（層間絶縁膜材料／可視光硬化型シール剤／半導体ウェハ加工用粘・接着テープ）／塗料，インキ（無機・有機ハイブリッド塗料／デュアルキュア塗料）他
執筆者：小出 武／石原雅之／岸本芳男 他16名

電子ペーパーの開発技術
監修／面谷 信
ISBN978-4-7813-0045-0　　　　B863
A5判・212頁　本体3,000円＋税（〒380円）
初版2001年11月　普及版2009年1月

構成および内容：【各種方式（要素技術）】非水系電気泳動型電子ペーパー／サーマルリライタブル／カイラルネマチック液晶／フォトンモードでのフルカラー書き換え記録方式／エレクトロクロミック方式／消去再生可能な乾式トナー作像方式 他【応用開発技術】理想的ヒューマンインターフェース条件／ブックオンデマンド／電子黒板 他
執筆者：堀田吉彦／関根啓子／植田秀昭 他11名

ナノカーボンの材料開発と応用
監修／篠原久典
ISBN978-4-7813-0036-8　　　　B862
A5判・300頁　本体4,200円＋税（〒380円）
初版2003年8月　普及版2008年12月

構成および内容：【現状と展望】カーボンナノチューブ 他【基礎科学】ピーポッド 他【合成技術】アーク放電法によるナノカーボン／金属内包フラーレンの量産技術／2層ナノチューブ【実際技術】燃料電池／フラーレン誘導体を用いた有機太陽電池／水素吸着現象／LSI配線ビア／単一電子トランジスタ／歯科用キャパシタ／重層キャパシタ／導電性樹脂
執筆者：宍戸 潔／加藤 誠／加藤立久 他29名

※書籍をご購入の際は、最寄りの書店にご注文いただくか、㈱シーエムシー出版のホームページ（http://www.cmcbooks.co.jp/）にてお申し込み下さい。

CMCテクニカルライブラリーのご案内

プラスチックハードコート応用技術
監修／井手文雄
ISBN978-4-7813-0035-1　　　　　B861
A5判・177頁　本体2,600円＋税（〒380円）
初版2004年3月　普及版2008年12月

構成および内容：【材料と特性】有機系（アクリレート系／シリコーン系 他）／無機系／ハイブリッド系（光カチオン硬化型 他）／【応用技術】自動車用部品／携帯電話向けUV硬化型ハードコート剤／眼鏡レンズ（ハイインパクト加工他）／建築材料／化粧シート／環境問題／光ディスク／【市場動向】PVC床コーティング／樹脂ハードコート 他
執筆者：栢木　實／佐々木裕／山谷正明 他8名

ナノメタルの応用開発
編集／井上明久
ISBN978-4-7813-0033-7　　　　　B860
A5判・300頁　本体4,200円＋税（〒380円）
初版2003年8月　普及版2008年11月

構成および内容：機能材料（ナノ結晶軟磁性合金／バルク合金／水素吸蔵 他）／構造用材料（高強度軽合金／原子力材料／蒸着ナノAl合金 他）／分析・解析技術（高分解能電子顕微鏡／放射光回折・分光法 他）／製造技術（粉末固化成形／放電焼結法／微細精密加工／電解析出法 他）／応用（時効析出アルミニウム合金／ピーニング用高硬度投射材 他）
執筆者：牧野彰宏／沈　宝龍／福永博俊 他49名

ディスプレイ用光学フィルムの開発動向
監修／井手文雄
ISBN978-4-7813-0032-0　　　　　B859
A5判・217頁　本体3,200円＋税（〒380円）
初版2004年2月　普及版2008年11月

構成および内容：【光学高分子フィルム】設計／製膜技術 他／【偏光フィルム】高機能性／染料系 他／【位相差フィルム】λ／4波長板 他／【輝度向上フィルム】集光フィルム・プリズムシート 他／【バックライト用】導光板／反射シート 他／【プラスチックLCD用フィルム基板】ポリカーボネート／プラスチックTFT 他／【反射防止】ウェットコート 他
執筆者：綱島研二／斎藤　拓／善如寺芳弘 他19名

ナノファイバーテクノロジー －新産業発掘戦略と応用－
監修／本宮達也
ISBN978-4-7813-0031-3　　　　　B858
A5判・457頁　本体6,400円＋税（〒380円）
初版2004年2月　普及版2008年10月

構成および内容：【総論】現状と展望（ファイバーにみるナノサイエンス 他）／海外の現状／【基礎】ナノ紡糸（カーボンナノチューブ 他）／ナノ加工（ポリマークレイナノコンポジット／ナノボイド 他）／ナノ計測（走査プローブ顕微鏡他）／【応用】ナノバイオニック産業（バイオチップ 他）／環境調和とエネルギー産業（バッテリーセパレータ 他）
執筆者：梶　慶輔／梶原莞爾／赤池敏宏 他60名

有機半導体の展開
監修／谷口彬雄
ISBN978-4-7813-0030-6　　　　　B857
A5判・283頁　本体4,000円＋税（〒380円）
初版2003年10月　普及版2008年10月

構成および内容：【有機半導体素子】有機トランジスタ／電子写真用感光体／有機LED（リン光材料 他）／色素増感太陽電池／二次電池／コンデンサ／圧電・焦電／インテリジェント材料（カーボンナノチューブ／薄膜から単一分子デバイスへ 他）／【プロセス】分子配列／配向制御／有機エピタキシャル成長／超薄膜作製／インクジェット製膜／【索引】
執筆者：小林俊介／堀田　収／柳　久雄 他23名

イオン液体の開発と展望
監修／大野弘幸
ISBN978-4-7813-0023-8　　　　　B856
A5判・255頁　本体3,600円＋税（〒380円）
初版2003年2月　普及版2008年9月

構成および内容：合成（アニオン交換法／酸エステル法 他）／物理化学（極性評価／イオン拡散係数 他）／機能性溶媒（反応場への適用／分離・抽出溶媒／光化学反応 他）／機能設計（イオン伝導／液晶型／非ハロゲン系 他）／高分子化（イオンゲル／両性電解質／DNA 他）／イオニクスデバイス（リチウムイオン電池／太陽電池／キャパシタ 他）
執筆者：萩原理加／宇恵　誠／菅　孝剛 他25名

マイクロリアクターの開発と応用
監修／吉田潤一
ISBN978-4-7813-0022-1　　　　　B855
A5判・233頁　本体3,200円＋税（〒380円）
初版2003年1月　普及版2008年9月

構成および内容：【マイクロリアクターとは】特長／構造体・製作技術／流体の制御と計測技術 他／【世界の最先端の研究動向】化学合成・エネルギー変換・バイオプロセス／化学工業のための新生技術 他／【マイクロ合成化学】有機合成反応／触媒反応と重合反応／【マイクロ化学工学】マイクロ単位操作研究／マイクロ化学プラントの設計と制御
執筆者：菅原　徹／細川和生／藤井輝夫 他22名

帯電防止材料の応用と評価技術
監修／村田雄司
ISBN978-4-7813-0015-3　　　　　B854
A5判・211頁　本体3,000円＋税（〒380円）
初版2003年7月　普及版2008年8月

構成および内容：処理剤（界面活性剤系／シリコン系／有機ホウ素系 他）／ポリマー材料（金属薄膜形成帯電防止フィルム 他）／繊維（導電材料混入型／金属化合物型 他）／用途別（静電気対策包装材料／グラスライニング／衣料 他）／評価技術（エレクトロメータ／電荷減衰測定／空間電荷分布の評価 他）／評価基準（床、作業表面、保管棚 他）
執筆者：村田雄司／後藤伸也／細川泰徳 他19名

※書籍をご購入の際は、最寄りの書店にご注文いただくか、㈱シーエムシー出版のホームページ（http://www.cmcbooks.co.jp/）にてお申し込み下さい。